现代性
与
大屠杀

增订版

[英国] 齐格蒙·鲍曼 著
杨渝东 史建华 译

译林出版社

图书在版编目(CIP)数据

现代性与大屠杀 / (英) 齐格蒙·鲍曼(Zygmunt Bauman)著；杨渝东，史建华译 .—南京：译林出版社，2022.11
(人文与社会译丛 / 刘东主编)
书名原文：Modernity and the Holocaust
ISBN 978-7-5447-9392-6

Ⅰ.①现… Ⅱ.①齐… ②杨… ③史… Ⅲ.①道德社会学-研究 Ⅳ.①B82-052

中国版本图书馆 CIP 数据核字（2022）第 162884 号

著作权合同登记号 图字：10-2019-072 号

现代性与大屠杀 [英国] 齐格蒙·鲍曼 / 著 杨渝东 史建华 / 译

责任编辑 刘 静
装帧设计 薛顾璨
校 对 束 悦 官欣欣
责任印制 单 莉

原文出版 Polity Press，1989
出版发行 译林出版社
地 址 南京市湖南路 1 号 A 楼
邮 箱 yilin@ yilin.com
网 址 www.yilin.com
市场热线 025-86633278
排 版 南京展望文化发展有限公司
印 刷 江苏凤凰新华印务集团有限公司
开 本 880 毫米 ×1230 毫米 1/32
印 张 11.125
插 页 4
版 次 2022 年 11 月第 1 版
印 次 2022 年 11 月第 1 次印刷
书 号 ISBN 978-7-5447-9392-6
定 价 78.00 元

主编的话

刘 东

总算不负几年来的苦心——该为这套书写篇短序了。

此项翻译工程的缘起，先要追溯到自己内心的某些变化。虽说越来越惯于乡间的生活，每天只打一两通电话，但这种离群索居并不意味着我已修炼到了出家遁世的地步。毋宁说，坚守沉默少语的状态，倒是为了咬定问题不放，而且在当下的世道中，若还有哪路学说能引我出神，就不能只是玄妙得叫人着魔，还要有助于思入所属的社群。如此嘈嘈切切鼓荡难平的心气，或不免受了世事的恶刺激，不过也恰是这道底线，帮我部分摆脱了中西"精神分裂症"——至少我可以倚仗着中国文化的本根，去参验外缘的社会学说了，既然儒学作为一种本真的心向，正是要从对现世生活的终极肯定出发，把人间问题当成全部灵感的源头。

不宁惟是，这种从人文思入社会的诉求，还同国际学界的发展不期相合。擅长把捉非确定性问题的哲学，看来有点走出自我囿闭的低潮，而这又跟它把焦点对准了社会不无关系。现行通则的加速崩解和相互证伪，使得就算今后仍有普适的基准可言，也要有待于更加透辟的思力，正是在文明的此一根基处，批判的事业又有了用武之地。由此就决定了，尽管同在关注世俗的事务与规则，但跟既定框架内的策论不同，真正体现出人文关怀的社会学说，决不会是医头医脚式的小修小补，而必须以激进亢奋的姿态，去怀疑、颠覆和重估全部的价值预设。有意思的是，也许再没有哪个时代，会有这么多书生想要焕发制度智慧，这既凸显了文明的深层危机，又表达了超越的不竭潜力。

于是自然就想到翻译——把这些制度智慧引进汉语世界来。需要说明的是，尽管此类翻译向称严肃的学业，无论编者、译者还是读者，都会因其理论色彩和语言风格而备尝艰涩，但该工程却绝非寻常意义上的“纯学术”。此中辩谈的话题和学理，将会贴近我们的伦常日用，渗入我们的表象世界，改铸我们的公民文化，根本不容任何学院人垄断。同样，尽管这些选题大多分量厚重，且多为国外学府指定的必读书，也不必将其标榜为“新经典”。此类方生方成的思想实验，仍要应付尖刻的批判围攻，保持着知识创化时的紧张度，尚没有资格被当成享受保护的“老残遗产”。所以说白了：除非来此对话者早已功力尽失，这里就只有激活思想的马刺。

主持此类工程之烦难，足以让任何聪明人望而却步，大约也惟有愚钝如我者，才会在十年苦熬之余再作冯妇。然则晨钟暮鼓黄卷青灯中，毕竟尚有历代的高僧暗中相伴，他们和我声应气求，不甘心被宿命贬低为人类的亚种，遂把移译工作当成了日常功课，要以艰难的咀嚼咬穿文化的篱笆。师法着这些先烈，当初酝酿这套丛书时，我曾在哈佛费正清中心放胆讲道：“在作者、编者和读者间初步形成的这种‘良性循环’景象，作为整个社会多元分化进程的缩影，偏巧正跟我们的国运连在一起，如果我们至少眼下尚无理由否认，今后中国历史的主要变因之一，仍然在于大陆知识阶层的一念之中，那么我们就总还有权想象，在孔老夫子的故乡，中华民族其实就靠这么写着读着，而默默修持着自己的心念，而默默挑战着自身的极限！”惟愿认同此道者日众，则华夏一族虽历经劫难，终不致因我辈而沦为文化小国。

一九九九年六月于京郊溪翁庄

中文版导读

周雪光

20世纪上半叶纳粹的种族大屠杀是当代史上举世震惊的事件,引起了全世界范围对种族迫害和暴力的声讨与反思。在这一主题浩如烟海的文献中,鲍曼的《现代性与大屠杀》独树一帜,将这一悲剧放进世界文明进程中,放在理性社会和官僚组织的背景下进行考察,展示了纳粹的反人类罪行与现代文明的组织方式和道德基础之间的密切关联。鲍曼的研究超越了种族、宗教和人性邪恶的委罪归咎,超越了具体的时空边界,获得了划时代的意义。在理性规划盛行、高科技驾驭社会的今天,鲍曼的思考和呼声比以往任何时候都更具有现实意义,更值得我们仔细聆听。

让我们听一听鲍曼发聋振聩的声音吧:纳粹制造的种族灭绝大屠杀,不是人类文明史的暂时挫折,不单是邪恶力量所为,而是现代发展起来的官僚组织的产物,是随人类文明而来的现代性所孕育的副产品。没有人类文明的现代性,没有现代官僚组织,就没有纳粹大屠杀。在这本书中,作者以犀利的笔锋、痛心的领悟,带领我们重新审视现代史上各种人为大灾难的渊源,读来心灵震动，思绪难平。

文明进程、现代性与大屠杀

不破不立。鲍曼的讨论始于对大屠杀已有讨论和研究的严厉批评。长期以来，关于大屠杀的反思中有两种盛行观点：一种观点认为，这是针对犹太人和犹太人历史所发生的特定历史事件，是一个民族的悲剧；另一种观点将大屠杀归咎于纳粹暴徒的人性失落、病态，以及某些特定的、社会的、种族的或宗教的冲突，特别是一些与现代文明相悖的社会因素。换言之，这是人类文明演进过程中的挫折，是文明要素的暂时失灵所致。

在鲍曼看来，社会科学研究取向在这个领域中有极大的失责。它陷入现代性塑造的理性神话中不能自拔，成为这一制度的伴唱，无力超脱而反省之。这些思维定势将人类文明进程中的整体性问题缩小为个别的；局部的、与特定种族相关的问题，或归因于异常出现的邪恶力量和野蛮行为。社会学的研究范式通常是罗列各种因素，然后在实证基础上一一检验其合理性，剥离出有显著影响的因素，据此提出解释。日益分工精细的学科研究把重大社会现象切割得支离破碎，将其碎片化、边缘化。作为一名社会学家，鲍曼的批评主要针对社会学的有关研究工作，但从行文涉及的内容来说，这是针对整个社会科学研究倾向的起诉书。鲍曼以这个大视野开始了他深邃犀利的社会学解剖。

鲍曼鲜明地提出他的中心观点：大屠杀不是现代性的失败，而是现代性的产物；不是历史文明进程的断裂，而是它的延伸，是现代社会运行逻辑的一个结果。换言之，只有在现代社会中，这一大屠杀才成为可能。从经验事实上看，反犹主义活动在欧洲历史上时常出现,散布于不同国家区域,在德国并不比其他地方更为剧烈。在进入现代社会之前,欧洲各地从未经历过如此规模和残酷程度的种族灭绝行动。因此,认识现代社会的理性化模式是寻找大屠杀渊源的切入点。让我们跟随作者审视的眼光来追踪一下他的思考链条。

鲍曼提出,19 世纪以来的思想家们——从埃利亚斯、马克思到韦伯——对世界文明历程都有一个类似的想象,即这是一个不断理性化、不断开明进步的过程,人类从生存竞争到理性化发展,从情感支配到理性思维,逐渐走出野蛮行为、走出弱肉强食的霍布斯世界,迎来现代性的曙光。这一文明进程有两个核心所在:其一是对非理性行为的抑制,其二是将暴力收归国家手中,从而减少以至于消除社会中的暴力。也就是说,文明社会承载着道德力量,推动规范性秩序从而保护个人安全。

随现代性而来的一个产物是关于社会设计的宏伟想象。鲍曼注意到,从启蒙运动开始,现代社会就以积极态度来管理和改造自然与自身。19 世纪以来的社会理论家和思想家提出了各种规划蓝图。现代国家的兴起和权力集中提供了理性设计的巨大推动力,现代性提供了科学化、秩序化、分门别类、确定边界等一系列理性程序。鲍曼将这些社会设计比喻为理性的园林设计:区分不同草木,不同类别,不同区域,按照意图,一一安排。这样的设计蓝图,一旦付诸实施,那些被认为是弱苗莠草的种类,就会被无情地、有效地铲除。在这里,我们可以嗅到那场大屠杀的现代气息。

现代性的另一个产物是有效的组织实施机制。官僚组织提供了现代社会的组织基础,使得社会工程的宏伟计划,不仅有了想象的空间,而且具备了实现的理性途径和技术手段。行政官僚与军队部署、工业过程和程序操作有高度相似性。同样的理性设计、技术知识和组织过程,可以应用于实现国家意志所指的任何目标。也就是说,实施大屠杀的行为“在组织意义上与‘普通的’管理和经济部门设计、指导和监督所有其他有组织的行动并没有什么区别”(19)。[1] 实施大屠杀的“最终解决方案”(the Final Solution)正是应用了现代文明的工业能力和技术知识,理性地、高效率地达到了预定的组织目标。

现代性带来的一个重要后果是,目标与手段、道德与行为的关系发生了深刻的变化。“文明化进程是一个把使用和部署暴力从道德考量中剥离出去的过程,也是一个把理性的迫切要求从道德规范或者道德自抑的干扰中解放出来的过程。”(38)鲍曼注意到,在现代社会,恐怖活动和折磨不再是激情的工具;它们已经成为政治理性的工具。也就是说,暴力变成了一种技术。就像所有的技术一样,它不受情感的影响,是纯粹理性的。

在这里,我们看到了一连串连接制度与行为的链条。现代性与现代国家及其宏伟规划相关联,需要分门别类地加以安排,需要制造差异、区别你我他,以便强化边界和秩序。正是在现代文明中,在现代国家垄断暴力的面前,反犹主义获得了新的意义:犹太人被排斥为另类,被视为“内部的外人”,从而成为打击对象,以便强化内在凝聚力。这一理性不仅体现在国家意志、组织执行者身上,也体现在犹太人受害者的行为上,即受害者也顺从配合。正是在现代社会权力的“正常”运转中产生了大屠杀事件。

让我们仔细体会一下鲍曼的这段话:“我以为,官僚制度文

---

① 下面的引文来自中译本(杨渝东、史建华译),引文后括号中的数字见正文页码。我依据英文版对个别词语、表达有所修正。

化正是大屠杀主张得以构思，缓慢但持续地发展，并最终实现的特定环境；它促使我们将社会视为行政管理的对象，视为亟待解决的一堆‘问题’，视为需要加以‘控制’，‘掌控’并‘改进’或‘重塑’的一种‘自然状态’，视为‘社会工程’的一个合法目标，总的来说，就是将社会视为一个需要设计和强行维持其设计形态的园林（园林区划将植物区分为需要照料的‘人工培育植物’和应当被刈除的杂草）。”（24—25）

如此，鲍曼引出了本书的一个尖锐深刻而又让人痛心疾首的结论：现代文明不是大屠杀的充分条件，但毫无疑问是其必要条件。正是现代文明化的理性世界让大屠杀变得可以想象。从文明进程中的国家权力和意志、宏伟社会规划、社会工程能力，到社会群体的分类与边界，再到在特殊条件下的启动执行，大屠杀不是文明进程的对立面，而是这一进程的另一侧面。作者写道：“典型的社会设计和社会工程的现代雄心，加上典型的现代权力、资源和管理技术集中趋势，这两者的结合制造了屠杀场。”（103）在国家意志和垄断暴力面前，文明进程中建立的防止野蛮邪恶行为的种种屏障都失效无用。

现代性、组织机器与道德消失点

书中提及这样一个情节：在 1978 年的一次“大屠杀之后的西方社会”主题讨论会上，对大屠杀有深刻分析的学者鲁本斯坦（Richard L. Rubenstein）提出，也许我们可以从大屠杀这一悲剧中重新解读“韦伯对现代社会趋势所做的一些人所皆知的预测”（14）。鲁本斯坦要强调的是，在韦伯关注的现代官僚制度、理性精神、效率原则、科学思维等理论中，没有防范纳粹暴行可能性的机制。进而言之，组织理性化的过程蕴含了促就这一灾难的潜在趋向。当时在座的韦伯专家罗斯（Guenther Roth）持强烈的反对意见。他指出，韦伯持有自由主义主张，维护宪法，支持工人阶级投票权，纳粹暴行与韦伯的理念背道而驰。

然而，这正是鲍曼提出的重大问题，即为什么现代性的官僚组织为纳粹暴行提供了必要的条件。韦伯指出，人类文明的演进带来了现代性，体现在制度和行为的理性化过程中，以及严密有序的科层组织中。这一组织形式在各个领域中的扩散，推动了整个社会的高度组织化和理性化。韦伯对现代行政管理制度有如下的冷静描述：

> 准确、快速、明晰、文档知识、持续、谨慎、完整、严格服从、减少摩擦、减少物品和人事成本——这些方面在严格的官僚行政管理中达到最优化状态……针对事务的'客观'处理的主要意义是，按照精确计算的规则加以操作，而对其中的人事方面不予关注。（19—20）

在鲍曼看来，正是具有上述特点的理性组织有效地执行和实施了大屠杀的工程。这不是偶然的。官僚组织中蕴含着内在的机制，促进了家庭与组织、情感与理智的分离和对立，特别是道德与理性之间的隔离。对理性的追求导致了对道德自我约束（moral inhibition）的排斥，即组织成员本身的道德判断被组织理性所抑制、排挤以至于泯灭。大屠杀再次提醒我们，官僚制度在追求效率时是多么地刻板冷酷且道德盲目。

对于官僚组织的弊病和潜在危害，社会科学研究早有关注。在20世纪初，韦伯阐述了西方社会走向理性化和官僚组织兴起的大趋势。与此同时，他也表达了对官僚组织成为抑制人们自主性的“铁笼”的深深忧虑。[①] 社会学家默顿在1940年也提出了官僚人格(bureaucratic personality)的概念。[②] 他指出,官僚组织中诱发出工具理性取向,即一味服从、摈弃价值判断的危险倾向。韦伯式官僚组织是一个理性组织,行为的可靠性和可预测性占据重要地位。为了这一组织目标而产生了一系列的制度安排,来保证人们按部就班地行动,按照规定的角色作为。例如,各种规章制度塑造了人们循规蹈矩的取向。默顿进一步提出,按照规章制度来行事还是不可靠的,因为人们有好恶情感,有同情心。官僚组织不满足于形式上的循规行为,还要诱使成员将其内化,把这些规则转化为自己完全认可的一种人格,即官僚人格。如果说专业化过程使得人们内化有关专业规则、专业判断、专业角色和道德的行为方式,那么,官僚化过程正是组织成员内化组织规则、组织角色和行为方式的过程。这个内化过程常常超越了技术上的要求,而成为人们内在的价值观念。结果是,不管在什么情形下组织成员都会按照规则行事。当规则与现实不符,需要灵活性的时候也不愿意变动,只是一味地认同规则。可以说,组织成员就是人格化的规则。如果不按规则行事,他会认知失调,心理不平衡。官僚体制的很多问题,如非人格化、僵硬刻板等,都反映了类似的现象和行为。

第二次世界大战后,在对纳粹暴行的震惊之余,许多学者在研究韦伯式官僚组织时,都不约而同地注意到了官僚组织与民

---

① 韦伯,《经济与社会》(Max Weber, *Economy and Society*), Berkeley: University of California Press, 1978。

② 默顿,“官僚结构和人格”(Robert K. Merton, ‘Bureaucratic Structure and Personality’),见默顿编著,《社会理论和社会结构》(Robert K. Merton ed., *Social Theory and Social Structure*), New York: Free Press, 1968, pp. 249—260。

主社会之间的潜在紧张,这一主题反复出现在此类文献的经典作品中。[①] 官僚组织建立在权威的等级结构之上,而民主制度是大众参与的开放组织形式,两者间的组织原则有内在紧张。随着正式组织在现代社会中扮演越来越重要的角色,它们对民主制度的影响也日益凸显出来,不断唤起人们的关注和讨论。[②] 官僚组织在现代社会中的角色、地位和影响,成为一个令人关注、亟需回答的问题。

鲍曼沿着这个方向做了前所未有的深入开掘。鲍曼借用凯尔曼的研究工作,提出了导致理性与道德分离的三个机制,并进行了细致深入的阐释:第一,暴力被赋予权威,这一点经由正式组织的权威结构加以实现;第二,行为由组织常规所构建;第三,暴力受害者被剥夺了人性,打入另册。鲍曼的讨论特别指向了官僚组织在其中扮演的角色。

首先,理性组织建立在严密的组织纪律原则之上,要求成员放弃自我,接受组织指令。组织权威结构剥夺了其成员独立思考、道德判断的能力,将组织行为圈入不受道德判断的领地。鲍曼一针见血地指出,"在现代官僚体系中,理性化趋势这种普遍的成就已经被顺理成章地法律化和制度化……使道德保持缄默是理性化趋势的主要任务,也正是它作为行为的理性协作工具

① 例如,布劳,《官僚的动态:一项关于两个政府机构中的人际关系的研究》(Peter M. Blau, *The Dynamics of Bureaucracy: A Study of Interpersonal Relations in Two Government Agencies*), Chicago: University of Chicago Press, 1963;塞尔兹尼克,《田纳西河谷管理局和草根》(Philip Selznick, *TVA and the Grassroots*),Berkeley: University of California Press, 1949;克罗泽,《官僚现象》(Michel Crozier, *The Bureaucratic Phenomenon*), Chicago: University of Chicago Press, 1964。

② 威尔逊,"官僚国家的崛起"(James Q. Wilson, 'The Rise of the Bureaucratic State'),《公共利益》(*The Public Interest*), no. 41, 1975, pp. 77—103。科尔曼,《不对称的社会》(James Samuel Coleman, *The Asymmetric Society*), Syracuse, N. Y.: Syracuse University Press, 1982。加尔布雷思,《解剖权力》(John K. Galbraith, *The Anatomy of Power*), London: Hamish Hamilton, 1984。

获得成功的基本条件”(38—39)。为此组织设置了相应的制度安排,“通过荣誉,纪律取代了道德责任。唯有组织内的规则被作为正当性的源泉和保证,现在这已经变成最高的美德,从而否定个人良知的权威性”(30)。组织通过一系列奖惩机制,如褒奖、进退升迁的职业生涯阶梯,来强化人们行为与道德判断之间的分离。正如一位纳粹战犯为自己执行上司命令的行为所辩护的那样,“我认为,我处的位置不是去判断他的措施……是道德的还是不道德的……我的道德良知屈从于这样一个事实:我是一个军人,只是庞大国家机器中一个微不足道的齿轮”(30)。

其次,正式组织的一个基本特征是,通过常规程序(routine)来塑造组织行为,以确保成员行为的稳定性、一致性和可预测性。这些常规使得人们在日常工作中扮演一个“行为中介”(mediation of action)的角色,即他的行为只是官僚体制长长指令链条的一个环节,要通过其他环节才能达及被影响者。而组织常规的内化塑造了默顿笔下的“官僚人格”。如此,行为与后果之间的隔离减缓了道德约束的压力,提供了道德催眠药。鲍曼进一步指出了两个平行的过程:其一,事务功能的精细划分,拉大了施害者与被害者之间的社会距离;其二,以技术的责任代替道德的责任,走向理性组织中的非人性化,导致工具理性与目的理性分离的向上负责制。大屠杀的产生依赖于组织惯例而不是个人热情,依赖于纪律而不是意识形态的沉迷。这样,官僚组织成为一个执行自上而下的意志指令的高效率的机器。

第三,组织提供了有效的工具来行使权力,将人群分类,将某些范畴的人群标签化进而污名化,直至将他们排挤出人性顾及的领域,以致对他们实施暴力而不受人性道德的约束。前面已经讨论到，大屠杀的条件之一是剥夺受害者的人性，以各种边界来区分构建不同的类别，将“无价值的生命”打入另册，从而为实施暴力提供正当性。在纳粹第三帝国的制度设计中，种族主义正是这样一个分类基础，而官僚组织提供了实施的手段。如鲍曼所说，只有在一个有完美社会的设计并有计划且持续不懈地努力来实施这个设计的环境当中，种族主义才能盛行起来。在近现代史上各种暴力导致的大灾难中，我们看到类似过程一再重复出现。

鲍曼提出了一个关于“道德消失点”的形象比喻。社会距离与道德意识密切相关。当人们之间距离很近时，通常会产生相应的道德感。那些社会分类机制将人们隔离，拉大社会距离。随着社会距离的延长，对方的道德意义变得模糊不清，人们对他人的道德责任开始萎缩，直到两者完全分离，对彼此视而不见。组织的服从纪律、组织常规和人群分类等做法稀释以至于摆脱了道德责任，直至其完全消失在视野和思想的地平线之外，那正是“道德消失点”。

引人深思的是，这个过程不是一步到位的理性设计，而是官僚组织自身运行过程和常规程序的推动所致。对此，鲍曼有细致的论述。对于希特勒要在德国境内清除犹太人的这一目标，官僚机构全力以赴地贯彻执行，但具体操作方式一直变动。起初的方案只是将犹太人迁移出德国。随着德国在欧洲的扩张、疆界变化以及管理负荷的增加，这一目标也不断调整，在不知不觉间，一步一步地走向从肉体上消灭犹太人的行动。而这一切“都是官僚体系平淡无奇的例行行为。……这个选择就是当连续不断的问题涌现在变动的环境中时，最急切地想去找到一个理性解决方案的结果”（23）。这个描述与我们在日常生活司空见惯的官僚机构运作过程何其相似乃尔！

现代性、大屠杀与高科技的今天

鲍曼的著作紧扣主题、立论鲜明、分析深刻、文字犀利，冲击力极强，给读者带来的不仅是思想上的启发、知识的增长，而且是内心的震动和反省。这不仅是因为大屠杀的惨烈悲剧，更是因为导致这个悲剧的动因恰恰来自我们向往追求并热烈拥抱的现代性。

在我们生活其中的当代社会，这本书的主题更为凸显。书中讨论的那些导致大屠杀的现代性条件仍然存在：国家权力的集中，社会规划的宏大抱负，高度动员能力的官僚组织，日新月异的高科技发展——这些现代性的取向可以造福人类，但也可能给人类带来巨大的灾难。鲍曼提出，如果将大屠杀看成是对现代社会潜在可能性的一次罕见而又重要并且可靠的检验，那么这个结果令人吃惊：人类在这个检验中惨遭失败。现代性中孕育出邪恶，防范机制失灵。在很长一段时间里，人们对这种邪恶束手无策，甚至视而不见，直至大屠杀悲剧发生。鲍曼的分析表明，大屠杀是一些各自存在的现代性因素结合起来的结果：强有力的政府，战争掩护下的借口说辞，庞大有效的官僚机器，以及那些技术官僚的行为模式和心态。这些条件大多存在于“正常的”现代社会中，只需要与一些偶然因素结合，就可能产生致命的危害。深入解剖官僚体制的理性模式有助于我们理解大屠杀事件的现代性渊源。同样地，如鲍曼所说，大屠杀对于我们理解现代官僚体制的理性化模式也至关重要。

阅读这本书时我的心情一直是沉重的，因为书中讨论的种种机制和情景在今天的世界中举目可见,似曾相识的情形在自己身边也时有见闻。鲍曼的讨论让我们联想到政治学家詹姆斯·斯科特(James Scott)在《国家的视角》中所列举的类似例子,即国家发起的社会工程导致了巨大的社会灾难。[①] 这些社会工程可能有着良好的愿望,但官僚组织成员面对压力或按部就班、或紧张匆忙地贯彻执行上级的指令时,束缚于严密的组织纪律和权威关系中,正是扮演了书中所说的中介环节。高度一致、服从权威,可以高效率地提供公共产品,为民造福;但也可以贯彻邪恶意志,践踏人民。更多的情形是,现代性大环境使得我们漫不经心地将人性价值搁置一边。岂止是搁置一边,在组织理性中根本就没有为道德判断留下生存的空间,以致受害人在视野中消失不见。那些司空见惯、耳闻能详的口号——"我不管过程,只要结果!""这是政治任务,必须不惜一切代价完成!"——不正是为鲍曼痛斥的当代官僚组织的弊病和潜在危害的极好脚注吗?!

高科技的发展,信息技术、人工智能等的兴起,一方面给了社会规划更大的想象力和空间,以及实现规划抱负的组织能力;另一方面也大大延长了政策参与者与政策承受者之间的社会距离。例如,传统战争中面对面厮杀拼搏,参与者直面战争的狰狞残酷,引发了人道主义方面的各种制度规则。而在现代战争中,长距离的攻击技术,如无人机的军事应用,使得操作者与受害者之间距离遥远,犹如电脑上的游戏一般,按钮操作执行,大大削弱了传统意义上的道德约束。

环顾当今社会,人们在努力地走出现代性带来的困境。新

---

① 詹姆斯·斯科特,《国家的视角:那些试图改善人类状况的项目是如何失败的》,社会科学文献出版社 2004 年版。

兴的平面组织形式、松散关联的组织结构为组织成员提供了多样性和自主性的空间，组织内部也在发展出各种正式的和非正式的制度来制约正式权力的滥用。重视技术与道德、生产与社会责任、人文精神与人工智能之间关系的呼声越来越高。这些积极的取向和努力是否可以增强文明历程的正面影响，有效地抑制鲍曼指出的文明进程的“另一侧面”呢？让我们拭目以待。

若干年前在德国访学时，我参观了慕尼黑郊区的达豪(Dachau)集中营。这是纳粹于1933年建立的第一个犹太人集中营，从开始至纳粹投降，从未间断。集中营的黝黑大铁门上，有着用钢筋焊制出的纳粹口号：“劳动带来自由。”实际上，凡是进来的犯人，第一失去所有财产，第二失去所有权利，第三失去所有尊严。集中营犯人的狭小床铺，外貌不扬的一排平房内面目狰狞的焚烧炉，以及展览厅外矗立的雕塑——因饥饿所致的瘦骨嶙嶙的肢体交错叠加、挣扎而出的造型，令人心情沉重压抑。

令人欣慰的是，在展览馆的宽敞演播厅看到一队队德国少年学生鱼贯而入。据说，这里是德国学校进行历史教育的场所。我们需要正视邪恶，因为它们一而再、再而三地在我们身边出现。英国作家奥威尔这样说过：“谁控制了过去就控制了未来，谁控制了现在就控制了过去。”鲍曼大声疾呼：“如果奥威尔的这句话是有道理的，那么，为了我们的未来，必须制止那些控制了现在的人企图操纵过去的做法，因为他们的行为将使人类在未来无法生存。”(319)

鲍曼心目中的读者，一方面是致力于以史为鉴的社会科学研究者，另一方面是那些拥抱现代性、致力于用组织来改造社会的人。社会科学研究中日益分化、价值中立的取向使得许多学者只见树木不见森林，放弃其社会责任。纳粹时期的一些科学家、学者扮演了不光彩的角色,甚至成为帮凶。战后的有关研究工作将这一历史事件碎片化、边缘化,将其重大现实意义湮没在各种分析技术中。面对人类历史上的大屠杀事件,社会科学研究的不同取向可以引出如此鲜明不同,甚至意义相悖的结论,发人深思。

正视过去,杜绝邪恶,不仅需要义愤填膺的振臂呼喊,同时也需要冷静深刻的解剖分析。鲍曼这本书正是在从事这项极有意义的事业。这本书应该是组织学、管理学和社会科学的必读教材。那些希望通过社会规划和官僚组织来实现良好愿望和宏伟抱负的人,可以从中得到极大的警示和启发。

致珍尼娅,和所有其他
讲述真相的幸存者

在我写这本书的时候,高度文明化的人类在头顶翱翔,想要置我于死地。他们作为个人对我没有丝毫敌意,我对他们也是如此。常言道,他们只是在“履行他们的职责”。我一点儿也不怀疑他们中的大多数都是善良的、遵纪守法的人,在私人生活中也从未想过去杀人。而另一方面,如果他们中有人处心积虑地放置一个炸弹将我炸成齑粉,他也决不会因此而寝不安枕。他是在效力于他的国家,一个有权力赦免他的罪恶的国家。

——乔治·奥威尔:《英格兰,你的英格兰》(1941)

沉默是最大的悲哀。

——莱奥·贝克,德国犹太人代表机构主席,1933—1943

我们感兴趣的是,这一重大的政治和社会问题……它们怎么会发生?……应当保持其全部的重要性、全部赤裸的事实和恐怖的一切。

——格肖姆·肖勒姆,反对处死艾希曼

目　录

前　言

在写完了犹太人区生活和东躲西藏的亲身经历后，珍尼娅向我，她的丈夫，表示了感谢，感谢我容忍她在两年的写作时间里长时间地不在我身边，再次居住在“那个不属于他”的世界。的确，尽管当时它的触角延伸到欧洲最遥远的角落，我还是躲过了那个恐怖而不人道的世界。并且就像许许多多我的同龄人一样，我也从未试图在它已经从地球上消失之后再去探究它，而任由它游荡在被它夺去亲属或伤害过的人那永远无法治愈的创伤和挥之不去的记忆之中。

当然，我对大屠杀有一些了解。我与许许多多的同龄人和年轻人对大屠杀有着一样的印象：大屠杀是邪恶之徒对无辜者犯下的一次可怕罪行。整个世界分化成疯狂的刽子手和无助的受害者，还有许多其他尽其所能帮助受害者的人，虽然他们在大多数时候无能为力。在这个世界里，谋杀者之所以谋杀，是因为他们疯狂、邪恶，并且为疯狂和邪恶的思想所蛊惑。受害者被屠杀，是因为他们无法与荷枪实弹的强大敌人相抗衡。这个世界的其他人只能观望，他们迷惘而又痛苦，因为他们清楚只有反纳粹联盟的盟军的最后胜利才能够结束这场人间浩劫。根据所有这一切，我印象中的大屠杀就像墙上的一幅画：被加上了清晰的画框，使它从墙纸中凸显出来，强调了它和其他的家饰有多么大的不同。

而读了珍尼娅的书之后，我才开始意识到我所知甚少——或者，更确切地说，我的思路是不恰当的。我逐渐明白了我并没有真正理解在那个“不属于我的世界”里所发生的一切。那一
vii 切是如此错综复杂，远远不是那种简单而且理智上很舒坦的方式所能解释的。而我原来天真地认为这种方式业已足够。我意识到大屠杀不仅是险恶和恐怖的，而且根本不能轻易用习惯性的“普通”方式来进行解释。这个事件已经用它自己的符码记录了下来，要理解整个事件，首先就必须破解这些符码。

我本希望历史学家、社会学家和心理学家能弄清楚它的含义并且解释给我听。我翻遍了我以前从未探察过的那些图书馆书架，发现这些书架满实满载，充溢着审慎的历史研究和深奥的神学小册子。里面还有一些社会学研究方面的书——研究得非常精妙，剖析得非常深刻。历史学家则积累了卷帙浩繁、内容丰富的史料证据。他们的分析令人信服而又深邃。毋庸置疑，他们揭示出大屠杀是一扇窗户，而不是墙上的一幅画。透过这扇窗，你可以难得地看到许多通过别的途径无法看到的东西。透过这扇窗看到的一切，不仅对罪行中的犯罪者、受害者和证人，而且对所有今天活着和明天仍然要活下去的人都具有极端的重要性。透过这扇窗我所看到的一切一点儿也不令人愉快。但是，所见的画面越是抑郁沉闷，我就越是坚信，倘若拒绝看向窗外，将是非常危险的。

而以前我的视线从未越出过那扇窗，在这一点上我和我的社会学家同事们没有什么不同。和大多数同事一样，大屠杀在我看来充其量是可以被我们这些社会学家所解释的某种事物，而绝不是可以解释我们目前所关心的目标的某种事物。我以为

(是因为疏忽而不是经过了深思熟虑)大屠杀是历史正常发展过程中的断裂,文明化社会体内生长的毒瘤,健全心智的片刻疯狂。因此,我可以为我的学生描绘一幅正常、健康、健全的社会图画,而把大屠杀的故事交付给专业的病理学家。

一些把大屠杀的记忆占为己有和对它进行利用的方式,极大地助长了(虽然没有解释)我和我的社会学家同事们的这种自满。大屠杀经常作为发生在犹太人身上,而且仅仅是发生在犹太人身上的悲剧,沉积在公众的意识里,因此对于所有其他人而言,它要求惋惜、怜悯,也许还有谢罪,但也仅此而已。作为那些躲过了子弹和毒气的幸存者以及那些死于子弹和毒气的受害者的后人们所掌握的或者小心翼翼地守护着的事件,大屠杀一次又一次地被犹太人和非犹太人讲述成犹太人的集体(也是单 viii 独的)所有。最后,两种观点——“外在”的和“内在”的——互为补充。一些自封的为死者代言的人,甚至警告那些串谋起来企图从犹太人那里盗走大屠杀,使之“基督教化”,或者把其独特的犹太特性消融在一种毫无特征的“人性”苦难之中的窃贼。犹太国家则力图把这段悲剧的历史用来当作其政治合法性的依据,当作其过去和将来政策的安全通行证,并且,最重要的是,当作它为可能要干的不道义行为提前支付的代价。各承其因,这些看法又对公众意识中大屠杀是仅仅属于犹太人的事件,而对被迫生活在当代并成为现代社会之一员的其他人(包括作为人类的犹太人本身)毫无意义的观念起了加固作用。但是,一个知识渊博、思想深邃的朋友近来突然使我意识到,大屠杀的意义已经在多大程度上被简化为私有的不幸和一个民族的灾难,并且这种简化又是多么危险。我则向他抱怨说,在社会学中我没有发现很多从大屠杀历史中得出的具有普遍意义的重要结论。他回答说:“这不令人吃惊吗,想想有多少社会学家是犹太人?”

人们在周年集会上宣讲大屠杀，在几乎全是犹太人的听众面前追悼大屠杀，把它作为犹太人共同体生活中的事件来报道。大学也开设了有关于大屠杀历史的专门课程，不过，却把它从总的历史课程中分离出来单独教授。大屠杀已经被许多人看作犹太人历史的专门话题。大屠杀吸引着自己的专家——那些在专家会议和专题研讨会上频频碰头并互做报告的研究者。但是，他们那些特别丰富且至关重要的作品却很少能够回归到研究性学科和一般文化生活的主流中去——就像在我们这个专家和专门化的世界里存在的大多数其他专门化兴趣那样。

当它最终找到回归的道路的时候，它时常也只被许可在公众的舞台上以一种理智化的，因而是彻底失去了鼓动性并具有安慰性的方式存在。大屠杀心悦神和地与公众的神话相契合，可以使公众摆脱对人类悲剧的冷漠，却无法使他们摆脱他们的自以为是——就像美国那部名为《大屠杀》的肥皂剧所展示的，养尊处优、彬彬有礼的医生和他们的家庭（就像你在布鲁克林的邻居那样）正直、高贵、道德无损，在由粗俗残忍的斯拉夫农
ix 民侍候着的令人厌恶的纳粹败类的押送下走向毒气室。罗斯基斯，一个对犹太人对天启所做的反应富有洞见且能深深地移情入内的研究者，记录下了犹太人默然而无情的自我审查工作——犹太居住区里的诗句“弯曲至地的头颅”（heads bowed to the ground）在后来的版本中被替换为“信念支撑的头颅”（heads lifted in faith）。罗斯基斯的结论是：“阴暗被拭去得越多，作为一种原型它就越能呈现其特殊的轮廓。死去的犹太人是绝对的善，纳粹分子和他们的同党是绝对的恶。”[①]因此，当阿伦特指出

---

① 罗斯基斯，《抵制天启，现代犹太文化对浩劫的反应》（David G. Roskies, *Against the Apocalypse, Response to Catastrophe in Modern Jewish Culture*），Cambridge, Mass.：Harvard University Press, 1984, p. 252。

残暴统治下的受害者在走向死亡的路上可能丧失了他们的部分人性时，她冒犯了很多人的感情，而招来一片指责。

大屠杀确实是一场**犹太人的悲剧**。尽管并不仅仅是犹太人受到了纳粹政权的"特殊处理"（在希特勒的命令下杀害的两千多万人中，有六百万是犹太人），但只有犹太人被标上了全部消灭的记号，并且在希特勒力图建立的新秩序中也没有给犹太人留下任何位置。即使这样，大屠杀并不仅仅是一个**犹太人问题**，也不仅仅是发生在**犹太人历史**中的事件。**大屠杀在现代理性社会、在人类文明的高度发展阶段和人类文化成就的最高峰中酝酿和执行，从这个意义上来说，大屠杀是这一社会、文明和文化的一个问题**。因此，在现代社会的意识中对历史记忆进行自我医治就不仅仅是对种族灭绝受害者的无意冒犯。它也是一个信号，标示出一种危险的、可能会造成自我毁灭的盲目性。

这种自我医治的过程并不必然意味着大屠杀完全从记忆中消失。恰恰有许多与此相反的迹象。除了少数历史修正派的声音否认这一事件的真实性之外（即便是无意地，这种否认也只是通过他们鼓噪起来的耸人听闻的大标题增加了公众对大屠杀的知晓程度），大屠杀的血腥和它对受害者造成的影响（尤其是对幸存者的影响）在公众兴趣里占据的位置呈上升的趋势。这一类型的话题已经成为电影、电视剧或者小说里必不可少的——哪怕从整体上说是辅助性的——次要情节。但是几乎没有人怀疑这种自我医治——通过两个互相纠结的过程——的的确确发生了。

一个过程就是强行赋予大屠杀的历史以专家专题研究的地位，把它交付给自己的研究机构、基金会和圈内会议。研究性学科的分流带来的一个常见而又人所共知的后果就是，新的专门化领域与研究的主领域的联系变得很微弱；新专家的关注和发现对主流的影响并不大，而他们提出的独特的语言和构想也是 x

如此。因此,分流通常意味着,代表专家团体的学术兴趣从学科的核心准则中被剔除出去;就是说,这些学术兴趣被特殊化了,被边缘化了,虽不必然在理论上也在实际上被剥夺了更为一般的意义;而主流学术也不对它们做进一步的关注。因此我们看到,尽管有关大屠杀历史的专门著作无论在卷帙、厚度还是在学术质量上都以相当快的步伐前进,但在综观现代历史时,倾注于大屠杀的空间和注意力仍然没有太大的提高;甚至正好相反,现在可以更容易地附加一个长度适当的学术参考书目,而不去对大屠杀做实质性的分析了。

另一个过程就是已经提到的对沉积在公众意识中的大屠杀形象进行清洁化(sanitation)的过程。公众关于大屠杀的印象经常与纪念性仪式和这些仪式招致并予以合法化的严肃说教联系在一起。这种情况在其他一些方面无论有多么重要,却没有为深层次地分析大屠杀提供多少空间——尤其是关于大屠杀的那些难以认清和容易混淆的方面。而通过非专业性的和一般的信息媒介,原本已经很有限的分析就更少地能够进入公众的意识中去了。

当公众被要求去思考这最令人畏惧的问题——“为什么有可能发生这样的恐怖事件?它为什么会发生在世界文明化程度最高的中心?”——他们头脑中的宁静和平衡也很少被打破。对罪行的讨论伪装成了对原因的分析;有人告诉我们,恐怖的根源应该到希特勒的成见、其党羽的奉承谄媚、其追随者的残暴及其思想的传播所导致的道德败坏中去寻觅,而且能够找到;如果我们研究得更深一步,或许还能发现,根源在于德国历史的特定回旋,或者在于普通德国人特有的道德冷漠——一种只能被期望存在于他们公开或者潜在的反犹主义倾向中的态度。大多数情况下,对于“尽力去理解这种罪行怎么会变成现实”的要求所做的回答，则是一个冗长乏味的陈述，关系到被称为第三帝国的可恶政权，关系到纳粹的残暴和“德国的痼疾”中的其他方面，我们都相信并且被鼓励继续相信这些代表了某种“与我们星球的本质相悖”[①]的东西。也有人说，一旦我们完全明白了纳粹主义的野蛮及其原因，“那么有可能的是，即使不能治愈的话，也至少会使纳粹主义在西方文明上留下的创伤不再疼痛”[②]。如果要对这类观点做一种解释的话（那并不见得一定就是作者们 xi
本人的看法），就可以说一旦给德国、德国人和纳粹主义者确定了道德和物质上的责任，原因也就找到了。这就像大屠杀本身一样，它的起因被压缩在一个有限的空间和一段有限的（所幸是业已结束的）时间内。

然而，关注大屠杀的**德国性**（Germanness），把对罪行的说明集中在这个方面，同时也就赦免了其他所有人，更明确地说，是其他**一切**。认为大屠杀的刽子手是我们文明的一种损伤或一个痼疾——而不是文明恐怖却合理的产物——不仅导致了自我辩解的道德安慰，而且导致了在道德和政治上失去戒备的可怕危险。一切都发生在“外面”——在另一个时间、另一个国家。“他们”所受到的责备越多，“我们”这些其余的人就越安全，我们为捍卫这种安全所要做的也就越少。一旦将对罪行的归咎与对原因的落实等同起来，也就不必去质疑我们为之骄傲的清白与心智健全的生活方式了。

荒谬的是，总的结果就是将刺痛从大屠杀的记忆中拔了出来。大屠杀能够传递给我们今天生活方式的信息——我们为了

① 奥兹克，《艺术和情欲》（Cynthia Ozick, *Art and Ardour*），New York: Dutton, 1984, p. 236。

② 对照贝勒尔，“冲破纳粹的黑暗”（Steven Beller, ‘Shading Light on the Nazi Darkness’），《犹太季刊》（*Jewish Quarterly*），Winter 1988—1989, p. 36。

安全所依赖的制度的性质，我们衡量自己的行为与认为正常并加以接受的互动模式是否适当的标准的效力——陷入了默然无声、没有听众，也没有人去传递的境地。即使被专家阐明并且提交到圈内会议上讨论，在别处它也不会有什么声音，对所有圈外人而言仍然是一个神秘之物。它还没有进入（至少不是以一种严肃的方式）当代意识。更糟糕的是，它至今还未对今天的现实生活产生影响。

在这种情况下，我的这项研究欲图为一项遭到了长期延误，并且具有相当文化与政治重要性的任务做一点微薄和适度的贡献；这个任务就是要使从大屠杀这个历史片段中得到的社会学、心理学和政治学教训进入当代社会成员与制度的自我认知和实践之中。这项研究并不提供任何对大屠杀的新的解释；在此立场上，这项研究完全依赖于近来专业研究的惊人成就，我从中尽力汲取所需，受益良多。不过，大屠杀所揭示的过程、趋势和潜在可能性，使这项研究必然集中于对社会科学（可能还有社会
xii 实践）的各种非常核心的领域进行修正。**这项研究中各种探讨的目的不是要增加专业知识，也不是要增加社会科学家对边缘性学术的关注，而是要在社会科学的一般应用面前展示专家的发现，要以与社会学研究的主流旨趣有关的方式来解释这些发现，并把它们反馈到我们学科的主流中来**，也由此把它们从当前的边缘状况提升到社会理论和社会学实践的中心地位。

第一章是有关社会学对大屠杀研究所提出的一些理论上和实际上的关键问题做出的反应（或者，更确切地说是这样的反应之少得惊人）的概览。其中的一些问题将在以后的章节里单独展开并更充分地进行论述。因此，第二、三章主要探究在现代化新条件下的各种界标性趋势所导致的张力、传统秩序的瓦解、现代民族国家的巩固、现代文明某些特性之间的联系（其中，科

学修辞在社会工程的抱负的合法化过程中所发挥的作用最为显著)、团体敌对的种族主义形式的出现,以及种族主义与种族灭绝计划的联系。考虑到大屠杀是一个典型的现代现象,脱离现代性的文化倾向和技术成就的背景就无法理解,因此在第四章,我力图直面的问题是,大屠杀在其他现代现象中占据的位置所具有的独特性与常态性之间真正的辩证统一。我得出的结论是:**大屠杀是本身相当普通和普遍的因素独特地相互遭遇的结果;这种遭遇可能在很大程度上会被归咎于垄断了暴力手段和带着肆无忌惮的社会工程雄心的政治国家的解放,即从社会控制的解放——伴随着一步步地解除所有非政治力量源泉和社会自治制度。**

第五章干的是费力不讨好的事,即带着特别的热情来分析那些我们"宁可不说"[①]的事情;即对一些现代机制的分析,这些机制使受害人在他们的受害过程中进行合作,并且与文明进程使人高尚有道德的后果相悖,产生了导致人性沦丧的强制性权威。第六章讨论的主题是大屠杀的一种"现代联系",即大屠杀与权威模式的密切关系在现代官僚体系中发展到了完美的程 xiii
度——这是对米格拉姆(Milgram)和齐姆巴多(Zimbardo)所做的重要的社会心理学实验的一个扩展评论。第七章是理论综述和结论部分,主要审视了目前道德在主导社会理论视野里所占的地位,并且主张进行根本的修正——这种修正主要集中在已经揭示出来的对社会(身体上和精神上的)距离进行社会操纵的能力之上。

尽管各章的论题有差异,我希望所有章节论述的指向都是

① 珍尼娅·鲍曼,《晨冬》(Janina Bauman, *Winter in the Morning*), London: Virago Press, 1986, p. 1。

一致的，都是为了加强中心主题。**所有的论证都是为了支持从现代性和文明化进程及其后果的主流理论中吸取大屠杀的教训**。这一切都源于一种信念，即相信大屠杀的经历包含着我们今天所处社会的一些至关重要的内容。

大屠杀是现代性所忽略、淡化或者无法解决的旧紧张同理性有效行为的强有力手段之间独一无二的一次遭遇，而这种手段又是现代进程本身的产物。即使这种遭遇是独特的，并且要求各种条件极其罕见的结合，但出现在这种遭遇中的因素仍然是无所不在并且很“正常”的。大屠杀之后并没有做足够多的工作去彻底了解这些因素可怕的潜能，为了克服它们可能带来的可怕后果而做的工作就更少了。因此从两方面来说，我相信我们可以做得更多——而且应该去做。

在撰写这本书的过程中，我从西耶特（Bryan Cheyette）、艾森斯达特（Shmuel Eisenstadt）、费赫尔（Ferenc Fehèr）、赫勒（Agnes Heller）、赫什佐维兹（Lukasz Hirszowicz）和查斯拉夫斯基（Victor Zaslavsky）的评论和建议中受益匪浅。我希望他们在书中看到的不仅是对他们的观点和启发的一些微不足道的论证。我要特别感谢吉登斯（Anthony Giddens）专心致志地阅读了书中一个接一个的观点，给予了有见地的评论并提供了最有价值的意见。我还要感谢罗伯茨（David Roberts）对这本书所做
xiv 的仔细、耐心的编辑工作。

一

导论：大屠杀之后的社会学

> 现代文明的物质和精神产物包括死亡集中营和集中营里束手待毙的人们。
>
> ——理查德·鲁本斯坦与约翰·罗斯：《通往奥斯维辛之路》

对有关文明、现代性与现代文明的社会学理论而言，通过两种方式可以贬低、误解或者轻视大屠杀对它的意义。

一种方式是把大屠杀看作发生在犹太人身上的事情，看作**犹太人**历史中的一个事件。这使得大屠杀独一无二，平淡而不具代表性，与社会学也没有什么关系。其中最普通的方式就是将大屠杀说成欧洲基督徒反犹主义的顶点——反犹主义在本质上就是一个独特的现象，在庞大而繁杂的种族或宗教歧视与敌对的目录当中，没有什么可与之相提并论的。在其他的一切集体敌视中，反犹主义是无与伦比的，这是因为它史无前例的系统性、意识形态的强度、超国家和超地区的蔓延，以及其地方性源泉与世界性支流相汇合的独特性。因此可以说，当大屠杀被定义为反犹主义以别的方式的延续时，大屠杀似乎就是一个“单元素集合”，一个不再重复的片段，这也许对大屠杀所在社会的**病症**有所诊断，却几乎不能增加我们对这个社会**正常**状态的理
1 解。它也更少地要求对现代性的历史趋势、文明的进程、社会学研究的基本主题的正统理解进行任何有价值的修正。

另一种方式——表面上指向截然相反的方向，但实际上导致了同样的结果——是将大屠杀看作广泛而常见的一类社会现象中的一个极端；这当然是一类令人厌恶和让人反感的现象，但我们还能够（而且必须）忍受。我们必须容忍大屠杀，因为它具有回复性和普遍性，但最重要的还是因为现代社会过去一直都是，现在也是而且将来还会是一个被设计来压制它，甚至可能彻底扑灭它的组织。因而，在一个所涵甚广，包括了冲突、歧视或者侵略等许多与大屠杀“相似”事件的范畴中，大屠杀也被算作了一项（不管它多么突出）。往最坏处说，大屠杀牵涉了人类一种原始的、在文化上无法磨灭的“自然的”禀性——比如洛伦兹[1]提出的本能攻击性，或者阿瑟·库斯勒[2]提出的不可以用新大脑皮层来控制的大脑中古老并受情感支配的那个部分。[3] 这

---

① 洛伦兹，奥地利著名动物学家，现代行为学的创始人，认为侵犯的动因是本能的，生而就有的，并且在体内不断地积蓄。代表作有《攻击与人性》。——译注

② 阿瑟·库斯勒，匈牙利裔英国小说家、新闻记者，20 世纪 30 年代曾为共产党员，被关进法西斯集中营。代表作有《中午的黑暗》。——译注

③ 参看洛伦兹，《关于攻击》（Konrad Lorenz, *On Aggression*），New York：Harcourt, Brace and World, 1977；库斯勒，《杰纳斯：一个总结》（Arthur Koestler, *Janus: A Summing Up*），London：Hutchinson，1978。在力图通过人性内在缺陷的理论来解释大屠杀的许多著作中，查尼的《我们怎么能干那些不可思议的事?》（Israel W. Charny, *How Can We Commit the Unthinkable?*），Boulder：Westview Press，1982 比较突出。这本书包括对人性理论的综述，并且对一些人性假说进行了思考，例如“人性本恶”，“人陶醉于权力的倾向”，“设计一种使自己成为替罪羊可能性最小的方案”，“抹杀别人的人性以保存自己的人性”。弗洛里的“反犹主义心理学”［Wendy （转下页）

样，由于致使大屠杀发生的种种因素是前社会的并且不受文化支配的影响，这些因素就被切实地从社会学所关注的领域中排除出去。往最好处说，大屠杀会被置于最可怕和最邪恶的——但仍是理论上可吸收的——种族灭绝中去；否则，大屠杀就会简单地被消融在普遍的、人人熟悉的那类人种、文化或者种族之间的压迫与迫害当中。[①]

无论选择哪种方法，结果都是一样。大屠杀被搁置到人们熟知的历史之流中：

> 以这种方式看待大屠杀，再恰当地举一些其他的历史惨剧的例子（宗教改革、对阿尔比派异端[②]的血腥大屠杀、土耳其人对亚美尼亚人的大屠杀，以及英国在布尔战争期间所发明的集中营），就更容易把大屠杀看作“独特的”——尽管也是合乎常态的。[③]

（接上页）Stellar Flory, “The Psychology of Antisemitism”]，见柯蒂斯编著，《当代世界的反犹主义》（Michael Curtis ed., *Antisemitism in the Contemporary World*），Boulder: Westview Press, 1986 用反犹主义的顽固性来解释大屠杀，用普遍存在的偏见解释反犹主义，用“人类最基本和最直觉的驱动力——自私自利”解释偏见，而自私自利又被解释成“人类又一特征——使我们尽一切可能避免承认自己犯错误的自尊——的结果……”（p. 240）弗洛里认为要避免偏见的破坏性影响就要求社会坚持“（如同它处置其他类型的自私自利一样）对偏见进行严格的监管和制约”（p. 249）。

① 举例来说，“安杰拉·戴维斯（Angela Davis）去往达豪的途中变成了一个犹太人的妻子；削减粮票计划变成了种族灭绝中的一次行动；越南船民变成了20世纪30年代的倒霉的犹太人逃难者”，费恩戈尔德，“大屠杀到底有多么独特?”（Henry L. Feingold, “How Unique is the Holocaust?”），见格罗伯曼和兰德斯编著，《种族灭绝：大屠杀的关键问题》（Alex Grobman & Daniel Landes eds., *Genocide: Critical Issues of the Holocaust*），Los Angeles: The Simon Wiesenthal Centre, 1983, p. 398。

② 起源于11世纪法国阿尔比的基督教派别，13世纪被指为异端而遭教皇和法王组织的十字军镇压。——译注

③ 克雷恩和拉波波特，《大屠杀和人类行为的危机》（George M. Kren & Leon Rappoport, *The Holocaust and the Crisis of Human Behaviour*），New York: Holmes & Meier, 1980, p. 2。

或者，大屠杀也可以溯源到数百年来在基督教主宰的欧洲那些屡见不鲜的犹太人隔离区、法律歧视、对犹太人的屠杀和迫害记录中——因此大屠杀虽然被当作一种史无前例的恐怖，却是种族和宗教仇恨完全合乎逻辑的产物。无论如何，危害被解除了；确实无需对我们的社会理论做重大的修正；我们对于现代性、对于它尚未揭示出来却经常存在的潜能和它的历史趋势的看法，也无需另外一种严肃的眼光，因为社会学所积累的方法和概念已经
2 足够对付这个挑战——足以“解释”它、“了解”它、理解它。最终的结果是理论上的沾沾自喜。但是，对于另外一种很好地充当了社会学实践之理论框架和实用正当性（pragmatic legitimation）的对现代社会模式的批评，却没有做出任何真正的合理说明。

迄今为止，对于这种自鸣得意、自我陶醉态度的有价值的不满之音大多数发自历史学家和神学家。社会学家对这些声音却置若罔闻。与历史学家所完成的数量惊人的工作，以及基督教与犹太教神学家所做的大量灵魂探索相比，专业社会学家对大屠杀研究的贡献看起来就微不足道。毋庸置疑，迄今为止已经完成的这些社会学研究只是表明，**大屠杀对于社会学现状所能说的，要多于目前状态下社会学可以为我们增加的大屠杀的知识**。而这个令人忧虑的事实并没有被社会学家所重视（做出反应的就更少了）。

也许，社会学专业内最杰出的代表休斯已经就业内人士在对待所谓“大屠杀”事件时，是以何种方式来理解他们的任务的，做了最贴切的表述：

> 德国国家社会主义政府在犹太人的历史上犯下了最大的一桩“卑鄙勾当”。面对这样的事件，要处理的关键问题就在于：(1) 那些真正干这件事的人是什么样的人？(2) 其

> 他的那些“好”人让他们那样做的环境又是什么样的？我们需要知道的是更好地了解他们上台掌权的迹象和更好地把他们排除在权力之外的方法。①

休斯忠实于社会学实践已有的原则，认为问题是去揭示心理-社会因素之间特有的结合，而这些因素很明显是（作为决定性要素）与“卑鄙勾当”的操作者所表现出来的特有行为取向相关联的；还要去探究另外一系列因素，这些因素削弱了其他个体（即使不是即将到来的，也是为人们所期望的）抵御这种取向的能力；最后还要在结果中得到一定量的解释与预测的知识，这些知识将使得掌握它们的人在我们这个理性组织化的世界、这个因果法则和统计概率占统治地位的世界里，可以阻止那些“卑鄙”取向变成现实，阻止它们以实际行为自我表达而带来有害与“卑鄙”的后果。要实现后一个任务，可以应用将我们的社会理性 3
地组织起来，使之变得可操纵、“可控制”的那种行为模式。我们所需要的是运用于社会工程的旧有——且绝没有遭怀疑的——行动的更好技术。

到目前为止，对大屠杀研究做出杰出社会学贡献的人当中，最值得关注的是费恩②，她忠实地遵从休斯的观点。她将研究任务界定为详细说明若干心理的、意识形态的和结构的变量，这些变量是与在纳粹统治下的欧洲各个国家与民族实体里犹太受害人或幸存者的百分比紧密相关的。从所有的正统标准来看，

① 休斯，“善良的人和肮脏的工作”（Everett C. Hughes，‘Good People and Dirty Work’），《社会问题》（*Social Problems*），Summer 1962，pp. 3—10。

② 参看费恩，《解释大屠杀：大屠杀期间国家的反应和犹太人的受害》（Helen Fein，*Accounting for Genocide: National Response and Jewish Victimization during the Holocaust*），New York：Free Press，1979。

费恩的研究给人的印象最为深刻。民族团体的特性、当地反犹主义的强度、犹太人的文化适应和同化的程度以及相应的跨团体凝聚力,都被小心翼翼并且很恰当地做了编目,这样可以准确地计算和核实它们的相互关联以得到它们之间的相关性。一些假设的联系被表明是不存在的或者至少在统计上是无效的;而其他一些规律性则在统计上得到了确认(比如缺乏团结和"人们变得不受道德约束"的可能性之间的关联)。恰恰是因为作者无可挑剔的社会学技巧以及施展运用这些技巧的能力,传统社会学的弱点自然而然地在费恩的书中显露出来。除非修正一些关键而又为人们默认的社会学话语的假设,否则任何人所做的都不会跟费恩已做的一切有什么不同:将大屠杀构想成社会和心理因素盘根错节地联系在一起所导致的独特而又完全必然的结果,而这些因素造成了确保人类行为正常的文明化调控的暂时失灵。依照这样一种观点(即使不是明确的也是暗含的),从大屠杀经历中引出的一件铁定不移的事情就是,社会组织对支配前社会或者反社会个体行为的非人性驱力进行了人性化和(或者)理性化(在此这两个概念是同义的)。人类行为中发现的任何道德本能都是社会的产物。一旦社会功能失调,道德本能就会分崩离析。"在社会失范——不受任何社会约束——的情况下,人们就会无视伤害他人的可能性而做出各种反应。"[①] 这就暗示着有效的社会约束的存在使这种淡漠不可能发生。社会约束的目标——因此还有现代文明的目标,它显然在于将规
4 范的宏图拓展到以前从未听说过的领域——是将道德的制约强加在原本就泛滥猖獗的自私自利和人身上与生俱来的动物性野蛮之上。正统社会学是通过一个手工作坊来把握大屠杀的事实

① 费恩,《解释大屠杀》, p. 34。

的，这个作坊因袭着将正统社会学确立为一门学术性学科的方法论，因此它只能传递出一个更多地与它的假设相关联而不是与“事实真相”相关联的思想：大屠杀是现代性的一个失败，而不是它的一个产物。

在另一项值得注意的有关大屠杀的社会学研究中，特克试图探究社会频谱中的对立面：那些救助者——他们不允许“卑鄙勾当”发生，在普遍自私的世界里将他们自己的生命奉献给受难的他人；简而言之，他们是在非道德环境下坚守道德的人。特克非常忠诚于社会学研究的规则，她力图挖掘出在当时用任何标准衡量都属异常的那些行为的社会决定因素。她将任何一个受人尊敬、学识渊博的社会学家在研究规划中都可能会应用的假说逐一进行了检测。一方面是救助的意愿，另一方面是坚守阶级、教育、宗教派别或者政治立场的各种因素——她计算这两方面之间的相互关联，而最终只是发现不存在任何关联。特克无法顾及她自己的以及她那些受过社会学训练的读者的期望，不得不得出唯一一个说得过去的结论：“这些救助者在以自然的方式行事——他们可以自动地反抗那个时代的恐怖。”①换句话说，这些救助者愿意救助，因为这是他们的本性。他们来自“社会结构”的各个角落与各个部门，证明了道德行为存在“社会决定因素”的说法完全是子虚乌有。即便有的话，这种决定因素的作用的表现也只是无法压制救助者对其他处境悲惨的人实施帮助的强烈愿望。因此，特克比大多数社会学家更接近于发现，问题的真正要害不在于“对于大屠杀，我们社会学家能说些什么?”，而在于“大屠杀对于我们这些社会学家，还有我们的

① 特克，《当光亮刺透黑暗》(Nechama Tec, *When Light Pierced the Darkness*), Oxford: Oxford University Press, 1986, p. 193。

研究，可以说些什么？”。

既然问这个问题的必要性好像是大屠杀的遗产中最为紧迫也最容易的一部分，那么就必须慎重地思考这种必要性的后果。否则，在已有的社会学观点明显破产之后很容易会出现过激的反应。一旦力图将大屠杀经历包容在社会功能失调的理论框架之中（如现代性无法压制在本质上与之相异的非理性因素，文明的压力无法征服情感和暴力的驱力，社会化进程走岔了道因
5 而无法产生所需量的道德驱力）的希望破灭，人们就容易被诱惑去打开理论困境里“显眼的”那个出口，将大屠杀宣称为现代文明的一个“范式”，是它“自然的”“正常的”（谁知道呢——或许还可能是**普遍的**）结果，也是它的“历史趋势”。以这种看法，大屠杀就将被提升到现代性之**真相**的地位（而不是被当作现代性所包含的一种**可能性**）——一个被那些受益于“大谎言”的人强加的意识形态陈规浅浅地遮掩着的真相。而在一种荒谬的风气里，这种据说已经提高了大屠杀的历史和理论意义的观点（我们在第四章里将更深入地阐述）只能贬低其重要性，因为种族灭绝营造的恐怖就将在本质上无法与现代社会无疑每天都在产生的——并且是大量产生的——其他劫难区别开来。

作为现代性之检验的大屠杀

几年前，《世界报》的一名记者采访了一些遭遇过绑架的受害者。他发现的最有趣的一件事是，那些一同经历过人质磨难的夫妇有高得出奇的离婚率。出于好奇，他进一步研究了那些离异者做出分手决定的原因。大多数的受访人告诉他，在绑架发生之前他们从未想过离婚。但是，在恐怖事件发生的过程中，“他们的眼睛被擦亮了”，“他们在一束新的光亮中看见了他们

的伴侣”。平常的好丈夫“被证明是”自私的人，只顾自己的死活；大胆的生意人表现出令人厌恶的怯懦；而足智多谋的“男子汉”形如土灰，只会为他们即将到来的死亡而哀戚。这个记者自问：在这些两面神明显拥有的两面化身中，哪一面是真实的，哪一面又是伪装？他的结论是自己的问题提错了。哪一面也不比另一面“更真实”。这两面都是受害者所一直具有的品性——它们只是在不同时间和不同环境下显露而已。“好的”一面之所以看起来正常，只是因为正常环境使它覆盖于另一面之上。而另一面尽管通常看不见，却总是存在。而这个发现最引人注意的就是，如果不是因为绑架者遇险，这“另一面”将可能永远隐藏下去。伴侣们将继续沉浸在他们婚姻的幸福之中，自以为了解他们的配偶，并喜欢他们所了解的配偶，而不知道一 6
些不期而至或者异常的情况可能揭示的那些不讨人喜欢的品质。

我们上面从特克的研究中引述的段落的结尾是这样的：“要不是大屠杀，大多数救助者将继续行进于他们的独立道路之上，一些人从事慈善工作，一些人过着简单而不引人注目的生活。他们是潜在的英雄，常常无法把他们与身旁的人区分开来。”她的研究中一个得到最有力（也是最令人信服的）论证的结论就是，不可能“提前看出”个人为牺牲而做出准备或者个人在灾难面前会表现出懦弱的迹象、征兆或者暗示；也就是说，不可能在要求他们振作起来或者仅仅是“使他们醒悟”的情境之外来判断他们其后的表现。

J. R. 罗斯提出了与我们的问题直接相关联的潜在性对现实性（前者是后者的一个尚未揭露的状态，后者是前者已经实现——并因此在经验上容易接近——的状态）的问题：

> 假如纳粹政权当道的话，那么裁定孰是孰非的权威就

> 会发现,在大屠杀中没有自然法受到破坏,也没有犯下任何有悖于上帝和人性的罪恶。这不过是一个应该继续、扩大,还是废止使用奴隶劳动的问题。但做出的选择都建立在理性的基础之上。①

大屠杀弥散于我们集体记忆中的那种无言恐怖(它时常让人们产生强烈的愿望,不要去面对那场记忆),就是要令人痛苦地去怀疑大屠杀可能远不仅仅是一次失常,远不仅仅是人类进步的坦途上的一次偏离,远不仅仅是文明社会健康机体的一次癌变;简而言之,大屠杀并不是现代文明和它所代表的一切事物(或者说我们喜欢这样想)的一个对立面。我们猜想(即使我们拒绝承认),大屠杀只是揭露了现代社会的另一面,而这个社会的我们更为熟悉的那一面是非常受我们崇拜的。现在这两面都很好地、协调地依附在同一实体之上。或许我们最害怕的就是,它们不仅是一枚硬币的两面,而且每一面都不能离开另外一面而单独存在。

7 而我们经常止步于可怕事实的门槛上。因此费恩戈尔德坚持认为,大屠杀事件确实是漫长的、从总体上无可指责的现代社会历史中出现的一个新事物;这是一个我们不曾期望也无法预料的事物,就像一个据说已经被驯服了的病毒衍生出新的有害变体那样:

> “最终解决”②标示出了欧洲工业体系走上歧途的那一

① 罗斯,“大屠杀事件”(John R. Roth, ‘Holocaust Business’),《美国政治和社会学研究院年报》(*Annals of AAPSS*), no.450, July 1980, p. 70。

② Final Solution,德国纳粹提出的对欧洲犹太人采取肉体消灭政策的用语。——译注

> 点；走到了升华生命这个启蒙运动之夙愿的对立面，这个体系已开始自我损耗。而当初欧洲正是凭借其工业体系以及依附于它的精神才得以统治全世界的。

表面上，统治世界所需要和利用的技术似乎与确保“最终解决”达到效果所需要和利用的技术在性质上有所不同。然而，费恩戈尔德直面真相：

> ［奥斯维辛］也是现代工厂体系在俗世的一个延伸。不同于生产商品的是：这里的原材料是人，而最终产品是死亡，因此，每天都有那么多单位量被仔细地标注在管理者的生产表上。而现代工厂体系的象征——烟囱——则将焚化人的躯体产生的浓烟滚滚排出。还有现代欧洲布局精密的铁路网向工厂输送着新的“原料”。这同运输其他货物没有什么两样。在毒气室里，受害者们吸入由氢氰酸小球放出的毒气，这种小球又是出自德国先进的化学工业。工程师们设计出了火葬场，管理者们设计出了以落后国家可能会忌妒的热情与效率运转着的官僚制度体系。就连整个计划本身也是扭曲的现代科学精神的映射。我们目睹的一切，只不过是社会工程一个庞大的工作计划……①

事实上大屠杀的每一个“因素”——所有那些使大屠杀成为可能的条件——都是正常的；这种“正常”并非人们所熟悉的意思，也不是早就被充分描述、解释和接纳的一大类现象中的又一个标本（恰恰相反，大屠杀的经验是崭新而陌生的）；“正常”

① 费恩戈尔德，“大屠杀到底有多么独特？”，pp. 399—400。

所指的是完全符合我们所熟悉的文明、它的指导精神、它的精髓、它内在的世界观等——“正常”还指追求人类幸福和完美社
8 会的正确方式。用斯蒂尔曼和普法夫的话来说：

> 流水生产线应用的技术和与之相伴的物质普遍丰富的观念与集中营应用的技术和与之相伴的大量死亡之间的联系不仅仅是完全偶然的。我们或许希望能够否认这种联系，但布痕瓦尔德和底特律的里弗鲁日(River Rouge)一样是属于我们西方的——我们不能把布痕瓦尔德当作本质上健全的西方世界的一次偶然失常而加以否认。①

我们也想起了希尔博格对大屠杀之实施卓越而又具权威性的研究最终得到的结论：“就是说，毁灭机器与有组织的德国社会从整体上说在结构上是没有区别的。从它所扮演的那个特定角色来说，毁灭机器**就是**组织起来的社群。”②

鲁本斯坦得出的结论在我看来则可以是大屠杀的终极教训。他写道：“它见证了**文明的进步**。”我们还可以补充说，这是一个双重意义上的进步。在“最终解决”中，备受我们文明夸耀的工业潜能和技术知识在成功地完成一个史无前例的重要任务时达到了新的高度。并且，同样在“最终解决”中，我们的社会向我们展示了其至今无人怀疑的能力。我们一直被教育要尊重和崇尚技术效率和认真计划，因此我们只能承认，在赞扬我们的文明所带来的物质进步时，我们已经过分低估了它的真实潜力。

---

① 斯蒂尔曼和普法夫，《歇斯底里的政治》(Edmund Stillman & William Pfaff, *The Politics of Hysteria*), New York: Harper & Row, 1946, pp. 30—31。

② 希尔博格，《欧洲犹太人的毁灭》，第 3 卷(Raul Hilberg, *The Destruction of the European Jews*, vol. III), New York: Holmes & Meier, 1983, p. 994。

> 死亡集中营的世界及其所产生的社会，揭示出犹太教-基督教文明与日俱增的阴暗面。文明意味着奴隶制、战争、剥削和死亡集中营。它同时也意味着医疗卫生、庄严的宗教思想、动人的艺术和优雅的音乐。把文明和野蛮想象成对立面是个错误……当今时代，如同这个世界的大多数其他方面一样，野蛮受到了比以往任何时期都要有效的管理。它们还没有，同时也不会退出历史舞台。创造和毁灭同是我们所谓文明的不可分割的组成部分。①

希尔博格是历史学家，鲁本斯坦是神学家。而我曾急切地查找社会学家的著作，想在其中找到一些对大屠杀提出的任务的紧迫性有类似察觉的内容；想找到证据以表明，跟其他的一些事物一样，大屠杀对作为一项职业和学术知识载体的社会学是一个挑战。而与历史学家和神学家所做的工作相比，大多数学院社会学所做的看起来更像是集体忘却和闭眼作瞎。总的来看，大屠杀教训在社会学常识上并没有留下什么痕迹，这些常识包括诸如理性压倒情感的益处、理性优越于（还有什么？）非理性行为，或者效率的需求与无可救药地充溢着"人际关系"的道德倾向之间的特有冲突等信念。无论对于这些信念的反对声有多高多刺耳，都无法穿透现有的社会学理论之墙。 9

我也知道，社会学家，以社会学家的身份，并没有太多的机会公然面对大屠杀的史实。1978 年当代社会问题研究所召集的"大屠杀之后的西方社会"座谈会曾提供了这样的一次机会

① 鲁本斯坦，《历史的狡计》（Richard L. Rubenstein, *The Cunning of History*), New York: Harper, 1978, pp. 91, 195。

(尽管规模较小)。① 在座谈会期间,鲁本斯坦提出了一个富有想象力的、尽管可能过于感情化的尝试,即根据大屠杀的经验来重读韦伯对现代社会趋势所做的一些人所皆知的诊断。鲁本斯坦希望发现,是否可以从韦伯所了解、察觉和加以理论化的事物中预见到(由韦伯本人和他的读者)我们知道而韦伯当然不知道的事情,或者至少有这样一种可能性。他认为他对上述问题已经找到了肯定的答案,或者至少他做出了这样的暗示:在韦伯阐述的现代官僚制度、理性精神、效率原则、科学思维、赋予主观世界以价值等理论中,并没有可以排除纳粹暴行的可能性的机制;而且,在韦伯的理想类型当中,也没有任何东西将纳粹政权的活动必定地描述成**暴行**。举个例子来说,“德国的医学界或者技术专家所犯下的罪行没有一件不是秉承了价值具有内在的主观性、科学具有内在的工具性和价值中立这样的观点”。而研究韦伯的著名学者、具有高度威望且当之无愧的社会学家,G.罗斯(Guenther Roth)的不满溢于言表:“我完全不同意鲁本斯坦教授的观点。他发言里的任何一句话我都无法苟同。”或许,鲁本斯坦的观点可能会导致对韦伯形象的损害,因而激怒了罗斯(正是在“预见”的观点上存在着一种潜在的损害),他提醒与会人士,韦伯是一个拥护宪法并且赞同工人阶级拥有选举权的自由主义者(因此,不应当把他与大屠杀这样可怕的事情联
10 系起来)。但是,他没有和鲁本斯坦的主张正面交锋。正是如此,他也丧失了一次机会,去认真思考被韦伯界定为现代性之本质特征并对之做出了最有价值的分析的日益增长的理性统治的那些“没有预见到的后果”。他没有利用这个机会正视社会学

① 参看里杰特斯编著,《大屠杀之后的西方世界》(Lyman H. Legters ed. , *Western Society after the Holocaust*),Boulder: Westview Press, 1983。

传统的经典传承下来的富于启发性的观点的“另一面”；他也没有利用这个机会思索，我们的那些令人悲伤的知识（那是经典作家们所不具有的）是否可以使我们以他们的洞见在事物中发现他们虽朦胧感知却无法确知的全部后果。

当然，罗斯并不是唯一一个宁愿以牺牲相反的证据为代价来积极捍卫我们共同传统中的神圣真理的人；这只是因为其他的多数社会学家没有被迫如此直接地来做这样的事情。总的来说，在日常的学术实践中我们没有必要为大屠杀的挑战而感到烦忧。作为一种职业，我们成功得几近于把它给抛到脑后，或者把它搁置在“专业兴趣”的领地，而在这个领地当中，它没有可能与学术的主流搭上界。如果完全在社会学的文本中来讨论，那么最佳的情况就是，大屠杀会被视为一种人类内在的、未被驯化的侵略性可能造成的悲剧当中的一个，然后被当作一个借口来宣讲通过增加文明化压力和兴起又一个专家解决问题的热潮以驯服这种侵略性的好处。最坏的情况则是，大屠杀被回忆成犹太人特有的经历，以及犹太人与其仇恨者之间的事情（也就是不受末世论关怀引导的以色列国家的代言人们已经在上面下了很大功夫的一种“私有化”过程）。①

这种情况之所以令人担忧，并不仅仅也不主要是因为这些职业上的原因——尽管它对于社会学的认识能力和社会学的社

① 用以色列前外交大臣艾班（Abba Eban）的话来说：“对贝京（Begin）先生和他的同党来说，每一个敌人都是‘纳粹分子’，每一次打击都是奥斯维辛。”他还说：“是我们站在自己的角度而不是六百万受害者的角度来看问题的时候了。”引自玛鲁斯，“新的反犹主义出现了吗？”（Michael R. Marrus，“Is there a New Antisemitism?”，in Curtis，*Antisemitism in the Contemporary World*，pp. 177—178）。贝京式的言论会招致同样的反应：因此《洛杉矶时报》将贝京的话归入“希特勒的语言”，而同时另一个美国记者描述了巴勒斯坦阿拉伯人从犹太儿童走向毒气室的照片下警惕地瞅着贝京先生的眼睛：参看《当代世界中的反犹主义》中亚历山大（Edward Alexander）的文章。

会关切度有极大的损害。使这种状况更加让人坐立不安的是我们知道,如果“大屠杀能在其他地方大规模发生,那么它就可以在任何地方发生;它包含于人类可能性的范围之中,而不管你喜欢与否,奥斯维辛像人类登上月球一样扩展了全人类的意识领域”①。鉴于这样的事实,即让奥斯维辛成为可能的那些社会条件没有一个真正消失了,也没有采取任何有效的措施来消除产生类似于奥斯维辛这种浩劫的可能性和因果律,我们的忧虑是难以平静的;比如库佩尔近来还发现:“主权领土国家会以其主权的一个内在组成部分宣称有权利对在其统治下的民众实施种
11 族灭绝,或者有权利参与到种族灭绝的残害之中……而联合国从所有的现实目的考虑,竟对这个权利加以保护。”②

大屠杀浩劫事后为我们提供了洞察在现代历史上举足轻重的各种社会原则那些本身尚未引起注意的“其他方面”的可能。这样说来,我认为已经被历史学家全面研究过的大屠杀的历史应当被看作一个社会学的“实验室”。而在“非实验室”的条件下无法被揭示并因此在经验上无法去接近的社会特征,已经被大屠杀揭示和验证。换句话说,**我打算将大屠杀看成是对现代社会具有的潜在可能性进行的一次罕见而又重要并且可靠的检验。**

文明化进程的含义

深深根植于我们西方社会自我意识中的病因学神话(etiological myth)实则是一个讲述道德之升华的故事,即人性

---

① 克雷恩和拉波波特,《大屠杀和人类行为的危机》, pp. 126, 143。

② 库佩尔,《种族灭绝:它在二十世纪的政治用场》(Leo Kuper, *Genocide: Its Political Use in the Twentieth Century*), New Haven: Yale University Press, 1981, p. 161。

从前社会的野蛮中浮升起来。这个神话为很多有影响的社会学理论和历史叙述提供了刺激，带来了声誉，反过来，它也得到它们的广博知识和精妙分析的支持；这种联系最近在大器晚成、一举成名的埃利亚斯提出的“文明的进程”中有所阐述。而当代社会学理论家相反的观点［比如对各色各样的文明进程的彻底分析，可见迈克尔·曼（Michael Mann）的历史比较研究、吉登斯的理论综合研究］则强调，武装暴力的增强和强制的不加限制的使用是现代文明出现和巩固的最关键特征；这些观点远远不能将病因学神话从公众意识中赶走，甚至无法将它从关于学术的广泛民间看法中赶走。总的来说，普通人的观点不喜欢任何对病因学神话的挑战。而且，这种抵制得到了一些备受尊崇的学术观点的支持，这其中包括了这样一些强有力的权威：历史中理性战胜迷信的“辉格党人的观点”，韦伯提出的以更少的代价换取更大的收益的理性化观点，精神分析要去揭示、挖掘和驯化人类兽性的许诺，马克思关于人类一旦从目前日益衰弱的狭隘性中解放出来就能完全掌握生命和历史的伟大预言，埃利亚斯将近代历史描绘成从日常生活中驱逐暴力的历史，等等；而且最重要的是，专家们众口一词地要我们相信，人类的问题是错误政策的结果，而一旦政策正确了就可以消灭这种问题。屹立在 12
这种结合之后的是现代“园艺”国家观，即将它所统治的社会看作设计、培植和喷杀杂草等活动的对象。

从这个早就在我们时代的常识中僵化的神话来看，大屠杀只能被理解为文明（即人类有目的的、受理性支配的活动）无法遏制自然留在人身上的任何不良的、与生俱来的癖好的结果。很显然，霍布斯的世界还没有被完全束缚，霍布斯的问题也没有得到完全解决。换句话说，至今我们的确还不够文明。未完成的文明化进程还有待于画上句号。如果说集体屠杀的教训确实让我们明白了一些事情的话，那就是：防止野蛮行为一次一次地发生，显然还需要更多的文明化成就。在这个教训中，没有任何东西可以质疑这种成就在未来的作用和最终的结果。我们肯定在朝着正确的方向前进，而或许我们的速度还不够快。

随着大屠杀的全景显现于历史研究之中，它的另外一种可能更可信一些的解释也同样如此，在这种解释中大屠杀是这样的一个事件：它揭示，当人的本性（厌憎杀戮、不倾向于暴力、害怕负罪感、害怕对不道德行为负责）遭遇到文明的产物当中最备受珍视的实际效率，即遭遇到其技术、选择的理性标准、思想和行动服从于经济与效能的倾向的时候，就暴露出了它的不足与脆弱。大屠杀中的霍布斯世界被非理性情感的喧嚣重新唤醒，而并非只是在它过于狭窄的墓穴中探了探头。它坐在一辆工厂生产的汽车中（一种霍布斯会坚决予以否定的可怕的造型）到来，配备着只有最先进的科学可以提供的武器，走的路线也出自有着科学管理的组织的设计。现代文明不是大屠杀的**充分**条件；但毫无疑问是**必要**条件。没有现代文明，大屠杀是不可想象的。正是现代文明化的理性世界让大屠杀变得可以想象。“纳粹分子集体屠杀欧洲犹太人不仅是一个工业社会的技术成就，而且也是一个官僚制度社会的组织成就。”①只要考虑一下，究竟是什么使得大屠杀在标记着人类物种之历史进程的众多集体屠杀中成了独一无二的现象就可以了。

> 行政部门将它稳妥的计划和官僚体系的彻底性融入了
> 13 其他的等级体系中。从军队中，毁灭机器获得了其军事上

① 布朗宁，“德国官僚体系和大屠杀”（Christopher R. Browning, ‘The German Bureaucracy and the Holocaust’），见格罗伯曼和兰德斯，《种族灭绝》, p. 148。

> 的精确、纪律和冷酷。工业的影响则突出表现在会计、节约、废物利用以及屠杀中心等类似于工厂的效率之上。最后，纳粹党为整个机器配置了一种“理想主义”、一种“使命”感和正在创造历史的观念……
>
> 实际上，有组织的社会的角色很特殊。尽管极大程度地被卷入了集体屠杀之中，这个官僚机器之庞然大物仍然注重正确的官僚程序、精确定义中的细微之处、官僚约束的细枝末节和对法律的遵从。①

纳粹党卫军总部负责屠杀欧洲犹太人的部门被正式命名为管理与经济厅（the Section of Administration and Economy）。这只能说部分地是一个谎言；它只有参考用来蒙蔽偶尔前来的观察员以及不很坚决的刽子手的臭名远扬的“说话规矩”才能被理解。这项命名远远不止达到了安抚的作用，它还充分反映了行为的组织意义。除了其目标在道德上令人厌恶（或者，精确地说是引起极大规模的道德反感）以外，这种行为在任何正式的意义（只可以用官僚制度语言表述的意义）上与“普通的”管理和经济部门设计、指导和监督所有其他有组织的行动并没有什么区别。跟官僚体系的理性所能控制的所有其他行动一样，它非常适合于马克斯·韦伯对现代管理的冷静描述：

> 准确、快速、清楚、了解文件、持续、谨慎、一致、严格服从、减少摩擦、降低物质和人的消耗——这些在严格的官僚行政管理中都被提升到了最优状态……最重要的是，官僚制度化为贯彻实施根据纯客观考虑而制定的专业化管理职

① 库佩尔，《种族灭绝》，p. 121。

> 能原则提供了最佳的可能……事务的“客观”完结主要意味着事务根据**计算法则**并且“无视人的因素”所获得的完结。①

在这个描述中,不存在任何东西可以引发对大屠杀的官僚制度的界定的质疑。在此界定中,大屠杀要么被看作对真理的一次简单歪曲,要么被看作犬儒主义的一个特别残暴的表现形式。

14 但是,大屠杀之所以对于我们理解现代官僚制度的理性化模式如此关键,不仅仅也不主要是因为它提醒了我们(好像我们需要这样一个提醒)官僚制度对于效率的追求是多么刻板和在道德上是多么盲目。即使我们全然理解了这史无前例的集体屠杀在什么样的程度上依赖于已充分发展并根深蒂固的精密而准确的劳动分工的技巧与习惯,依赖于命令和信息保持畅达无碍,或者依赖于自发而又互为补充的非个人的协调行动:简言之,依赖于在办公室氛围里生长得最为枝繁叶茂的那些技巧与习惯,大屠杀的意义也不会得到全面的表述。一旦我们意识到**“最终解决”的观念在何种程度上是官僚制度文化的一个产物**,那么大屠杀投射在我们对官僚制度之理性的理解上的光芒就是最熠熠动人的了。

---

① 杰尔斯和米尔斯编著,《马克斯·韦伯文选》(H. H. Gerth & C. Wright Mills eds., *From Max Weber*), London: Routledge & Kegan Paul, 1970, pp. 214,215。在戴维多维奇(Lucy S. Dawidowicz)对有关大屠杀的历史学研究的综述和评价中(*The Holocaust and the Historians*, Cambridge, Mass.: Harvard University Press, 1981),她反对将大屠杀和其他大规模杀戮等同起来看待,比方说对广岛和长崎实施的轰炸:“轰炸的目的是为了显示美国军事力量的优越”;轰炸的目的“受到的不是要消灭日本人的动机的驱动”(pp. 17—18)。在这显然是正确的评论之后,戴维多维奇不想错过任何一个重点:杀害二十万日本人被设想成(也被事实执行为)完成既定目标的有效手段;实际上,这次轰炸是理性解决问题这种思维的一个产物。

我们要感谢斯莱纳尔①提出了从身体上消灭欧洲犹太人的曲折道路的概念：这条路既不是一个疯狂的恶魔单独构思出来的，也不是在“解决问题过程”的开始由那些煽动思想情绪的头目做出的一个深思熟虑的选择。相反，它是慢慢地显露出来的，在每一个阶段指向一个不同的目标，针对新的危机发生变化，并且带着“见桥则过桥”的哲学向前迈进。斯莱纳尔的概念最好地概括了大屠杀的历史研究中“功能主义”学派的成果（功能主义者的力量在最近几年内迅速积聚，而放弃了“意向主义”，意向主义也发现越来越难以维护一度占据主导地位的、对大屠杀寻求单一原因的解释——这也就是说，这种解释将种族灭绝归因于它从未有过的一种动机性逻辑和一种一致性）。

功能主义者的研究结果认为：“希特勒为纳粹主义确定的目标是‘除掉犹太人，最重要的是要制造出没有犹太人的德国疆域，也就是说，对犹太人进行清洗’——但是没有明确说明如何实现这个目标。”②一旦目标已经确定，一切都将按照韦伯以其惯有的清晰思路所说的那样进行下去：“‘玩弄政治的能手’会发现，在面对行政管理部门那些训练有素的官员时，他们不是处于‘专家’的位置，相反是处于一个‘外行’的位置。”③目标一定要实现；至于如何实现，则取决于环境，而这又通常由“专家”根据可行性观点和根据行动的其他选择的成本做出判断。因此，将德国犹太人迁移出去被首选为实现希特勒目标的实际解决办法；如果别国能更加友善地对待犹太难民，那么德国就将成 15

① 参看斯莱纳尔，《通往奥斯维辛的曲折道路》（Karl A. Schleuner, *The Twisted Road to Auschwitz*），Champaign: University of Illinois Press，1970。

② 玛鲁斯，《历史当中的大屠杀》（Michael R. Marrus, *The Holocaust in History*），London: University Press of New England，1987，p. 41。

③ 杰尔斯和米尔斯编著，《马克斯·韦伯文选》，p. 232。

为一个没有犹太人的德国。吞并奥地利的时候,艾希曼①因快速而顺畅地把奥地利犹太人大规模地迁出而第一次受到了嘉奖。但在这之后,纳粹统治的地域开始膨胀。起初,纳粹官僚体系将征服和掠夺准殖民地看作充分完成元首命令的绝好机会:波兰占领区总督府似乎为仍然居住在注定要纯化人种的德国领土内的犹太人提供了一个颇受欢迎的排放地。纳粹在尼斯科地区,即前波兰被占领土的中心地区,为未来的"犹太人王国"划出了一块隔离的保留地。但是,这也意味着给德国官僚机构又增加了管理前波兰反抗地区的负担:而它为了管理本国的犹太人已经不堪重负了。因此,艾希曼花了整整一年的时间来策划他的马达加斯加方案:随着法国的战败,它遥远的殖民地就可以转化成在欧洲没有落实的犹太人王国。但是,这个方案被证明同样行不通,想想那迢迢的路途,必要的船载量,以及公海上英国海军的出没。而与此同时,随着德国占领地的扩张,在其管辖范围下的犹太人数目也相应地不断增加。一个德国统治的欧洲(而不是简单的"重新统一的德意志帝国")看起来是一个越来越伸手可及的梦想。千年德意志帝国逐渐地也是残酷地,而且是更为独特地凸显出一个德国统治下的欧洲的形状。在这种情况下,没有犹太人的德国的目标只能跟在这个进程的后面。而几乎是不知不觉地,这个目标一步一步地扩展为没有犹太人的欧洲的目标。这么大规模的野心就算行得通,也是无法通过马达加斯加方案来满足的[尽管根据杰克尔(Eberhard Jäckel)所说,有证据证明在1941年7月,就是当希特勒希望在几周之内打败苏联的时候,俄国的阿尔汉格尔斯克—阿斯特拉罕一线

① 德国战犯,在第二次世界大战期间参与纳粹灭绝犹太人的活动,战后逃往阿根廷,被以色列人逮捕并处以绞刑。——译注

以外的广大地域被视为排放居住在德国统治的统一欧洲里的所有犹太人的最终地区]。由于在俄国受挫而难以将计划落实，同时其他的解决方案又无法跟上日益发展的问题，希姆莱在1941年10月1日命令停止所有进一步迁移犹太人的行动。"清除犹太人"的任务已经找到了另一种更有效的实施办法：针对最初的和新近又有所扩大的目的，从肉体上消灭犹太人被选作最可行、最有效的方式。剩下的就是国家官僚体系各个部门之间的协作问题了；也就是要周密计划、设计合适的技术和设 16
备、制定预算、计算和动用必要的资源等：说白了，都是官僚体系平淡无奇的例行行动。

这样，从对"通往奥斯维辛的曲折道路"的分析中得到的最让人不安的教训就是——在最后的办法中——**选择从肉体上消灭犹太人作为完成清除任务的正确方式是官僚体制的例行程序的产物**：这些程序包括手段-目标计算、平衡预算、普遍规则的运用。如果说得更尖锐一点——这个选择就是当连续不断的问题涌现在变动的环境中时，最急切地想去找到一个理性解决方案的结果。它也受到了被广泛提及的官僚体制的目标替代(goal-displacement)趋势的影响——这是在所有官僚体系中跟它们的例行化行动一样正常的一种折磨。担负了各种专门任务的下级官员的出现导致了进一步的行动，使原初的目标继续扩张。专家技术再次展示了它的自我推动(self-propelling)能力、它扩张和丰富提供其自身存在理由的目标的倾向。

> 仅仅是犹太人专家的存在就给纳粹的犹太政策注入了一定的官僚制度的动力。甚至在驱逐出境和集体屠杀过程中的1942年，还颁发了禁止犹太人豢养宠物、禁止雅利安人为他们理发、禁止他们接受德国的体育勋章的法令！这

> 无需自上而下的命令，而只需要这项工作自身的存在来表明那些犹太人专家跟上了歧视措施的进展。①

大屠杀在漫长而曲折的实施过程中没有任何时候与理性的原则发生过冲突。无论在哪个阶段，“最终解决”都不与理性地追求高效和最佳目标的实现相冲突。相反，**它肇始于一种真正的理性关怀，并由一个忠实于它的形式和目的的官僚体系造就而成**。我们知道许多离种族灭绝相去不远的残杀、屠杀和集体屠杀，它们都是在没有现代官僚体系、它所掌握的现代技能和技术以及内部管理的科学性原则的情况下发生的。而如果没有这种官僚体系的话，大屠杀是无法想象的。大屠杀不是人类前现代的野蛮未被根除之残留的一次非理性的外溢。它是现代性大厦里的一位合法居民；更准确些，它是其他任何一座大厦里都不可能有的居民。

但这并不表明大屠杀事件是由现代官僚体系或者它所体现
17 的工具理性文化**所决定的**；更不是说，现代官僚体系**一定**会导致大屠杀之类的现象。不过，我确实认为，单单工具理性的规则无法防止这种现象的发生；在那些规则中没有任何东西可以将“社会工程”采取的大屠杀式的手段视为不适当，或者将在它们作用下的行动视为非理性而加以摈弃。进一步说，我认为官僚制度文化正是大屠杀主张得以构思，缓慢但持续地发展，并最终得以实现的特定环境；它促使我们将社会视为管理的一个对象，视为许多亟待解决的“问题”的一个集合，视为需要被“控制”“掌握”并加以“改进”或“重塑”的一种“性质”，视为“社会工程”的一个合法目标，总的来说，就是视为一个需要设计和用武

① 布朗宁，“德国官僚体系”，p. 147。

力保持其设计形状的花园(一种园艺形态,将植物划分成需要被照料的“人工培育植物”和应当被刈除的杂草)。我还认为,正是工具理性的精神以及将它制度化的现代官僚体系形式,才使得大屠杀之类的解决方案不仅有了可能,而且格外“合理”——并大大地增加了它发生的可能性。这种可能性的增长与现代官僚体系将无数道德个体追逐任何一种结果(包括不道德结果在内)的行为协调一致的能力之间,存在的不仅仅是偶然的关系。

道德冷漠的社会生产

艾希曼的辩护律师塞瓦提斯博士在耶路撒冷总结陈词时尖锐地指出:“艾希曼的所作所为是因为:如果他赢了,他将获得勋章;如果他输了,他就得上绞刑架。”这句话明显的意思——当然是这个世纪当中完全不乏震动效应的观点里面最尖锐的一个——是没有什么价值的;当然它也许确实是正确的。但是这句话还有另一层含义,这层含义虽然没有那么明显,却满含讥讽并更令人担忧,那就是,艾希曼的所作所为同战胜方的所作所为在本质上没有任何区别。行为没有了内在的道德价值。那么他们两方本质上都不是不道德的。道德评价外在于行动本身,不是由引导和塑造行动自身的那些标准来做出裁定的。

塞瓦提斯博士话里的含义非常令人担忧的是——一旦把它从说这话的情境中拿出来,并放在不受个人情感影响的一般条件下来思考——它与社会学一直所讲的东西没有什么截然的区别;或者说,实际上与很少受到质问也更少受到指责的对于我们 18
这个现代理性社会的共同意识是没有区别的。准确地说,塞瓦提斯博士的话正是因此而令人惊悚的。它揭示了我们一直想回避的一个事实:只要值得怀疑的常识性事实被确定无疑地接受了,那么社会学就没有合理的方法将艾希曼的例子弃之不用。

时至今日,有一点已经成为常识,即将大屠杀解释为天生罪犯、虐待狂、精神病人、社会异端或者其他道德上有缺陷的个体所犯下的一次罪行的最初企图,并没有从事实当中得到任何确认。历史学研究对它的驳斥到今天也成了定案。克雷恩和拉波波特对历史思考目前的趋势做了适当的概括:

> 以通常的诊断标准来衡量,只有百分之十的纳粹党卫军可以被认为是"不正常的"。这个观点符合大多数幸存者提供的证词的总的倾向,他们认为在大多数集中营里通常只有一个或最多几个纳粹党卫军因为他们的虐待性残暴丧心病狂地发作而人所皆知。其他一些人也并不总是举止得体,但至少他们的行为在犯人看来是可以理解的……
>
> 我们的看法是,绝大多数的纳粹党卫军士兵,无论将领还是普通士兵,都能轻而易举地通过一般对美国新兵和堪萨斯州警察进行的心理测试。①

进行屠杀的刽子手大多数都是正常人,不管已经有的精神检测之网多么牢密,他们也能顺畅地通过,这在道德上是令人烦忧的。在理论上这也是令人费解的,尤其是把这一点与协调这些正常个体的行为去从事一项种族灭绝事业的组织结构的"正常性"结合起来看的时候。我们已经知道,即使发现对大屠杀负有责任的机构是有罪的,在通常的社会学意义上也不能说它们是病态的或者是失常的。现在我们知道,其行动被这些机构制度化了的那些人并没有偏离既定的正常标准。这样,就有了

① 克雷恩和拉波波特,《大屠杀和人类行为的危机》, p. 70。

那么一点微弱的可能，可以带着运用了新知识而变得尖锐的眼光去观察据说已经被完全理解了的现代理性行为的正常模式。我们期望正是从这些模式当中能够挖掘出在大屠杀时期如此戏剧性地显露出来的可能性。

在阿伦特一段有名的话中，“最终解决”的发起者碰到（也可以说令人惊奇地成功解决了）的最棘手的问题是，“如何克服…… 19
动物性同情，这是所有的正常人在看到肉体折磨时都会产生的”[1]。我们知道那些加入最直接地参与集体屠杀事务的组织的人，既不异常地具有虐待性，也不异常地狂热。我们可以假设，他们都本能地反对身体折磨的痛苦，当然也就更加普遍地反对攫取生命。我们甚至还知道，例如，在招募特别行动队成员和其他同样与真实的屠杀现场接近的人时，也会格外小心地清除——禁止或开除——所有异常急切的、性情中的、意识形态立场过于狂热的人。我们知道个人的积极性不受鼓励，要把大量的精力投入使得整个任务公事公办中去，并使之严格地居于非个人的框架之中。个人获利和个人动机一般而言是要受到责难和惩罚的。不是听从命令并且以一种组织的形式来杀人，而是出自欲望或者高兴而杀人，这样的行为可能会（至少在原则上会）招致审讯和判刑。希姆莱也曾多次对他众多的、终日参与惨无人道行径的下属维持心智健全和坚守道德标准表示了深切的，而且完全可能是真心的关注；他也对在他的信仰中，心智与道德经检验都未受到损伤而表示自豪。我们再次引用阿伦特的话来说：“纳粹党卫军依据其自身的‘客观性’，与‘情绪化’类型的人，如施特莱彻（Streicher）之类‘不切实际的傻瓜’，划分了界

① 阿伦特，《艾希曼在耶路撒冷：一份关于平庸的恶的报告》（Hannah Arendt, *Eichmann in Jerusalem: A Report on the Banality of Evil*），New York：Viking Press，1964，p. 106。

限,也与条顿日耳曼党的要人保持了距离,这些人表现得好像他们头上有角、身上生有毛皮一样。”[①]纳粹党卫军头目(似乎是肯定地)依赖于组织惯例而不是个人热情,依赖于纪律而不是意识形态的沉迷。对血腥任务的忠诚就是——也确实是——对组织的忠诚的一个衍生物。

通过释放其他基本的动物本能,是无法获得和达到“克服动物性同情”的效果的;而这些本能的释放如果按照组织能力支配的行动来说完全就是功能紊乱。一大群想杀人复仇的个体是无法与一个规模虽小然却纪律严明、严密协作的官僚体系所产生的效果相匹敌的。因此杀害的本能是否确实曾在成千上万普通职员和专家的内心中出现根本就无法弄清,而仅仅就大屠杀这项事务的规模而言,这些人无法不在行动的不同阶段中被
20 卷入进来。用希尔博格的话来说:

> 德国的刽子手并非德国人中的特别一类……我们知道,管理计划、司法结构和预算系统的特性排除了将全部人员进行特殊选择和特殊训练的可能。秩序警察部门(the Order Police)的任何一员都可能成为一个犹太人隔离区或者一列火车上的警卫。帝国安全总局的每一个律师都被认为胜任领导机动屠杀机构;每一个经济管理总局的财政专家被派往死亡集中营服务都是一个很自然的选择。换句话说,所有必需的行动都是通过周围随手可得的任何类型的人来完成的。[②]

① 阿伦特,《艾希曼在耶路撒冷》,p. 69。
② 希尔博格,《欧洲犹太人的毁灭》,p. 1011。

那么，这些普通的德国人是如何转变为德国集体罪行中的刽子手的？凯尔曼认为，反对暴行的道德自抑（moral inhibitions）在三种条件下会受到损害，这三种条件无论单独出现还是放到一起都会起作用：暴力被**赋予了权威**（通过享有合法权利的部门的正式命令来实现）、行动被**例行化了**（通过规章约束的实践和对角色内容的精确阐述来实现）、暴力受害者被**剥夺了人性**（通过意识形态的界定和灌输来实现）。[1] 我们将单独说明第三个条件。而前两个条件听起来异常熟悉。它们在现代社会大多数代表性机构普遍应用的理性行动原则当中被反复地详细说明。

跟我们的问题联系得最为紧密的第一个原则是组织纪律的原则；更确切来说，即要求服从上级的指令而排除所有其他的对行动的刺激，要求献身组织福利，这些要求由上级命令来使之明确，高于其他一切奉献和承诺。在那些其他的、“外在”的、阻碍奉献精神并因此带有抑制和灭绝标志的影响当中，个人观点和偏好最为突出。纪律的理想旨在与组织的完全认同——这反过来就意味着要消除个人自己的独立特性和牺牲个人自己的利益（由此可知，这种利益与组织任务不相重合）。在组织的意识形态中，准备做这样一种极端的自我牺牲被表述为一种德行；准确地说，是被表述为注定要取缔其他所有道德需求的德行。因此，用韦伯的名言来说，对这种德行无私地遵从乃是公仆的荣誉： 21
“公仆的荣誉就在于他尽心尽责地执行上级权威下达的命令的能力，就好像这些命令与他自己的信念是一致的。即使这些指令在公仆看起来似乎是错误的，即使公仆们有所抗议，但只要上

① 参看凯尔曼，“没有道德约束的暴力”（Herbert C. Kelman, ‘Violence without Moral Restraint’），《社会问题杂志》（*Journal of Social Issues*），vol. 29，1973，pp. 29—61。

级权威仍然不屑一顾地坚持这些指令,他们就会遵守。”①对一个公仆来说,这种行为意味着“最高意义上的道德戒律和自我牺牲”。通过荣誉,纪律取代了道德责任。唯有组织内的规则被作为正当性的源泉和保证,现在这已经变成最高的美德,从而否定个人良知的权威性。有时这种美德在实践中引起的不安可以通过上司坚持他本人对其下属的行为承担所有责任(当然,只要其下属服从他的命令)得到平衡。韦伯在重点强调“领袖独有的个人责任”当中结束了他对公仆荣誉的描述,“这是一种领袖无法也不应该拒绝和转移的责任”。在纽伦堡审判中,当奥伦多夫被迫解释为什么他不从作为个人他不同意其行动的特别行动队的领导职位上退下来时,他精确地申述了这种责任感:如果为了从他所怨恨的责任中解脱而揭发他的部门所做的事情,那将会造成他的部下受到“冤枉的指控”。很显然,奥伦多夫期望他的上司也对他自己保持他对“他的人”所持的家长式的责任:这可以使他从对自己行为的道德衡量的忧虑中解脱出来——他可以心安理得地将这种忧虑留给命令他去行动的那些人去思考。“我认为,我处的位置不是去判断他的措施……是道德还是不道德的……我迫使我的道德良知接受我是一个军人的事实,因此我只是庞大国家机器中一个相对微不足道的齿轮。”②

---

① 杰尔斯和米尔斯编著,《马克斯·韦伯文选》,p. 95。在审判期间,艾希曼坚持主张遵守的不仅是命令,而且还是法律。阿伦特评论说,艾希曼(当然可能不止他一个人)曲解了康德的绝对律令,以致它不支持个人自主,而支持官僚主义附属关系:“行动得仿佛你的行为准则与法律制定者的准则或本国法的原则相同”,见阿伦特,《艾希曼在耶路撒冷》,p. 136。

② 引自沃尔夫,“对种族灭绝的纽伦堡辩护中对国家安全的假想威胁”(Robert Wolfe, ‘Putative Threat to National Security at a Nuremberg Defence for Genocide’),《美国政治和社会科学研究院年报》, no. 450, July 1980, p. 64。

如果说弥达斯能够点物成金的话，纳粹党卫军的管理就能将任何进入其轨道的东西——包括其牺牲品——转变成其命令链条中内在的一环，转变为一个有着严厉的纪律约束但免于道德判断的领域。大屠杀是一个综合性的进程。希尔博格注意到，它包括了德国人所做的事以及犹太受害者依据德国人的命令所做的事——他们做出的几近于自暴自弃的贡献。这是刻意设计的、理性地组织的集体屠杀相对于狂乱杀戮的凶残爆发所具有的技术优势。屠杀中受害者与刽子手之间的合作是难以想 22
象的。受害者与纳粹党卫军的上层人物之间的合作是这个设计的一部分：实际上，这是大屠杀得以成功的一个关键条件。“整个过程很大程度上有赖于犹太人的参与——无论是个人的简单行动，还是委员会有组织的行动……德国监管者向犹太委员会索要信息、金钱、劳力或者警察，而委员会每个礼拜的每一天都提供给他们这些东西。”成功地延伸官僚制度的行为规则所取得的令人震惊的效果，伴之以剥夺其他的一般性忠诚和道德动机以包围官僚体系认定的受害者，并借此将他们的技能和劳力应用到毁灭他们自身的任务中去，是通过双重方式达到的（很像在所有其他邪恶或者善良的官僚体系的世俗行动中所达至的）。首先，犹太人隔离区的外部环境得到了精密设计，以致区内领导和居民的所有活动只能对德国人的意图保持客观的发挥“功能”的状态。“设计来维持（犹太人隔离区）生命力的每一项措施都在同时促成德国人的一个目标……犹太人在分配空间或者分发配额中表现出的效率是德国人追求有效的一个延伸。犹太人在课税或劳动利用方面的一丝不苟强化了德国人的严格，甚至犹太人的廉洁也可能成为德国人管理的一个工具。”其次，在通向灭绝之路的每个阶段都特别注意应使受害者处在一种选择的状态，在这种状态下标准或者理性行动有它们的用武之地，在这种状态中理性决定始终与“管理设计”保持一致。“如果德国分阶段地将犹太人驱逐出境，就可以做得特别成功，因为那些留在国内的犹太人就有理由说，为挽救大多数人而牺牲少数人还是有必要的。”①事实上，即使是那些早已被驱逐出境的人仍然有机会最终表现他们的理性。毒气室被令人迷惑地叫作“浴室”，向那些在拥挤、肮脏、令人窒息的车辆上度过数日的人发出了一个欢迎的信号。那些早知真相而不抱任何幻想的人仍然有机会在“快速而无痛苦的”死亡与留给不服从者的特别痛苦的死亡之间进行选择。因此，不仅是受害者无力控制的犹太人隔离区环境的外部环节被操纵了，以使得整个犹太人隔离区变成屠杀机器的一段延伸；而且这段延伸中的“工作人员”的理性
23 能力也被用来诱导出由忠诚以及同官僚体系规定的目标合作所激发出的行为。

道德盲视的社会生产

到现在为止，我们已经试着重新建构“克服动物性同情”的社会机制；这是与天生的道德自抑相悖的行为的社会生产，能够把从任何“正常”意义上说都不是“道德败坏的”人转变成凶手或者屠杀过程中有意识的合作者。然而，大屠杀的经历使得另外一个社会机制也显现出它的轮廓；这种社会机制有着更加邪恶的潜力，使得更大范围内的人被卷入实施种族灭绝的行动中，而这些人在此过程中从来没有主动地面对艰难的道德选择，也没有主动地面对平息良心内在反抗的需要。从来没有在道德问题上出现过斗争，因为这些行动的道德层面不是一目了然的，或

① 希尔博格，《欧洲犹太人的毁灭》，pp. 1036—1038，1042。

者说因为这些层面有意地杜绝了被发现与被讨论。换句话说，行动的道德特征要么是不可见的，要么就是被精心掩盖了。

再次引用希尔博格的话来说，“必须牢记（种族灭绝的）大多数参与者没有对犹太小孩开枪或者往毒气室倾灌毒气……大多数官僚成员所做的只是起草备忘录、绘制蓝图、电话交谈和参加会议。他们只要坐在他们的桌子旁边就能毁灭整个人类”①。他们知道他们那些表面上看起来没有害处的忙碌所带来的最终结果吗？——这些知识最多只会存在于他们思想遥不可及的深处。他们的行为和集体屠杀之间的因果联系是难以察觉的。道德谴责几乎不再依附于人的自然禀性，以避免担心无需担心的事情——并因此放弃检视整个因果联系环节直至其最深的一环。要想理解令人惊骇的道德盲视怎么可能发生，想一下这一点是有所启迪的，即为工厂得到了“缓期执行”而喜悦的军工厂工人在对一张新的大额订单感恩戴德的同时，也在为埃塞俄比亚人和厄立特里亚人之间互相杀戮而感到悲戚；或者也可以想一下，怎么会有“物价下降”被当作一个好消息而普遍受到欢迎的同时，“非洲儿童的饥荒”也得到同等普遍并且真诚的惋伤。

几年前，拉赫斯挑出**行为的中介**（mediation of action，即个人的行为通过另外一个人、一个中间人来表现的现象，这个人“站在我和我的行为中间，使我不可能直接体验到我的行动”）作为现代社会最显著和最基本的一个特征。意图和实际完成之间有很大的距离，两者之间的空间里充满了大量的细微行为和 24
不相干的行动者。“中间人”挡住了行动者的目光，让他看不见行为的结果。

① 希尔博格，《欧洲犹太人的毁灭》，p. 1024。

> 结果就是出现了许多没有人去自觉承担的行为。对这些行为是为了他们而做的那些人而言，它们只存在于口头上或者想象当中；他不会承认这些行为是他自己的，因为他从来没有经历过它们。而另一方面，实际做这些行为的人则会把它们看成别人的行为，而他自己只不过是一个外来意志的无可指责的工具罢了……
>
> 由于对其自身行为缺乏直观的认识，即使最睿智的人也要坠入一个道德空白：抽象的邪恶感既不是一个可靠的向导也不是一个适当的动机……我们不应该对善良人的大量且多数出于无意的残暴感到惊奇……
>
> 值得注意的是，当我们看到错误的行为或者严重的不公平时却无法辨认出来。使我们吃惊的是，我们每个人做的都是无害的行为，怎么会产生这些错误行为和不公……要承认谋划或者促成这一切的人和群体常常不存在是困难的。而通过我们行为的遥远结果来判断它们怎样有助于制造痛苦则是更加困难的。①

行为与其后果之间的身体和（或）精神距离的增加，超过了道德自抑发挥作用的程度；它抹杀了行为的道德意义，因而预先避免了个人所持的道德正当标准与行为的社会后果不道德性之间的一切冲突。随着大多数具有社会意义的行为得到一长串复杂的因果和功能依赖关系的中介，道德困境消失在视野之中，而做进一步检审和有意识道德选择的机会也就越来越少了。

---

① 拉赫斯，《现代社会中的个人责任》（John Lachs, *Responsibility of the Individual in Modern Society*）, Brighton: Harvester, 1981, pp. 12—13, 58。

同样的效果是（在一个令人印象更加深刻的范围内）通过
对受害者本身的心理盲视而达到的。在对现代战争中人类的代
价不断增加负有责任的各种因素当中，这无疑是最具有决定性
的一个。卡普托注意到，战争的精神实质“似乎就是一个距离
和技术的问题。如果你利用精密的武器远距离地把人杀害，你
根本不会出现问题”[①]。由于是“远距离地”杀害，残杀与绝对无
辜的行为——比如扣动扳机、合上电源开关或者敲击计算机键 25
盘——之间的联系似乎是一个纯粹的理论概念（这个趋势单单
由结果与其直接起因之间的规模差异就得到极大助长——这种
不一致性，轻易地否定建立在常识经验基础之上的理解）。因
此下面的一切都变得可能了：飞行员把炸弹投向广岛或者德累
斯顿，在导弹基地分派的任务中表现出色，设计出杀伤力更强的
核弹头——并且它们都没有破坏一个人的道德完整，也没有导
致接近于任何的道德崩溃（对受害者的盲视，可以说，也是米格
拉姆那不太为人所知的实验里的一个重要因素）。知道了看不
见受害者所带来的后果，也许就更容易理解大屠杀的技术水平
为什么能够不断被提高。在特别行动队行动阶段，被围捕的受
害者被带到机枪前面，然后被近距离扫射而死。虽然尽力把武
器和被击毙者跌入的壕沟之间的距离拉到最大，但想让射手忽
略射击与杀害之间的联系是难上加难的。这也是为什么大屠杀
的管理者觉得这种方法原始、低效，对刽子手的士气也非常不
利。因此他们开始寻求其他的一些屠杀技术——那些能从视觉
上将刽子手与他们的受害者分隔开来的技术。寻求获得了成
功，发明了起初是流动的、后来变得固定的毒气室；而后者——

① 卡普托，《战争的谣言》（Philip Caputo, *A Rumour of War*）, New York: Holt, Rinehart & Winston, 1977, p. 229。

是纳粹分子来得及发明的最完美的东西——使杀手的角色缩减为从屋顶的孔隙往里倒入满袋“消毒化学剂”的“卫生官”的角色,并且不让他到建筑物的里面去参观。

大屠杀在技术和管理上的成功要部分地归功于娴熟地运用了现代官僚体系和现代技术所提供的“道德催眠药”。其中最显著的两种情况是,在一个复杂的互动系统中自然而然地看不见因果关系,以及将行为的有碍观瞻或者道德上丑陋的结果“放远”到行动者看不到的那一点。纳粹分子还特别擅长运用第三种方法,这种方法不是他们创造的,却被他们完善到了史无前例的程度。这种方法就是使受害者的人性从视野中消失。费恩提出**义务范围**(universe of obligation)的概念(“一群人彼此之间负有相互保护的义务,他们之间的联结源于他们与某一至上或神圣的权威之源的关系。”)[1],费尽周折地来阐明在这种方
26 法令人生畏的后果后面存在着的社会心理因素。“义务范围”指明了道德问题在任何意义上都可以被询问的社会领域的外部界限。而在界限的另一边,道德戒律不再起约束作用,道德衡量也毫无意义。要想使受害者的人性从视野中消失,只要将他们从义务范围当中驱逐出去就可以了。

在纳粹的世界观里面,以德国公民权利更高的和无可争议的价值来衡量,要将犹太人从义务范围中驱逐出去只要剥夺他们在日耳曼民族和德国共同体中的成员资格就可以了。用希尔博格的另一段尖锐的话来说:“1933 年的年初,当第一名公仆在公务员须知中首次写入‘非雅利安人’的定义时,欧洲犹太人的命运就从此注定了。”[2]但要想得到德国以外的其他欧洲人的合

① 费恩,《解释大屠杀》, p. 4。
② 希尔博格,《欧洲犹太人的毁灭》, p. 1044。

作(或者,仅仅是不采取行动或保持冷漠的态度),这还不够。能让德国纳粹党卫军满意的剥夺犹太人的德国公民权对其他国家来说却并非如此,这些国家即使喜欢由欧洲新领袖们提出的观念,但是仍然有理由害怕和怨恨这些领袖所宣称的对人类美德的垄断。一旦“没有犹太人的德国”的目标转变成“没有犹太人的欧洲”,那么将犹太人完全非人化就将取代将他们从日耳曼民族中驱逐出去。因此,就有了弗兰克最喜爱的“犹太人和虱子”之间的联系,以及“犹太人问题”在修辞上的变化,从种族自卫的语境变成了语言世界的“自我纯净”和“政治卫生”,再到犹太人聚集区墙外的斑疹伤寒症禁示招贴,最终变成了对德国消毒公司的化学用品生产的指令。

文明化进程的道德后果

尽管文明化进程的其他社会学形象也触手可及,但最普遍(也被广泛认可)的还是这样一种观点：它的两个核心是,对非理性以及本质上反社会的驱力的压制,和从社会生活中逐渐且毫不留情地消除暴力(更确切地说：是在国家的控制之下将暴力集中,在国家当中暴力就被用来守护民族共同体的边界和维持社会秩序的状况)。将两个中心点糅合成一点的就是文明社会观——至少是我们自己的、西方的和现代的形式——首要的 27
是把文明社会看作一种道德力量,看作一种在施加规范性秩序和法制当中相互合作、相互补充的制度体系,而秩序和法制维护了社会和平与个人安全的状况,在前文明化的环境中它们受到的保护是很糟糕的。

这种观点虽然不一定产生误导,但对大屠杀来说,它必然只能看到一个方面。当它想要仔细审视近代历史的重要趋势时,却早早地关上了讨论同样关键的倾向的大门。它把目光集中于历史进程的一个方面，武断地在正常与异常之间划出界限。它通过废除文明中一些具有回复性的因素，错误地认为它们是偶然的和转瞬即逝的，这也就同时掩盖了这些因素的特质中最显著的方面与现代性的规范性假设所具有的惊人的共鸣之处。换句话来说，它使人们不再注意文明化进程另一面的、具有破坏性的潜能的展示，并且有效地把那些坚持现代社会秩序具有双面性的批评家推向了沉默和边缘。

我认为，大屠杀的主要教训是，必须严肃地对待这些批评并借此扩展文明化进程的理论模式，以涵盖文明化进程那种降低、贬斥社会行动中的道德动机并使之丧失权威的趋向。我们需要斟酌这样的事实，即**除其他方面外，文明化进程是一个把使用和部署暴力从道德计算中剥离出去的过程，也是一个把理性的迫切要求从道德规范或者道德自抑的干扰中解放出来的过程**。提升理性以排除所有其他的行为标准，特别是使暴力的运用屈从于理性计算的趋势，早已被认定是现代文明的一个基本因素——大屠杀式的现象就必须被看成是文明化趋势的合理产物和永久的潜在可能。

置身事后，我们再读韦伯时就会发现，韦伯对于理性化的条件和机制的阐述揭示了那些重要却被远远低估了的联系。我们更加清楚地看到，那些商业理性行为的条件——比如人所皆知的家庭和企业的分离，或私人收入和公共财产的分离——共同作为有力的因素，在使目的取向的理性行为避免与受其他（根
28 据定义是非理性的）规范控制的过程发生交换中发挥功用，进而使理性行为不受一些在非商业形式中站得住脚的互相帮助、团结、相互尊重等假设的束缚性作用的影响。在现代官僚体系中，理性化趋势这种普遍的成就已经被顺理成章地法律化和制

度化。做一次回顾性的重新阅读，我们可以看到，使道德保持缄默是理性化趋势的主要关怀；准确一点，是它作为行为的理性协作工具获得成功的基本条件。当它追求以完美的理性方式来解决日常问题的时候，也显示出能够产生大屠杀式解决方式的能力。

沿着上述线索对文明化进程理论的任何重写都必定会包括社会学本身的某种变化。社会学的特性和风格已经被调试得和被它理论化、被它研究的现代社会本身一模一样；社会学从诞生的那天起，就致力于与它的研究对象保持一种模仿的关系——或者，更确切地说，是与对象的形象保持模仿的关系，它把这副形象建构和接受为使它的话语得以展开的框架。因此社会学把被想象为其研究对象构成成分的理性行动原则提升为说明自身合理性的标准。它也把不能承认其他任何形式的道德问题提升为自身话语的限定性规则，当然除了那些在公共享有的意识形态中出现的，并由此与社会学的（科学的、理性的）话语不相融的道德问题。**诸如“人类生活的圣洁”或者“道德责任”之类的话在社会学研讨会上听起来很怪异，如同它们出现在一个无烟的、经过卫生处理的官僚机构办公室里一样。**

社会学在它的专业实践中遵循这样的原则，它所要做的无非就是加入科学文化（the scientific culture）中去。而作为理性化进程的重要组成部分，科学文化不可避免地要被再一次研究。当奥斯维辛制造尸体和处置尸体的问题被阐释为一个“医学问题”时，科学自愿接受的道德沉默毕竟已经展示出了其更少宣传的那些方面。这样也就不得不思考利特尔对现代大学的信任危机提出的警告：“什么样的医学院培养出了门格尔和他的同伴那样的人？又是什么样的人类学系培养出斯特拉斯堡大学

‘古遗传研究所’中的那些工作人员?”[1]不管这一警告是对谁而发的,要想避免认为这些问题只具有历史意义而对它们不屑一顾,只需要看看格雷对当代核军备竞赛背后的动力分析就可以了:“双方的科学家和技术专家必然要‘竞赛’以减少他们自己
29 的无知(敌人不是苏联的技术,而是吸引科学家注意力的物理学上的未知成果)……受到极大鼓舞、技术过关并且资金充足的科学家研究小组肯定能够提出无穷无尽的新的(或者是更新
30 的)武器方案。”[2]

① 利特尔,“大屠杀研究的基础”(Franklin M. Littell, ‘Fundamentals in Holocaust Studies’),《美国政治和社会科学研究院年报》, no. 450, July 1980, p. 213。

② 格雷,《美苏军备竞赛》(Colin Gray, *The Soviet-American Arms Race*), Lexington: Saxon House, 1976, pp. 39, 40。

二

现代性、种族主义和种族灭绝(1)

反犹主义和大屠杀之间的因果关系异常明显。欧洲犹太人之所以被杀害,是因为实施屠杀的德国人和地方上的帮凶都是对犹太人怀恨在心的人。大屠杀是几个世纪以来宗教、经济、文化和民族仇恨发展史上一个蔚为奇观的顶峰。这就是首先进入脑海的对大屠杀的解释。这似乎"在理"(如果允许一个人沉溺于悖论的话)。不过表面上很明显的因果关系在进一步考察之后就站不住脚了。

幸亏有过去几十年内彻底的历史研究,我们才得以知道,在纳粹执掌政权之前以及他们的统治得以巩固很久以后,德国民众的反犹主义比起相当多的欧洲其他国家对犹太人的敌视来说要逊色得多。在魏玛共和国最后为犹太人争取自由的漫漫长路划上句号之前很久很久,全世界的犹太人就已广泛地认为德国是宗教和民族平等、宽容的天堂。进入 20 世纪,德国比当时美国和英国拥有更多的犹太人学者和专业人员。对犹太人的大众仇视既不根深蒂固也不广为传播。也几乎没有爆发过表现这种仇视的公众暴乱,而这在欧洲其他国家却司空见惯。纳粹分子企图通过举办反犹太暴力的公共展出使公众形成普遍的反犹主义,结果却适得其反,遭到了挫败。费恩戈尔德是研究大屠杀最杰出的历史学家,他认为如果我们设计公众的民意调查来衡量反犹主义的强度,“我们有可能发现,在魏玛共和国时期德国人
31 对犹太人的厌恶还不及法国人”。① 即使在大屠杀过程中,公众的反犹主义也没有变成积极的力量。最多可以说它间接地有助于大屠杀的执行,因为它导致了大多数德国人的冷漠,使他们在知道了犹太人命运的时候仍带着这种冷漠去对待,或者甘心让自己对之不闻不问。用 N. 科恩的话来说:“人们不愿意为了犹太人而忙碌。这种普遍的冷漠,这种使他们与犹太人及其命运相分离的心安理得,在一定程度上可以说是一种模糊不清的感觉的结果……即犹太人多少有点神秘和危险。”②鲁本斯坦则更进一步,他认为德国人的冷漠——比方说,普通德国人以默认方式所进行的合作——只有当被问及下面这个问题时才能得到充分的理解:“是不是大多数的德国人都认为消灭犹太人可以带来利益?”③不过,还有其他一些历史学家已经令人信服地用一些不包括任何对犹太人天性和本质的看法的因素解释了“不抵抗式的合作”。因此,拉奎尔强调,事实上只有极少数的人关心犹太人命运。他们大多数人面临着很多更重要的问题。毕竟大屠杀不是一个令人愉快的话题,思索是无益的,谈论犹太人命运

---

① 费恩戈尔德,《大烛台》(Harry L. Feingold, *Menorah*),弗吉尼亚联邦大学犹太人研究计划(Judaic Programme of Virginia Commonwealth University), no. 4, Summer 1985, p. 2。

② 科恩,《种族灭绝的根由》(Norman Cohn, *Warrant for Genocide*), London: Eyre & Spottiswoode, 1967, pp. 267—268。

③ 费恩戈尔德,《大烛台》,p. 5。

也提不起人的兴致。对这个问题的思考在整个那段时期之内都被推到一边,尘封了起来。①

用反犹主义来解释大屠杀还有一个无法解决的问题。反犹主义——宗教的或经济的,文化的或种族的,激烈的或温和的——数千年来一直是个普通现象。而大屠杀却找不到先例。事实上大屠杀的每一个方面都是独一无二的,与其他施加在被事先认定为是外来、恶意和危险的群体身上的、无论多血腥的屠杀都没有比较的意义。很显然,由于反犹主义具有持久性和普遍存在性,它无法对大屠杀的独特性做出充分的解释。如果把问题变得更复杂一些,就算反犹主义的存在是反犹太暴力的必要条件,但能否把它看作其充分条件也不甚明了。科恩认为,一个有组织的“屠杀犹太人的职业”群体(其本身是一个与反犹主义不无联系的现象,但也绝不等同于反犹主义)的存在是暴力的物质和操作要素;如果没有这个群体的存在,对犹太人的仇恨无论有多么强烈,也很难迸发成对作为邻里的犹太人的人身攻击。

> 公众愤怒的自然爆发而形成的屠杀像是一个神话,并 32
> 且事实上也不存在某个城镇或村庄的居民简单地攻击犹太人并屠杀他们的成例。甚至在中世纪也是这样的……在现代社会,公众的积极性实际上更低,对有组织群体而言,只有在执行政策和受到某类政府支持的时候,他们才展开有效的行动。②

换句话说,笼统地把反犹太暴力,尤其是把独一无二的大屠

① 拉奎尔,《恐怖的秘密》(Walter Laqueur, *Terrible Secret*), Harmondsworth: Penguin Books, 1980。

② 科恩,《种族灭绝的根由》,pp. 266—267。

杀事件说成“反犹太仇恨的顶峰”“最猛烈的反犹主义”或者“反犹太公众仇恨的爆发”是苍白无力的,也缺乏坚实的历史或者现实的事实基础。单单反犹主义无法解释大屠杀(更一般而言,我们可以认为**仇恨本身并不足以成为让人满意的对任何屠杀的解释**)。就算反犹主义对大屠杀概念的产生和具体实施起了作用或者是不可缺少的,那么大屠杀的设计者和管理者所持的反犹主义与它的执行者、合作者和温顺的目击者所持的反犹主义(如果他们有的话)也应该在一些重要的方面有所区别。也就是说,要使大屠杀成为可能,无论何种形式的反犹主义也必须与一些特征完全不同的因素相融合。我们要做的不是探究个人心理的奥秘,而是要弄清能够产生这些其他因素的社会与政治机制,并检视这些机制同群际敌对(inter-group antagonisms)的传统混合在一起可能会产生的爆炸性反应。

疏远犹太人的一些独特之处

自从19世纪末“反犹主义”这个术语被提出和被广泛地运用,它都被认为是力图要用新的术语去把握已经有一段遥远的过去并可追溯到古代的现象。史料证明,对犹太人的仇恨和歧视已经在历史上绵延了两千多年而没有断裂。尽管许多有趣的对原始反犹主义观念与实践的研究把历史一直上溯到巴比伦之囚①,但近期历史学家们的共识是反犹主义滥觞于第二圣殿(the Second Temple)的毁坏(公元70年)和犹太人大规模流散的开始。[20世
33 纪20年代初期苏联历史学家卢瑞雅(Salomo Luria)出版了其富

① 巴比伦之囚(Babylonian exile),指犹太王国先后在公元前598—597年和公元前587—586年被征服后,犹太人被大批掳往巴比伦国一事。——译注

有挑衅性的和颇有争议的关于“异教徒”的反犹主义的研究。]

从语源学的角度说,“反犹主义”并不是一个非常恰当的用语,因为它使它所指示的对象界定不够清晰(总的来说,太宽泛了),并遗漏了实际上它意图分离的真正对象。(纳粹,作为人类历史上最执着的反犹主义实践者,对这个词表现出格外的冷静,尤其在战争期间,从表面上看这个词的矛头也对准了一些德国最忠诚的盟友,因此从语义上把这个词阐释清楚就变成了带有政治危险的问题。)不过在实际应用中,语义上的争论基本上得以避免,这个概念被准确地指向了它意向中的目标。“反犹主义”代表的是对犹太人的仇恨。它所指的是犹太人作为一个外来的、敌对的和不受欢迎的群体的概念,以及从这个概念中衍生出来并支持这个概念的实践。

与其他长时间的群际敌对事件相比,反犹主义有一个重要的不同,即包括反犹主义观念与实践的社会关系,并不是在同等基础上两个相互遭遇的地域性对抗群体之间的关系;恰恰相反,它是多数人和少数人之间的关系,是作为“主人”的群体与生活在它之中并保持了独立认同的较小群体之间的关系,也正因为保持了独立的认同——作为一个弱小得多的伙伴——这个小群体是明显的敌对成员,是与作为本地人的“我们”相分离的“他们”。这样,反犹主义的对象通常所处的地位是在语义上让人迷惑、在心理上使人焦灼的“内部的外人”(foreigners inside)的地位,因此僭越了一条本应刻画清楚并保持完好、使之不受破坏的非常重要的界线;而反犹主义的强度极有可能与划分界线和定义界线的驱力的迫切与猛烈程度成正比。[1] 于是,反犹主义

---

[1] 我对这个问题在“出境护照和入境证明”一文(‘Exit Visas and Entry Tickets’, *Telos*, Winter 1988)中进行了更详细的讨论。

常常就成为它所激发的维持界线冲动、情感紧张和实践关切的一种外在表现形式。

很显然,反犹主义的这种特征与大流散现象有不可分割的联系。而犹太人的大流散又与大多数其他有名的迁移和群体迁居的事件有所不同。犹太人大流散最显著的特征就是历史时间的绝对跨度,这些独特的“我们中间的外人”经历了这个跨度之后,在历时的连续性和共时的自我认同之双重意义上都仍然保
34 留了他们与他人的分离。因此,不像大多数其他的迁居,对犹太人的存在做出的划清界线的反应有足够的时间去得到积淀,并且其固有的自我再生产能力使之制度化为条文化仪式,而这种仪式反过来又进一步增强了分离的韧性。犹太人大流散的另一个特别之处是犹太人普遍的无家可归,这个特点大概也只有吉卜赛人可以与他们分享了。犹太人与希伯来故土之间原始的联系经过那么多世纪之后变得越来越微弱,除了精神上的联系外,其他的皆已失去。而且,一旦故土被那些主人以精神渊源的名义宣布为圣地,这种精神上的联系也受到了质疑。无论犹太人存在于他们的国度之内有多么令人憎恨,主人们对那些在他们眼中是非法冒充者的人重新霸占圣地只会表示更强烈的怨憎。

实际上从他们流散历史的一开始,犹太人永久和无可救药的无家可归就成为他们特征中不可分割的一部分了。甚至,这个事实在纳粹反对犹太人当中曾被用作主要的论据;希特勒曾借此来宣称,对犹太人的敌意与对立民族或者种族之间普通的敌对有根本的区别。

(根据杰克尔[①]的证实,正是犹太人长期和普遍的无家可归

① 杰克尔,《历史中的希特勒》(Eberhard Jäckel, *Hitler in History*), Boston: University Press of New England, 1964。

致使希特勒把犹太人从他所仇恨的、希望去奴役或者毁灭的民族中区分开来。希特勒认为[1]，由于没有自己的领土国，犹太人就无法参与旨在征服土地、以战争为其一般形式的普遍的权力斗争，因此他们就不得不采取下流、卑鄙、偷偷摸摸的手段，这使他们成为特别可怕和邪恶的敌人；而且，这个敌人是不会满足或者安宁的，因此为了保证对自己无害就必须予以消灭。）

而在前现代的欧洲，犹太人之**他者特性**（otherness）总的来说并不妨碍他们融入通行的社会秩序。这种相融之所以有可能，是因为在划分界线和维持界线的过程中产生的紧张与冲突的强度相对较低。当然，前现代社会零碎的结构和碎片间的互相分离的常态也使得融合更为容易。在一个有阶层或者等级划分的社会中，犹太人也是这些阶层或等级中的一个。单个犹太人则被他所属的等级做了界定，也被这个等级所享受的特权和承担的责任做了界定。这一点也同样适用于其他的社会成员。
犹太人的确被分离，但是这种被分离的状态绝对无法使他们呈 35
现出独特性。他们的身份，跟属于其他等级群体的人一样，都被维持纯净与防止混杂之类的普通行为做了形塑，并得到了有效的延续和维护。这些行为不管怎么样变化各异，都被统合进了一个共同的功能，即创造一个安全距离并尽可能使它不可逾越。通过一些措施可以使群体实现分离：保持他们身体上的分离（除了受到严格控制的和仪式化的遭遇，使相遇减少到最低限度）、给各个群体的成员打上标记以把他们视作外人，或引起群体间精神的分离以排除它们之间的文化渗透，避免这种文化渗透所带来的文化对立被抹平。数世纪以来，犹太人都居住在城

① 参看《希特勒的秘密笔记》（*Hitler's Secret Book*），London：Grove Press，1964。

镇里孤立的一个角落，穿着也迥然不同（有时是法律规定的——特别是当社区传统无法使差别保持下去的时候）。但是，仅仅是居所的分离还不够，在大多数的情况下犹太人区和主人居住社区的经济总是纠缠在一起，因此必然会有经常的身体接触。这样就不得不用一套完全法律化的仪式进行补充以使这些无法避免的关系正式化和职能化。那些不被正式化和功能简化的关系一般而言就会受到禁止，或者至少是不受鼓励。比如，在大多数维持等级、防止混杂的仪式中，禁止通婚与共餐（跟所有禁令一样，除了严格职能化的商业行为）的要求得到最严格的贯彻和遵守。

而要记住的一个重点是，所有这些表面上敌对的措施同时又是社会整合手段。它们解除了“内部的外人”必然会给主人群体的自我认同和自我生产所带来的危险。它们创造这样一个环境，在其中可以去想象没有摩擦的共处。它们给出了行为准则，如果这些准则能够得到切实的贯彻，就能在这个隐伏着冲突并随时可能爆发的环境中保证和平共处。正如齐美尔所解释的，仪式性的制度化将冲突转变成了群体分化（sociation）和社会聚合的一个工具。只要这些措施是有效的，分离就不需要态度上的敌意来支持。商业活动简化为严格仪式化的交换也只需要遵循行为准则，以及培养对违背准则的行为的反感。当然，它也需要分离的对象承认低于主人社区的社会地位，并
36 同意主人居民有界定、实施或改变这种社会地位的权利。然而，差不多在犹太人大流散的整段历史中，法律总是一个特权和剥夺的网络，而法律平等特别是社会平等的观念却闻所未闻，或者从来也没有被当作实践的主张。直到现代性到来之前，对犹太人的疏远只不过是先定的存在之链各个环节普遍分离的一个例子。

从基督教世界
到现代性中犹太人的不协调

当然，这并不意味着不是从其他的隔离事例中把犹太人的隔离挑选出来，并把它作为一个具有完全属于自己的意义的特例来进行理论化。前现代欧洲的知识精英——基督教教士、神学家和哲学家——跟所有的知识精英一样，积极地探寻蕴涵在生命历程之自生自发性当中的随机性和逻辑性的意义。对他们而言，犹太人是一种怪人，是无法清楚地去认知并赋予宇宙之道德和谐的实体。他们既不能被归入尚未改变信仰的异教徒，也不能被归入堕落的异端，这两类人标志着两道基督教世界狂热守护着的并且也是能够守住的边界。因此可以说，犹太人尴尬地跨坐在屏障之上，对它的不可逾越性构成了威胁。他们既是基督教世界可敬的先驱，同时又是其心怀不满与怨恨的诋毁者。他们对基督教教义的抵制既不能被看作一种没有严重危害到基督教真理的异教徒的无知的表现而不予理会，也不能被当作——从原则上说——一只迷途的羔羊可以弥补的过失而一笔勾销。犹太人不是简单的皈依之前或者皈依之后的异教徒，而是被给了机会去承认真理却毫不含糊地予以拒绝的人。他们的存在对基督徒论据的当然性构成了永久的挑战。要击退这个挑战，或者至少降低它的危险，就只能把犹太人的冥顽解释成恶意的蓄谋、不良的企图和道德的败坏。让我们再补充一个在我们的论述当中作为反犹主义最明显和最重要的一个方面而要被再三提及的因素：犹太人与基督教是相生相伴的。正因为如此，犹太人跟基督教世界里所有其他令人讨厌和无法被同化的群体不同。与任何一个异端的不同之处在于，他们既不是一个局部的问题,也不是一个有着明确开端并因此有望获得结局的插曲。
37 相反,他们构成了基督教的一个无所不在、无时不在的伴随物,即基督教实质性的他我(alter ego)。

因此,基督教和犹太人的共存并不是一个冲突和敌对的实例。这一点是肯定的,但又不仅仅局限于此。基督教如果不维护和强化使犹太人分离的基础——其自身既是希伯来人的继承者**又是**其征服者的观点——就无法再生产自己,当然也就无法再生产使全世界达到基督教团结的统治。这样,基督教的自我认同实际上就成了对犹太人的疏远。它产生于**犹太人对**它的抵制,又从**犹太人的**抵制当中源源不断地汲取它的生命力。基督教可以把它自身的存在理论化为进行当中的对犹太人的敌视。犹太人继续的顽固不化让基督教有理由认为它的任务尚未完成。它最终的胜利模式是要犹太人承认错误,向基督教真理低头,如可能的话在将来大规模地皈依。再次以真正的他我的形式,基督教指派给了犹太人一个末世论的任务。这个任务提高了犹太人的能见度(visibility)和重要性。**它赋予了犹太人一种强烈而邪恶的魅力**,一种他们难以以别的途径获取的魅力。

因此,犹太人存在于基督教世界之中,存在于它的土地之上以及它的历史之中,既不是无足轻重也不是无关宏旨的。他们的特殊性不同于其他任何一个少数群体的特殊性;它是基督教自我认同的一部分。因此,关于犹太人的基督教理论没有止步于对排斥的实践进行归纳,它也不仅仅是对起源于等级式分化的过程并反映这个过程的模糊而又分散的独特性的历程进行系统化的尝试。这样,与其说关于犹太人的基督教理论反映了草根社会、邻里交换或者冲突,还不如说它倾向于一个不同的逻辑——再生产基督教及其普遍统治的逻辑。因此,“犹太人问题”在大众的社会、经济和文化经历等方面就出现了相对的独立性。因此也就相对便利地把犹太人问题从日常生活的情境当中分离出去而使之免受日常经验的检验。对他们的基督教主人群体来说,犹太人既是日常交往的具体对象,同时又是此类交往中具有独立定义的一类人的范本。从前面那种特征看来,犹太人后一种特征既不是必不可少,也不是必然如此。也正因为如此,可以相对容易地把它从前者中分离开来,并在与日常实践只有松散联系的活动中作为可利用的资源。这样,在关于犹太人的基督教理论中,反犹主义取得了这样一种形式,即它可以在此形式中"几乎无视犹太人在社会中的真实境况而存在……最令 38
人惊奇的是,它可以在未曾见过一个犹太人的人们和多个世纪里从来没有犹太人存在过的国家当中存在"[①]。这种形式被证明能够在基督教的精神统治衰退以及它对大众的世界观的支配削弱之后仍然恒久不衰。**现代性时代所继承来的"犹太人"是早已与居住在城镇和山村的犹太男人和女人们断然隔绝的"犹太人"**。在成功地扮演了基督教之他我的角色后,犹太人准备被放置到类似的与社会整合的新的世俗动因有关的角色当中去。

关于基督教会努力建构的"犹太人"概念,最引人注目和最意味深长的是这个概念内在的不合逻辑性。这个概念将互不相宜又无法调和的要素糅在一起。它们的合并丝毫不存在内聚性,这标志着一个虚构的实体,它被认为是一个魔鬼般的强大力量来对这些因素加以调和。它是一个强烈地让人迷恋同时又强烈地让人反感,而总的来说又令人恐惧的力量。概念中的犹太人(the conceptual Jew)是一块战场,为争夺基督教的自我认同及其清晰的时间与空间界线而进行着无休无止的战斗。概念中的犹太人是语义上超载的实体,它把本应彼此分离的意义包容和混合在一

① 科恩,《种族灭绝的根由》,p. 252。

起,因此它是任何关注划清并坚守界线的力量的天然对手。概念中的犹太人是黏性的(visqueux,用萨特的话来说)、黏的(slimy,用M.道格拉斯的话来说)——它被塑造成威胁和藐视事物秩序的形象,是这种藐视的缩影和体现(至于划分界线的普遍文化活动和同等普遍的黏性之生产之间的相互关系,我在《作为实践的文化》第三章中做了详细阐述)。这样来理解的话,概念中的犹太人发挥着极其重要的功能;它使得侵犯界线的行为、没有完全恪守教规的行为、缺乏绝对忠诚和明确抉择的行为招致的可怕后果一目了然;它是所有的不合规范、异端、越轨和异常的典范和原型。作为导致越轨的令人迷惑、不可思议的不理智的一个证据,概念中的犹太人预先就使得已被基督教会限定、说明和实践的事物秩序的可能替代者名声扫地。由于这个原因,他是这种秩序之边界的最可靠守护者。**概念中的犹太人带着这样一个信息:此时**
39 **此地这种秩序的可能替代不是另一种秩序,而是混乱和毁灭。**

我认为,作为基督教自我构成和自我再生产之副产品的犹太人之不协调(incongruity)的生产是使得犹太人在其他“欧洲内部的恶魔”中显得尤为突出的主要原因。N.科恩在他令人难忘的欧洲迫害女巫的研究中曾生动地描述过这些恶魔。在他的发现中,最值得注意的是一般而言对女巫的恐惧以及非理性的担忧的强度与科学知识以及日常理性总体水平的进步之间不存在明显的相关性(这在大量针对这个问题的其他研究中也得到了充分的证明)。事实上,在现代历史的早期,现代科学方法的激增以及朝着日常生活理性化的大步迈进与历史上最凶残、最恶毒的迫害女巫的插曲恰巧是同时出现的。巫术神话和迫害女巫的非理性同理性的延误之间似乎并没有什么关系。而另一方面,这种非理性与由旧制度的瓦解和现代秩序的到来所产生和激起的焦虑与紧张却有极度密切的关系。原有的保障消失了,新的保障又迟迟没有出现,而且也不可能有原来的保障那般牢固。长期的差别被忽略了,安全距离缩短了,陌生人从他们的留置地冒出来并搬到了隔壁,稳定的身份也失去了它的持久性和可靠性。旧界线存留的一切要做殊死的抵抗,新界线则不得不围绕着新的一致性来建立——更何况这个时期还处在世界运动和急速变化的环境之中。实施这两个任务的主要手段,就是同"黏性"进行战斗,即同破坏界线与身份的清晰度与安全性的原型敌人进行战斗。任务本身具有史无前例的重要性,因而战斗也就必然会空前激烈。

我在这一研究中要强调的是:概念中的犹太人最与众不同和最具代表性的特征仍将是积极地或者消极地、直接地或间接地被卷入现代社会对划清界线和维持界线的强烈关注。我认为概念上的犹太人早已被历史性地诠释为西方世界里普遍的"黏质"(viscosity)。在不同阶段里、不同层面上将欧洲社会撕裂的连续不断的冲突筑起了大量的屏障,而实际上,概念中的犹太人已被搁置在每一个屏障之上。而他骑跨在如此之多的、建立在表面上互不相联的战线上的屏障之上的事实,赋予了它的黏性从未有过的过高强度。其黏性是一种多层面的混杂,并且**这种多层面性乃是一种特别的认知失调**,那是在所有其他(简单的,因为受到了限制、分离和在功能上的专门化)由界线冲突所分泌的"黏性"物质那里都见不到的。 40

骑跨在屏障之上

由于上面所讨论的原因,反犹主义的现象确实不能被设想成更广泛的民族、宗教或文化对立的事例。它也不是一个经济利益冲突的例子[尽管这经常被用作论据来为我们现代的竞争时代中的反犹主义辩白,这个时代就是以陷入得失所系的赌戏(a zero-sum game)的利益群体来思考自身的]——这种观点在其持有者的自行解释和自作主张的旨趣中得到彻底的支持。反犹主义是划分界线,而不是争夺界线。由于所有这一切,它是不能用局部的或者偶然的因素集来解释的。它令人难以置信地适应如此之多不同的、相互也没有联系的关注和求索,这种能力无疑根源于它独一无二的普遍性、跨时间性与跨地域性。**它之所以能如此恰如其分地适合如此之多的局部问题,就是因为它与任何一个问题都没有因果关系。**而概念中的犹太人对不同的、经常相互矛盾而又一直争议不休的问题所构成的环境的适应不断地恶化了它内在的不一致性。不过,这使它成为一种更适合和更具说服力的解释,也好像增加了它的魔力。1882 年,平斯克尔(Leo Pinsker)对犹太人做了一个描述,这种描述不再适合于西方世界的其他任何一个社会群体:"在活人的眼中,犹太人是死人;在本地人的眼中,犹太人是外来者和游民;在穷人和受剥削者的眼中,犹太人是百万富翁;在爱国者的眼中,犹太人是没有国家的人。"[①]或者用 1946 年换汤不换药的话来说:"可以把犹太人看作所有被愤恨、被恐惧或者被蔑视的事物的化身。他脑子里有布尔什维克思想,但非常奇怪的是,他同时又代表着腐朽的西方民主的自由精神。在经济方面,他既是资本家又是社会主义者。他被指责是好逸恶劳的和平主义者,但非常的凑巧,他又是战争永不止歇的煽动者。"[②]甚至还可以看

---

① 引自拉奎尔,《犹太复国主义的历史》(*A History of Zionism*), New York, 1972, p. 188。

② 怀恩莱西,《希特勒的专家们:学者在德国反犹太人的罪行中的作用》(Max Weinreich, *Hitler's Professors: The Part of Scholarship in Germany's Crimes against the Jewish People*), New York: Yiddish Scientific Institute, 1946, p. 28。

一下鲁宾斯坦最近对犹太人的黏性的无数层面之一所进行的论述——将针对犹太大众的反犹主义"与针对犹太精英的反犹主义中的一些变量合并在一起或许致使欧洲的反犹主义带有了独特的毒性：其他群体虽然也受憎恨，但受憎恨的要么是精英，要么是大众，而可能只有在犹太人中，两者同时受到了憎恨"①。 41

① 鲁宾斯坦，《左派、右派和犹太人》(W.D. Rubinstein, *The Left, the Right, and the Jews*), London: Croom Helm, 1982, pp. 78—79。我将用不同的方式表述这个观察：这不是由不同反犹主义合并所产生的特殊暴力，而恰恰是由观点合并所产生的反犹主义现象。

必须强调的是，一直持续到第二次世界大战的犹太人矛盾的社会定位最近在所有富足国家都迅速消失了——至今其后果还难以测量和计算。鲁宾斯坦提供了令人信服的数据证明了大规模犹太人正朝着社会阶梯的中上层移动。经济成功连同政治约束的瓦解在犹太人观念上得到了反映："现在的犹太人整体上是保守派"(p. 118)，"不是所有的新保守派都是犹太人，但保守派团体的大多数领导都是犹太人"(p. 124)，一度自由进步的《评论》(*Commentary*)变成了美国右派的好战的喉舌，犹太机构和原教旨主义者权利之间的罗曼史日益热烈。在最近的一次关于犹太人和社会主义之间"美好友谊的结束"(见 *The Jewish Quarterly*, no. 2, 1988)座谈会上，菲利普斯(Melanie Phillips)吐露："我很高兴告诉我的社会主义朋友和熟人'我是一个少数民族'，也很高兴看着他们在歇斯底里中流逝。我会是怎么样的？我强有力。正是社会主义者认为犹太人在执掌权力。他们在执掌政权，难道不是？他们在管事，在经营工业，他们就是地主。"同时，弗里德曼(George Friedman)口头问道："政府中的犹太人往往与相对不受欢迎的政策联系在一起。当现在的泡沫最终破灭时……那会发生什么呢？那时的犹太人区会在哪里，我们与这种崩溃以及与工人阶级所遭受的挫折在哪些地方有联系？"

我们很有趣地发现，就在纳粹时期，犹太人的社会地位与今天欧洲以及尤其是美国的犹太人状况很接近。当时大约四分之三的德国犹太人从事贸易、商业、银行和专业尤其医学、法律方面的工作(与之相对的是，只有四分之一的非犹太人从事这些工作)。致使犹太人特别显赫的是他们对出版工业、文化和新闻业的支配地位["犹太记者在整个自由主义和左派新闻界都是鼎鼎有名的。"——尼维克，《魏玛德国的犹太人》(Donald L. Niewyk, *The Jews in Weimar Germany*), Manchester: Manchester Univesity Press, 1980, p. 15]。由于他们的阶级成员资格问题，德国犹太人倾向于跟随其他中产阶级支持政界的保守派。但是，尽管他们有这种倾向，他们与自由主义政党的接触仍然在一般人之上：这主要因为坦率地说德国右派是反犹太的，并因此坚决反对犹太人进展的再次出现。

三棱镜群体

卢布林大学的祖克近来认为可以把犹太人看作一个"流动的阶级"(mobile class),"因为他们既是上层群体指向下层阶级的情感对象,也是相反的情感,即下层群体指向上层社会等级的情感对象"①。祖克细致入微地研究了 18 世纪发生在波兰的认知视角的冲突,她把这个冲突当作解释反犹主义的一个有着重要意义的更一般的社会学现象。19 世纪,在波兰被瓜分以前,波兰犹太人基本上都是贵族和乡绅们的奴仆。他们承担着各类非常不受欢迎的公共职责,而这些职责是拥有土地的贵族实施政治和经济统治所需要的,比如收租和监管对农产品的处置——也就是为土地的真正主人扮演"中间人"的角色,在社会心理学中称为保护层(shield)。犹太人比其他任何种群的人更适合这个角色,因为他们自身并不(也不能)渴望他们承担的重要角色能够带来社会的进步。由于无法在社会地位和政治地位上与他们的主人相争,他们转而安心于纯粹从经济上得到回报。因此,他们不仅在社会地位和政治地位上都低于他们的主人,而且这种状况一直保持了下去。领主可以也确实是像对待所有其他更低阶层的奴仆一样,带着社会蔑视和文化厌恶来对待犹太人。贵族心目中犹太人的形象跟社会下等人的一般构型没有什么两样。乡绅把犹太人看作与农民和小市民一样,野蛮、肮脏、无知和贪婪。跟其他平民一样,要和他们保持一定的距离。不

---

① 祖克,"流动的阶级 对犹太人进行社会理解的主观因素:十八世纪波兰的例子"(Anna Zuk, 'A mobile class. The subjective element in the social perception of Jews: the example of eighteenth century Poland'),见 *Polin*, vol. 2, Oxford: Basil Blackwell, pp. 163—178。

过，考虑到他们的经济角色，一些接触是无法避免的，因此对他们进行社会分离的规则被更加谨慎地遵守，也被更加明确、更加细微地加以阐释，并且在总体上要比其他那些不会模糊因此也会没有问题地延续下去的阶级关系更受人注意。

但是，对农民和市民而言，犹太人的形象却截然不同。无疑，他们给地主和主要生产者的剥削者提供的服务不仅是经济的，而且还具有保护作用：他们挡在了贵族、乡绅和大众的愤怒之火中间。这些不满情绪没有发到它真正的目标上，却停止并倾泻在中间人的身上。对更低的阶级来说，犹太人是敌人；因为他们是这些阶级唯一直接接触的剥削者。只是对犹太人的冷酷无情他们才有亲身的体验。他们都认为犹太人是统治阶级。这样，“同攻击他们的人一样，在社会中居于下层、受特权阶层压榨的犹太人倒变成了攻击对象，虽然这些攻击针对的本是上层阶级”，就一点都不奇怪了。犹太人被放入了“一个非常清楚明了的纽带，居于一个中介的位置，而这却是更低的受压迫阶级进攻的中心”。 42

这样，从两方面来看犹太人都好像卷入了阶级斗争，这种现象与犹太人的特殊性没有什么联系，而且就其本身而言也不足以解释犹太恐惧症的明显特征。使犹太人陷入阶级斗争真正显得特别的是，他们**成了两种互相敌对和矛盾的阶级仇恨的目标**。陷入阶级斗争中的每一方都将犹太人这个中间人看成是另一方的成员。如果用三棱镜的比喻，就可以得出**三棱镜群体**（prismatic category）这个概念，它似乎比“流动阶级”能更好地表达这种局面。依据视线是从哪一方射向犹太人的，他们——就像所有的三棱镜一样——毫不知情地折射出完全不同的形象：一种是粗野的、未驯化的、野蛮的下层阶级，另一种则是冷酷而傲慢的社会上层。

祖克的研究只到了波兰现代化开始之前的那段时期。因此,她极其出色地捕捉到的二元形象的全部结果并没有被揭示出来。在前现代社会,等级之间很少有交流,也很少有机会让这两种视角以及它们产生的两种构型叠合起来,并最终凝聚成不协调的混合类型的现代反犹主义。阶级之间缺乏交流,因此可以说,每一方发动的都是它们自己对犹太人的"私人战争"——尤其是在下层阶级中——这些战争可以通过教会而联系到意识形态的精细之处,而这些观念与战争的真正原因几乎不搭界。(地方贵族、伯爵和主教不光在由莱茵兰镇区的彼得隐修士煽动的屠杀期间试图去保护"他们的犹太人",去抵制那些对犹太人的指控,这些指控与犹太人想揽到自己身上加以解决的不满
43 显然无关。)

只是伴随着现代性的出现,在逻辑上不一致的各种对显然是外人(这就是说,早已被系统的隔离活动疏远了的)的犹太"等级"的看法才得以汇集、遭遇并最终混合在一起。与其他事物相比,现代性意味着观念将扮演新的角色——这是因为国家为了自己的功效而依赖于意识形态的动员,因为它朝向一致性的显著趋势(在纯洁文化的过程中表现得最明显),因为它"文明化"的使命和革新信仰的利刃①,也因为它试图使原先处于边缘地带的阶级和地区与政治体中生产观念的中心地带产生紧密的精神联系。所有这些新发展带来的一个总的结果就是阶级间的交流在范围和强度上都有了显著提高;除了它传统的那些方面,阶级统治还采取新的形式,如精神引导,以及提供和传播文化的理想和政治忠诚的程式。这其中的一个结果就是使犹太人

① 参看鲍曼,《立法者与解释者》(Zygmunt Bauman, *Legislators and Interpreters*), Cambridge: Polity Press, 1987。

原本被分隔的各种形象相互遭遇和碰撞了。以前它们不惹人注意的互不相容性现在成了一个问题和挑战。正如高速现代化社会中的其他一切事物一样,这个问题也不得不被“合理化”。这个矛盾必须得到解决;要么认为承袭下来的形象完全不协调而全盘拒绝,要么就通过理性的辩论,为这种不协调提出可接受的新的根据。

事实上,在现代欧洲的早期这两种策略都被尝试过。一方面,犹太人地位显著的非理性状态被表述为封建秩序总体荒谬性的又一个例证,被表述为阻碍理性进步的迷信之一。至于犹太人明显的特征与特质,则被认为与无数的排他主义没有什么两样。这些排他主义在旧的社会及政治制度当中被容忍了,而在新秩序当中则要被破除。和许多其他地方性的怪异一样,犹太人的怪异被理解为主要是一个文化问题——也就是说,是通过勤勉的教育努力可以也必定能够彻底解决的问题。所以,不乏这样的预言,说只要革新后法律平等延伸到了犹太人身上,他们的与众不同就会很快消失,并且犹太人——指作为许许多多自由个体和公民的权利载体的犹太人——就会迅速地融合在当前这个文化统一、法律一致的社会当中。

但是另一方面,现代性的前进又伴随着一个指向截然相反方向的过程。那已经根深蒂固的不协调性,在标示了犹太人在
一个相当透明而有序的现实中是一种“带黏性的”、语义上混淆 44
并具有破坏性的因素后,似乎趋向于适应新的环境,并通过抨击新的不调和性来拓展自身;它获取了新的、现代的层面,这些层面之间的缺乏联系转变成了一种有其自身合理性的不协调性,即一种元不协调性(meta-incongruity)。从宗教和阶级的层面已经被塑造成“带有黏性的”犹太人,要比任何其他社会群体都易受新的紧张和矛盾的影响。而在现代化革命所造成的社会剧变

当中，这些紧张和矛盾是不可避免的。对于社会的大多数成员而言，现代性的出现等于是秩序和安全的破坏；这样犹太人再次被认定是紧靠着破坏过程的中心。犹太人自身快得不可思议的社会进步和社会转变似乎浓缩了前进中的现代性对每一个熟知、习惯和可靠的事物所造成的巨大破坏。

若干世纪以来，犹太人被安全地隔离在部分是强加的、部分是自由选择的地域内；现在他们从隔离区出来了，在一度清一色居住着基督徒的区域购置财产、租下房子，他们成了日常存在的一部分，并超出仪式化的交流而成为闲谈的伙伴。若干世纪以来，他们可以一眼就被认出：比如说，他们的衣袖标志性地、精确地表露出他们的隔离。而现在则是根据社会的身份而不是等级的成员资格，他们穿得跟其他人一样。若干世纪以来，犹太人居于贱民的等级，即使是下层基督徒中的最底层仍然可以堂而皇之地蔑视他们。而现在一些贱民取得了有影响、有声望的社会地位——依靠知识技能或者是通过钱，这些都是现在完全可以决定身份的力量，在表面上也不受等级和血统标准的约束和裁定。的确，**犹太人的命运成了社会剧变波及的可怕范围的一个缩影，并且是旧的必然性遭到侵蚀的一个生动而又醒目的提示物**，也即所有曾被认为坚固且持久之物的溶化和蒸发的提示物。任何一个有失衡感、威胁感或者被替代感的人都很容易地——并且是理性地——把他们所经历的震荡述说成犹太人带有破坏性的不协调的一个印记，以便让自己的焦虑得到解释。

因此，犹太人被卷进了历史上最残酷的冲突：介于前现代世界和行进中的现代性之间的冲突。当处在旧的社会及政治制度之中的阶级和阶层行将被在他们只能看作一场混乱的新的社
45 会秩序铲除、剥夺继承权并赶出他们安全的社会场所的时候，他们的公然反抗第一次表现了这种冲突。随着最初的反现代主义

抗争遭到失败以及现代性胜利已经铁证如山,冲突移到了暗处。在潜在的状态下,冲突则表现为对空虚的极度恐惧、对确定性永无止境的渴求、会有阴谋出现的偏执狂式的神话,以及对永远难以捕获的一致性的狂热追求。最终,现代性将会为它的敌人提供只有这个敌人失败时才会出现的精良武器。**历史的讽刺将允许反现代主义的恐惧通过只有现代性才能挖掘的渠道和发展出来的形式得到消除。**欧洲内部的恶魔将被技术、科学管理和国家集权——现代性所有的最高成就——的精密产品驱除。

犹太人的不协调被用来衡量这种极度不协调的历史行为。当除魔被正式禁止并且被迫暗中进行的时候,犹太人却仍是看得见的内部恶魔的化身。在现代历史的大部分时间里,犹太人是现代性宣布消失了的紧张和焦虑的主要携带者,这种紧张和焦虑被提高到了一个史无前例的强度,并获得了可怕的表达工具。

不协调性的现代层面

富有而又可鄙的犹太人为转移早期释放出来的反现代主义能量提供了一根天然的避雷针。他们集可怕的金钱力量与社会的鄙视、道德的谴责和审美的厌恶于一身。这正是对现代性的敌意,特别是对现代性的资本主义形式的敌意所需要的支撑点。如果只有资本主义能与犹太人联系在一起,那么它就将被当作异样的、不自然的、有害的、危险的和道德上令人反感的而遭谴责。而这种联系是很容易找到的:因为只要犹太人封闭地生活在犹太人隔离区,金钱的力量就会被限制在边缘,并在(以侮辱性的名称,**高利贷**)带有权威性的谴责的重负下不得安宁;而一旦犹太人出现在城市中心的街道上，金钱的力量就转移到了生活的中心，并且（以有威望的名称，**资本**）要求获得权威和社会的尊重。

现代性给欧洲犹太人的处境造成的第一个冲击就是使他们被选作**反现代主义式抵抗的首要目标**。最早的现代反犹主义者都是反现代性的代言人，比如傅立叶、蒲鲁东、图斯内尔（Toussenel）等——抱着对金钱的力量、资本主义、技术和工业体系深深的仇
46 恨而联合一气。早期工业社会的最恶毒的反犹主义是与反犹主义的前资本主义形式中的反资本主义联系在一起的；这种对上升的资本主义秩序的反抗仍然希望能够力挽狂澜、抑制发展、恢复真实的或者想象的"自然"秩序，而这正是新的金融巨头想要摧毁的。基于上述简略勾勒的原因，金钱的力量和犹太人走在了一起。人们认为这两者之间有一种因果联系，这种因果联系出于所有实际的目的而在它们之间富有喻意的相互对应中得到了巩固——这种相互对应可以说是"精神的血缘关系"，或者用韦伯最喜欢的词来说是**选择亲和性**（elective affinity）。资本主义已经对手工工匠的工作伦理和他们所珍爱的独立投下了阴影，而如果将它等同于公认的异样和受人菲薄的力量，那么就更容易对它进行抵制了。对傅立叶和图斯内尔而言，犹太人代表着上升的资本主义和蔓延的城市大都会中他们所痛恨的一切。把毒液撒向犹太人就是撒向新的、令人恐惧和令人厌恶的社会秩序。如蒲鲁东所说，犹太人"生性就是反生产者，他们既不是农民，甚至也不是真正的商人"。①

根据定义，只要阻碍新秩序发展的希望和用乔装为一个失

---

① 引自莫斯，《走向最终解决：欧洲种族主义的历史》（Georage L. Mosse, *Toward the Final Solution: A History of European Racism*），London：J. M. Dent & Son，1978，p. 154。

落天堂的小资产阶级乌托邦将它取而代之的希望看起来是可行和现实的,那么反犹主义的反现代主义形式就能够保留其理性的外表和大众化的吸引力。不过实际上,到19世纪中叶,当最后一次大规模的企图改变历史轨迹的努力遭到失败,而新秩序无论有多么令人讨厌都不得不被接受为确定不移和不可逆转的,这时反犹主义的这种形式就几乎逐渐消失了。以早期反现代的小资产阶级所具有的反资本主义的对立形式建立起来的金钱力量同犹太人禀赋或者精神之间的联系,注定要被这种形式后来的发展吸收和创造性地改造。这种形式时而被掩盖,时而又突然崭露,但它都没有从反资本主义的对抗主流中消失。它在欧洲的社会主义史中扮演了重要的角色。

事实上,是科学社会主义(也即,不是要阻碍资本主义的发展,而是为自己设立了一个征服和超越的目标的社会主义;它承认资本主义变革是不可逆转的趋势,也承认资本主义的进步性;在指出资本主义的进步带来了全人类进步后,它允诺要开始建立一个新的、更好的社会)之父卡尔·马克思将反资本主义的反犹主义向后看的眼睛扭转到向前看。而这样的结果是,在一 47
个时候,当资本主义是暂时的疾病而可以被治愈或者被根除这个最后的幻想已经破灭和被抛弃时,马克思使得反资本主义的反犹主义能够被反资本主义的对立者所用。马克思承认"犹太教精神"和资本主义精神之间的选择亲和性;它们都以鼓励个人利益、进行交易、追逐金钱而闻名。而如果要把人类的共存建立在更加安全、更加理智的基础之上,就不得不把两者都根除。它们共同胜利了,但也将共同灭亡。两者同生共死,一个消亡了,另一个也要被毁灭。从资本主义解放出来也就意味着从犹太教义中解放出来,反之亦然。

将犹太教与金钱、权力,准确地说是与人人痛恨并谴责的资本主义弊病结合起来的趋势，实际上使常常就潜伏在表层之下的欧洲社会主义运动中的流行疾病将仍留在体内。欧洲大陆上最大的社会民主政权——德国和奥匈帝国——时常有反犹主义的发作。1874 年德国社会民主党领导人倍倍尔慷慨赞扬了迪埃尔（Karl Eugen Duhere）刻毒的反犹主义的训诫——这促使恩格斯在两年之后针对这位自认的德国社会主义先知写下了一本书般的回应。但是，恩格斯这样做的目的并不是为了保护犹太人，而是为了捍卫马克思在上升的工人运动中意识形态权威的地位。不过，在很多情况下，这种控制反犹情感使之保留在它们应当的角色——作为反资本主义立场的一个不可避免却又只是次要伴随物的角色——中的努力并没有效果，而且其优势也被颠倒了：资本主义被降格为犹太人威胁的衍生物。因此，布朗基的大多数追随者、反资本主义战争中不屈不挠的法国斗士，都在他最亲密的朋友格兰格尔（Ernest Granger）的领导下从巴黎公社的街垒直接转到了初露端倪的国家社会主义运动的行列之中。直到纳粹运动的出现，对资本主义的普遍对立才最终分裂并两极分化，社会主义的一支对反犹主义采取了坚决的斗争，把此看成遏制法西斯主义抬头的一个必要因素。

如果说西欧对新工业秩序最顽固的抵抗大都是来自城市和乡村的小资产所有者，那么东欧广泛的反资本主义、反城市化、反自由主义的阵线则是一个标准的反应。土地贵族的社会影响
48 和政治统治事实上仍然完好无损，而城市职业的声望被排在声望等级的最末席，还要面对交杂着厌恶与蔑视的态度。除通婚和耕种外所有的致富手段都被认为是不高尚的；即使是与其他经济活动并列的耕种，仍然按照传统交给雇农去做或者租赁给公认的地位和个人品质较低的人。本地的精英对现代化的挑战要么漠不关心要么就怀有敌意，犹太人——被认为是文化上的

异端——是少数几个超脱于上层社会价值的牢固控制的群体之一,因此他们可以也愿意去抓住由西欧工业、金融和技术革命所带来的机遇。但是,他们的主动性遭遇了绝对敌视他们的贵族所控制的舆论。马尔库斯通过他对波兰19世纪工业化(这个过程在东欧其他国家中也较为典型)的透彻分析得出结论:工业的到来被当地受贵族统治的精英们当作一场民族灾难。

> 当犹太企业家在修建铁路时,一流的经济学家苏平斯基(J. Supiński)却在抱怨,"铁轨是个深渊,无数的资源正在沉入其中,除了被抬高的堤坝和躺在上面的铁轨外,没有留下任何其他痕迹"。当犹太人建造工厂时,土地主控告他们破坏农业,理由是这造成了劳力短缺。当工厂开工时,它们的主人不仅受波兰文坛和社会精英们怨恨,同时也受他们怜悯,因为他们已经告别了乡村的幸福生活和无拘无束的自由与快乐,而被奴役人并毁灭人的乏味的工厂所包围。
>
> 应该清楚,一个广泛持有这种态度的社会,比如认为物质幸福并不重要以及瞧不起挣钱等,无法产生出资本工业化时代所必需的企业家品质。那么波兰工业进步的唯一提倡者是国内的犹太人和外国的移民也就没什么好奇怪了。
>
> 犹太资产阶级也是西方自由主义思想的主要传播者。而波兰贵族和天主教保守派认为自由主义和一般而言的"西方唯物主义"对波兰的传统和"民族的精神"构成了威胁。①

---

① 马尔库斯,《1919—1939年波兰犹太人的社会和政治历史》(Joseph Marcus, *Social and Political History of the Jews in Poland 1919—1939*), Berlin: Mouton, 1983, pp. 97—98。

在目瞪口呆的贵族看来，国内正转变成犹太资产阶级的犹太人不止在一个方面威胁到了原有的精英。他们展示了以金融
49 和工业为基础的新的社会力量和以土地所有权与土地继承权为基础的传统力量之间的竞争。他们还掩盖了在声誉大小和权势大小之间一度具有的一致性；作为一个受奴役的群体，根本没人尊重他们，而他们从废物垃圾堆里捡来一架梯子，并顺着它爬到了权力的位置。对急切地想要保住国家领导权的贵族来说，工业化意味着双重威胁：正在做的一切和是谁在做这一切。犹太人的经济主动性给已有的社会统治带来了危机，并打击了和已有的统治相辅相成的整个社会秩序。因此人们就倾向于把新的混乱、动荡与犹太人自身结合起来。犹太人被视为一股邪恶和破坏的力量，是骚乱和无序的代表；最典型的是，犹太人被视为一种黏性物质，它混淆了本应被分离的事物之间的界线，光滑了等级之梯使之可上下自如，熔化了所有的坚固之物并亵渎了所有的圣洁之物。

实际上，当犹太人的同化驱力接近于可被他们主人的社会吸收的界限时，犹太人中受过教育的精英就会更倾向于做社会批评，因而被许多国内的保守派看作一支内在的不稳定力量。比雅勒在其有见地的总结中认为，在即将进入20世纪时，“犹太自由主义者、民族主义者和革命者尽管在其他各个方面意见分歧，但在一个方面达成一致，即当代欧洲的各个社会都不适合犹太人居住。只有通过某种方式改变社会或者改变犹太人与它们的关系才能解决欧洲犹太人问题……现在，‘常态’意味着社会实验，意味着从未存在过的乌托邦理想”①。

---

① 比雅勒，《犹太人历史中的权力与没有权力》(David Biale, *Power and Powerlessness in Jewish History*), New York: Schocken, 1986, p. 132。

忠实于启蒙运动的自由主义传统使犹太人的“黏性”又获得了另外一个层面。跟其他群体不同,犹太人把兴趣投向了自由主义所提倡的公民权。用阿伦特值得铭记的话来说就是,“与其他所有群体相比,犹太人受到了身体主宰关系(body politic)的界定,他们的地位也是由身体主宰关系决定的。但是,这种身体主宰关系没有其他的社会实体,因此从社会意义上讲,犹太人处于虚空之中”[1]。这在整个欧洲的前现代历史当中都适用于犹太人。依据不同的时期或者不同的封建秩序,犹太人成为国王、诸侯或者地方军阀首领的“附庸犹太人”(Königjuden)、财产和卫士。他们的地位在政治意义上诞生,也在政治意义上维系。由于这个原因,他们集体地没有卷入社会纠葛;他们外在于社会结构,这实际上意味着在他们存在的界定中与阶级亲和 50
或者阶级冲突没有或者几乎没有相关之处。作为存在于社会当中的国家的一个延伸,犹太人在社会意义上内在地就是外在的。正因为如此,他们只能给两方充当缓冲器,隔在社会与其政治主体之间紧张而又危机四伏的交往过程中,而总是在冲突激化的时候承受最先和最残酷的打击。他们能指望的保护都来自国家,正是这样,使得他们不可救药地依赖并且是一直依赖政治统治者的善意,也使得他们面对王室的恶意或者贪婪时变得极其软弱。他们的社会位置之不协调性——处在国家和社会的虚空之中——恰当地反映在对社会和政治的分离做出的同等不调和的反应当中,而这种社会与政治的分离却标志着现代性的来临。要打破这种长期的对政治统治者的依赖,就需要获得非政治的社会基础,并因此在政治上获得自治。而自由主义恰恰允诺了

① 阿伦特,《极权主义的起源》(Hannah Arendt, *Origins of Totalitarianism*), London: Allen & Unwin, 1962, p. 14。

这一点，并非常强调自由个体的自我建构和自我主张。可是跟犹太人过去偶尔享受过的所有其他权利一样，实施自由训令的权利似乎仍然掌握在政治决策的手中。这似乎意味着，从国家获得的解放只能来自国家。在其他群体满意于挡住了国家的过度入侵而维护了自己的社会力量的时候，没有一个入侵的国家，犹太人就无以获得这些权利，这个国家还要竭尽全力摧毁垄断和旧等级体系防卫森严的领地。因此在已有的精英看来，犹太人似乎是破坏的种子——不仅是因为他们自己那颇为突兀的生涯而且还因为这个生涯象征着旧的安全的崩溃。他们典型的警告之音为普泽尔所引用："犹太教最强大的武器就是非犹太人的民主"；"为了在德国社会框架的结构内部进行破坏，犹太人只需要掌握启蒙和个人主义的党派。从而，他们不必阿谀奉承地爬到社会的顶峰，相反，他们已把一种必将帮助他们登临制高点的理论强加到了德国人身上"①。另一方面，犹太人急切地关注新的政治保护，使得本国自力更生和自我奋斗的资产阶级可以保护犹太人而反对要求社会自我主张和政治自由的敌对阵营。因而，同时就出现"一类自由反犹主义"，它"将犹太人和贵族混在一起，并且还假称他们结成了某种对抗上升的资产阶级
51 的金融联盟"②。

无民族的民族

然而，无处不在的犹太人的不协调的任何层面都比不上下面这个事实更强烈并以更持久的形式对现代反犹主义的形态造

① 普尔泽，《政治反犹主义在德国和奥地利的兴起》(P. G. J. Pulzer, *The Rise of Political Antisemitism in Germany and Austria*), New York: John Wiley & Sons, 1964, p. 311。

② 阿伦特，《极权主义的起源》，p. 20。

成了影响,这个事实用阿伦特的话来说,就是犹太人是“处于一个成长中的或现存的各民族的世界之中的一个无民族的民族”①。正是从犹太人地域分散并且到处存在的事实可以看出,犹太人是一个民族间的民族,是一个无民族的民族。无论在哪里,犹太人永远都充当着个体自我认同、共同体利益的相对性和局限性的提示物,而对这些来说,民族性标准往往是绝对的、终极的决定性权威。在每个民族内,犹太人都是“内部敌人”。民族的边界过于狭窄而无法限制他们,民族传统的视野也太狭隘而无法看清他们的一致性。**犹太人不仅不同于其他任何民族;他们也不同于其他任何外来者**。总而言之,他们抹杀了主人与客人、本地人与外来人之间的差异。并且当民族变成群体自我建构最重要的基础时,他们就开始抹杀最基本的差异:“我们”和“他们”之间的差异。犹太人是灵活和富于适应性的:就像一辆空车,可以装满“他们”被责令装载的一切可鄙之物。因此图斯内尔把犹太人看作装有反法国的新教徒毒药的瓶子,而《青年德意志》(*Das junge Deutschland*)有名的诽谤者利欣(Liesching)则指责犹太人将有害的高卢精神偷偷带到了德国。

犹太人的超民族属性在民族形成的早期阶段陡然变得鲜明起来——在那个时期以各种各样的民族统一体的名义所提出的新的史无前例的要求,激起了王国之间界线的冲突或者至少使之复杂化了,这些冲突有助于犹太人不涉足于地方性的特殊主义之中,提高了他们和交战各国的首脑交往以及穿越战线进行沟通的能力。犹太人的中介能力急切地得到统治者们的利用,因为他们经常迫不得已地卷入他们厌恶并希望尽快结束的冲突之中,对犹太人能力的利用无非就是想得到相互的妥协,或者至

① 阿伦特,《极权主义的起源》,p. 22。

少是敌人和自己那些充满民族精神的爱闹事的臣民们都能接受的一种和平共处模式。在目的主要或仅仅是为了获得更广泛接受的和平共处模式（modus coexistendi）的战争中，犹太人——可以说，天生的国际主义者——承担着和平之先驱、战争之熄灭者的角色。而一旦王朝承继者转变成真正的民族国家或民族主义国家，这种起初受到褒赏的功劳就会反弹在他们身上成为复
52 仇：战争的目标变成毁灭敌人，爱国主义取代了对国王的效忠，而同时取得至高无上权力的梦想压制了对和平的渴望。在一个完全彻底地被划分成国家领土的世界里，没有国际主义的立锥之地，而每一块无人的土地都经常引发入侵。**满是民族和民族国家的世界憎恨非民族的空白带。而犹太人正处在这样的一个空白带中：他们就是这样一个空白**。而现在恰恰是因为他们可以在只有通过枪管才能交流的地方进行谈判，所以经常受到怀疑。（可以说在第一次世界大战中交战各国唯一达成一致的一个观点，就是怀疑本国的犹太人缺乏爱国心、缺乏消灭国家之敌人的积极性。）尽管已带有了高度的背叛嫌疑，但与犹太人天生的、明显深入骨髓的世界大同主义相比，这种品质只能算是一种较小的刺激。

最要命的怀疑通过犹太人一个明显的倾向而得到断然的确认，即他们对"人类价值"、"人本身"、普遍主义以及其他同样失去号召性的、因此是不爱国的口号有令人愤怒的偏好，并倾向于在此偏好中体现出他们外在于国界的地位。在民族主义时代的一开始，利奥（Heinrich Leo）就警告说：

> 犹太民族在这个世界的其他民族中是出类拔萃的，因为它真正拥有具有腐蚀性和分解性的思想。就像一些泉水能将任何被丢在其中的物体改变成磨石一样，从一开始到

现在,犹太人将进入他们精神活动轨道的一切都变成抽象的一般性。

实际上,犹太人就是齐美尔所说的**陌生人**的缩影——即使进入了却总是身处在外,审视熟悉的事物仿佛它是陌生的研究对象,问别人不会问的问题,质疑无可置疑的事物,挑战不容挑战的事物。从海涅的同伴倍尔涅(Ludwig Börne),经由哈布斯堡王朝崩溃前夕的克劳斯(Karl Krauss),直到纳粹党人大胜利前夕的图郭尔斯基(Kurt Tucholsky),他们都轻视他们所认为的狭隘无物与偏见,嘲笑落后与自负、虚张声势等形成的地方杂拌儿,反对褊狭的思想僵化和品味的庸俗。既然这样一种外部观点被自以为是并乐于自得其所地做了定义,那么任何一个持有这种观点的人都无法真正被国家所接纳。因此瑞斯(Friedrich Rühs)下面的观点,作为特殊性必然要对所有抽象的一般性提 53
出的一长串抱怨中的头一个,也就没有什么好奇怪的了:“犹太人并不真正属于他们居住的国家,因此来自波兰的犹太人不是波兰人,来自英国的犹太人不是英国人,来自瑞典的犹太人不是瑞典人,来自德国的犹太人也就不是德国人,来自普鲁士的犹太人也同样不是普鲁士人。”①

民族主义的主张自身常常不协调并互不相容的事实,一点也无法使犹太人在各民族间不协调的命运有所好转。通常,各民族既有自己所害怕的压迫它们的民族,也有它们所鄙视的被它们压迫的民族。很少有民族会热心地赋予其他民族与它们自己所要求的权利同等的权利。在民族自我生产还没有完成的混

① 卡茨,《从歧视到毁灭:1700—1933 年的反犹主义》(Jacob Katz, *From Prejudice to Destruction: Anti-Semitism 1700—1933*), Cambridge, Mass.: Harvard University Press, 1980, pp. 161, 87。

乱时期,民族的游戏已经成了胜负所系的游戏;他人的主权成了对自己主权的一个攻击。一个民族的权利在另一个民族就是越轨、固执或者傲慢。

由此所带来的后果在欧洲东部和中部——在19世纪,一个真正的民族主义大熔炉——比其他任何地方都要令人畏怯,那些地方要么是古老而又尚未满足的,要么是在饥饿中积极进取的。实际上,要偏袒任何一种民族主义主张,就不可能不成为其他几个已有的或上升的民族的敌人。这把犹太人推到了一个极其窘迫的处境。普尔泽认为:

> 他们的职业结构、总体上较高的文化水平以及他们对于政治安全的需求,使得他们更倾向于同占优势的、"历史上著名的"民族(波兰人、马札尔人、俄罗斯人)联合起来,更少与那些被淹没的、农民的、"历史上无名的"民族(比如捷克人、斯洛伐克人、乌克兰人、立陶宛人)联合。因此,在加利西亚和匈牙利,他们洗刷掉了作为德国人的耻辱,尽管这对于作为一个种族的他们轮流受波兰人和马札尔人的压榨而言没有太大的意义。①

---

① 普尔泽,《政治反犹主义的兴起》,pp. 138—139。我们或许可以从以下例子中体会到犹太人的困境:"在加利西亚的东部地区以及立陶宛和白俄罗斯的交界区,情势要更加复杂和危险,因为那里的犹太人发现他们处在民族意志相互竞争的夹缝中,在东欧其他一些人种混杂的地区也是如此,比如特兰西瓦尼亚、波希米亚、摩拉维亚和斯洛伐克。在加利西亚东部地区,在战前时期犹太人对波兰文化有强烈的认同并显然默认了以波兰人为最高统治者。他们中大多数漠视或者也可能是看不起乌克兰语言,他们对乌克兰的民族志向无动于衷。另一方面,1918年秋在利沃夫宣告成立的短命的西乌克兰共和国许诺给犹太人以平等权利和民族自治,而该地区的波兰人却根本不想隐藏他们的反犹太倾向。犹太人不知道哪一方将取得最终的胜利,也不愿与任何一方无论是波兰人还是乌克兰人疏远,在这种情况下当地的犹太民族委员会宣布保持中立态度……一些波兰人认为这是亲乌克兰人的情绪,因此在1918年12月夺取乌克兰首都利沃夫后对当地的犹太人实施了报复行动。(转下页)

在相当多的情况下,已有的或者萌芽中的民族的精英们渴望利用犹太人的热情和才干来促进发展,而这些发展不太可能使得他们受到那些被标定为(常常是违背意愿地)改变民族政治信仰和经济现代化的对象的群众的喜爱。在哈布斯堡王朝统治下的匈牙利,封建贵族们喜欢快乐的自我实现的犹太人,把他们看作在不重要的地区,主要是斯拉夫地区,实行马札尔人化的 54
最用心和最有效率的代理人。而匈牙利的贵族们都希望将来匈牙利独立后把这个地区并入他们的统治。这些贵族还把犹太人看作对停滞和落后的小农经济实行无情的现代化的执行者。立陶宛人软弱的精英们迫切地利用犹太人的热情来推进他们统治混杂的种族、语言和宗教社群的要求。而这些社群生息的古老土地就是历史上有名的、他们梦想着去复兴的大立陶宛(Great Lithuania)的土地。总而言之,政治精英们就是喜欢利用犹太人做各种各样不愉快和危险的工作,这些工作在他们看来是必要的,但他们自己不情愿去做。这样在多个方面都是便利的。一旦犹太人的服务丧失了急迫性,就会轻而易举对他们做出处理;“把犹太人放到他们应该的位置上”就会受到原先犹太人为精英们去监管的大众的欢迎,并在现在已经坐得稳稳当当的精英们想让大众们品尝的苦酒中加进一点点甜味。

但是,即使是精英们都无法完全相信犹太人的忠诚,哪怕是

(接上页)乌克兰人也公然谴责犹太人的中立态度,认为这是犹太人要继续保持他们的亲波兰人的传统态度。”[门德尔松,《两次世界大战之间东欧和中欧的犹太人》(Ezra Mendelsohn, *The Jews of East-Central Europe Between the World Wars*), Bloomington: Indiana University Press, 1983, pp. 51—52。]

这个故事在第二次世界大战期间几乎不折不扣地再一次被重演。波兰东部地区的犹太人欢迎红军的进入,以作为对公然和激烈地反犹太人的纳粹的防护措施。再一次,在纳粹占领该地区后,波兰犹太人只要一看到苏联军队就把他们当成是解放力量。对大多数波兰人而言,无论德国人还是俄国人都首要也主要是外国侵略者。

暂时的。不像那些“生而即是”民族共同体之一员的成员资格，对于犹太人，他的成员资格意味着进行选择，因而原则上如果“进一步留意”，就可以被废除。民族共同体（甚至还有它们的领土）之间的界线仍然不确定并处于争端之中，满足是行不通的，警戒就是当时的秩序。路障被设置起来用于分隔那些把它们当作通道使用的人，这些路障也是他们的悲哀。看到一大群人自由地从一个民族的要塞跳到另一个民族的要塞必然会激起深深的不安。这是对所有民族——不管是老的还是新的——提出的主张所依据的事实的藐视；这些事实就是民族统一体的民族性、遗传性和天然性等特征。短命的自由主义的同化之梦（以及，更一般地说，概念上的“犹太人问题”主要是一个文化问题，因此势必要通过自愿的、乐意接受的同化过程来解决）由于**民族主义和自由选择思想之间本质的不协调**而破灭了。无论这听起来有多么矛盾，始终如一的民族主义者到最后都愤恨他们自己民族的吸收力量。他们非常乐意接受民族崇拜者对民族之优点过多的赞美。他们会把这样一种赞美当作赋予赞美者——越热情越高昂越好——那种庇护者之仁慈的条件，而这种仁慈也伴随着受人庇护的身份。但是，他们不会宽恕为获得成员资格而崇拜（即使是一种深思熟虑的崇拜，一种等同于放弃自我的效仿）。正如邓奇对所有被庇护的民族的简练忠告所言，“使尽浑身解数宣布信仰未来的公正
55 和平等，这是角色的一部分。不过不要去对它的实现抱以期望”[①]。

正如上述对犹太人诸多不协调的简短考察所表明的，在走向现代性的途中，每一扇门在砰然关上时，犹太人的手指都正好放在了门缝上。他们从犹太人隔离区解放出来，伤痕累累。**他**

① 邓奇，《开放社会中的少数民族：矛盾的囚徒》（Geoff Dench, *Minorities in the Open Society: Prisoners of Ambivalence*）, London：RKP, 1986, p. 259。

们是追求透明的世界中的不透明性，是渴望确定性的世界中的不确定性。他们的两腿跨在所有的屏障上，子弹从每一边都呼啸而过。实际上，概念中的犹太人已经被认定是渴求秩序和清晰的现代梦的“黏性物质”的原型，被认定是一切秩序的敌人：旧的、新的，尤其是渴望得到的。

种族主义的现代性

在通往现代性的道路中，犹太人身上发生了一件重要的事情。他们迈开他们的步伐的时候，被安全地推在一边，并被隔离和封堵在犹太人小巷(Judengasse)怪石嶙峋或者想象性的高墙之后。他们之被疏远就像空气和死亡一样是生活的事实。这种疏远并不要求唤起公众的感情、进行复杂的讨论或自封的警戒员的戒备；弥散且常常是非明文规定的，在总体上又是非常一致的习惯，足以再生产相互的排斥，使得隔离永久地持续。现代性的来临，废除了法律规定上的差异，号召法律平等，并带来它最奇怪的新事物：公民权，于是一切都变了。正如卡茨所说：

> 当犹太人生活在犹太人隔离区和刚刚离开时，享有犹太人所不能享有的合法地位的公民开始指控他们。这些指控的目的只在于证明和再次确认犹太人的身份地位，并为保持犹太人卑微的法律和社会地位提供理论基础。不过，现在这些指控已经被另一些公民的指控平息了，这些公民在法律上是平等的，而他们指控的目的是为了指明犹太人是不配他们被授予的法律和社会地位的。①

① 卡茨，《从歧视到毁灭》，p. 3。

可以说,处在危险中的不仅是道德和社会价值。这个问题要复杂得多。所涉及的问题至少包括对先前未经过实践的机制
56 的设计以及获得迄今为止没人想到过的技能——就过去是**自然**地给予的事物现在要**人工**制造而言,这两者都是必要的。在前现代时期,犹太人是等级中的一个等级,级别中的一个级别,阶层中的一个阶层。他们的特殊性不是一个问题;习惯性的、实际上未经考虑的种族隔离实践有效地防止了其特殊性成为一个问题。随着现代性的上升,犹太人的隔离也成了一个问题。就像现代社会中所有其他事物一样,这种隔离现在也不得不受到制造、搭建、理性地讨论、科学地设计、执行、监控及管理。那些前现代社会中的统治者可以采取看守员那样闲适和自信的态度:社会可以自食其力,以一种小得难以察觉的变化年复一年、代复一代地自我再生产。然而,他们的现代继承人却不是这样。在这里,任何事物都再也不能想当然。没有被栽种的事物就不应该生长,任何自生自长的事物都必定是错误的,因此也是危险的,会危害和破坏全盘计划。看守员似的自满是个人支付不起的奢侈品。相反,需要的是一个园丁的态度和技能:对草坪、花坛和分开草坪与花坛的沟渠要有详细的设计构思;要有眼力判断和谐的色彩,还要有见识来区分令人愉悦的和声与令人讨厌的杂音;要有把对其计划及其秩序与和谐的构思产生干扰的自生植物视为杂草的决心;要有适当的机器和农药完成清除杂草的任务,并同时保留整个设计需要和限定的那些部分。

以前地域性的隔离所体现出来并在大量显眼的警告牌中得到强化的隔离的自然性已经消失了。不过这种分离是极端地不自然和脆弱的。过去的公理和默认的假设,现在成了必须要去阐释和证明的事实;“事物的本质”深藏在表面上与它相悖的现象当中。现在新的**自然性**必须要经过艰难的**构造**并且建立在与

感性印象有所不同的权威的基础之上。正如吉拉德所说:

> 犹太人被周围社会同化以及社会和宗教差异的消失产生了一个新的环境,在这个环境中是无法区分犹太人和基督教徒的。由于已经成为与别人一样的居民,并通过婚姻与基督教徒混杂到了一起,犹太人不再具有可识别性。这个事实对反犹主义理论家而言具有重大的意义。杜拉蒙特 57 (Edouard Drumont)在其《犹太人的法国》(*Jewish France*)的小册子中写道:"有一个叫科恩的先生,他去犹太教堂也遵守犹太教规,是一个受人尊敬的人。我对他没有丝毫的不满。我厌恶的是那些特征不明显的犹太人。"
>
> 有人发现在德国也有着同样的观念。在那里,习惯性卷发的犹太人和身着有腰带长袍的犹太人较少受到嘲弄……而跟他们同一教派的、模仿基督教国民的犹太人中的德国爱国主义者却相反……现代反犹主义与其说来源于群体之间的巨大差异,倒不如说来源于缺乏差异的威胁、西方社会的同质化、犹太人和基督教徒之间沿袭已久的社会与法律屏障之被拆除。①

① 吉拉德,"反犹主义的历史基础"(Patrick Girard, 'Historical Foundations of Antisemitism'),见丁斯达尔编著,《幸存者、受害者和迫害者:纳粹大屠杀文集》(Joel E. Dinsdale ed., *Survivors, Victims, and Perpetrators: Essays on the Nazi Holocaust*), Washington: Hemisphere Publishing Company, 1980, pp. 70—71。塔盖夫(Pierre-André Taguieff)最近出版了有关种族主义和相关现象的社会心理基础的综合研究著作,在这些基础中,对 métissage(混合繁殖)的仇恨扮演了焦点角色。混血儿与显然很类似的"界线模糊"情况是截然不同的。如果说社会被驱逐者,即失去阶级的个体,可以说被排除在分类之外的话,那么移民则趋向于被分为一类(他们似乎存在于主导性分类之外,因此一般不会威胁到权威),而混血儿则被过度分类;他们推动了反犹主义领域的重叠,如果主导性分类想要保持其权威性就必须对这些领域进行小心防护并保持分离:参看《偏见的力量:论种族主义及其两面性》(*La force du Préjugé: essai sur le racisme et ses doubles*), Paris: Éditions la Découverte, 1988, p. 343。

现代性带来了差异的削平——至少是外部表象上的差异，还有营造分隔群体之间象征性距离的那些东西的差异。随着这些差异的消失，哲学式地沉思于实在的智慧已经不够了——这是以前基督教教义在希望理解清楚犹太人真实的隔离时所做的事。现在必须要创造或保留差异，以抵制社会和法律平等以及跨文化交流所带来的可怕的侵蚀力。

对于这个新的任务，沿袭下来的宗教对于界线的解释——犹太人拒斥基督——是极不适宜的。这样的解释不可避免地会导致可能退出隔离的区域。只要界线保持清晰且很好地做了标注，那么这种解释就能为一个好的目的服务。它为灵活性提供了必需的要素，这种灵活性把人的命运与他们获得拯救或者犯下罪行、接受或者拒绝上帝的恩典等假定的自由联系在一起，并且它实现这一切的同时丝毫没有损耗界线本身的统一性。但是，一旦种族隔离活动对维持界线的“自然性”变得缺乏热情和无精打采的时候，灵活性的相同要素就被证明是有害的——致使界线让人类的自主大打折扣。毕竟，现代世界观所追求的是教育和自我完善的无限潜能。通过应有的努力和好的意愿，任何事情都是有可能的。人在出生时是一块白板、一个空箱，后来在文明化过程中，被遮盖和填满了，填充的是由共享的文化观念
58 的平整压力所提供的东西。显得矛盾的是，将犹太人和他们基督教主人之间的差异仅仅归为信条和相关仪式的不同，竟然显得与现代的人性观非常吻合。伴随着废除其他的偏见，抛弃犹太教迷信并皈依到一个更高的信仰，似乎是达到自我改善的一个正确而充分的手段；只有在通往理性战胜无知的最终胜利的道路上，才能在很大规模上期望有一种驱力。

真正威胁旧界线稳固性的当然不是现代性的意识形态程式（尽管它也不加固界线），而是世俗化的现代国家拒绝将分化性

的社会实践活动进行合法化。这其实也没有关系,只要犹太人(杜拉蒙特的“科恩先生”)自己拒绝跟从国家在它的驱力下走向一致并仍然坚持他们的差异行为。真正引起紊乱的是,有大量的犹太人或者通过留存下来的宗教形式,或者通过文化同化的现代形式,接受了这种努力并完成了信仰的转变。在法国、德国和被德国人控制的奥匈帝国地区,所有的犹太人迟早要被“社会化”或“自我社会化”为非犹太人,并因此导致在文化上无法分辨、在社会上没有视觉特征的可能性是非常真实的。由于缺乏旧的习俗和法律支持的隔离行动,这样一种差异可见标记的缺乏只能等同于将界线自身完全抹掉。

在现代性的条件下,隔离需要一个现代的划分界线的办法。一种能够经受和抵挡住教育和文明化之无尽力量所具有的平整性作用的方法;这种方法要能够标出一块教育和自我改善无法涉足的“禁区”,也要能够绘制一个教化潜力无法超越的界线(这个方法尽管可能带来混乱的结果,却被急于施加在倾向于被永远保留在次要地位的团体身上——比如工人阶级或妇女)。如果想要从现代平等性的攻势中拯救出犹太人的特殊性,**那就必须重新解释犹太人的特殊性并将它放置在一个新的、比人类文化和自主的力量更为强大的基础之上**。阿伦特以简短的话语认为,犹太教必将被犹太人所取代:“犹太人已经能够与犹太教相脱离而转变信仰;但从他们的犹太性(Jewishness)中是无法逃脱的。”①

特别应当强调的是,犹太性与犹太教是不一样的,它必须比人类意志和人类创造潜能更强大。它必须定位在自然规律的水平上(是必然要被发现的规律,然后为了人类利益而被思考和 59

① 阿伦特,《极权主义的起源》,p. 87。

利用，但这个规律是无法被消磨掉、被篡改或者被忽略——至少，它不会带来可怕的后果）。杜拉蒙特的佚事想要提醒他的读者的正是这样一个规律："你想知道血缘是怎样说话的吗？"一个法国公爵曾经问他的朋友。他不顾母亲的反对从法兰克福娶了一个罗特希尔德家族①的女子。他叫来了他的小儿子，然后从他自己的口袋里掏出一个金路易给小孩看。小孩的眼睛变得炯炯有神。公爵接着说："你看，犹太人的本能显现得多么直露。"之后，莫拉斯（Charles Maurras）也坚持认为"人从一开始就已经决定了自己的态度。选择和理性的幻想只能导致个人背井离乡和政治的灾难"。忽略这样一个"规律"只会使自己和大众处在冒险之中——或者我们从巴雷斯（Maurice Barres）的话中也可以得到这样的结论："只要受到片言只语的吸引，一个孩子都会完全与现实隔离：康德的学说将这个小孩从他祖先的土壤中连根拔起。过多的证书所创造的只会是我们仿照俾斯麦而说的'毕业生无产阶级'。这是我们对大学的控告；他们的产品即'知识分子'身上发生的事情是这个'知识分子'变成了一个社会的敌人。"②信仰转变的产品——宗教的或文化的——不是变化，而是品质的**丧失**。另一方面，改变信仰潜伏着一个空白，而不是另一种同一性。这种转变丢失了其同一性而没有相应地获得任何东西。人**就是**他**行动**前的样子；无论他做什么都改变不
60 了他的本质。大致而言，这就是种族主义的哲学本质。

① 欧洲著名的银行世家，发展成19世纪欧洲经济史上有影响的银行集团，创始人M.A.罗特希尔德，德籍犹太人。——译注

② 麦克里兰德编著，《法国的右派》（J.S.McClelland ed.，*The French Right*），London：Jonathan Cape，1970，pp. 88，32，178。

三

现代性、种族主义和种族灭绝(2)

在种族主义的历史尤其是纳粹种族主义的历史中,有一个很明显的矛盾。

在这个迄今为止最引人注意和最著名的例子中,种族主义对激起反现代主义情绪和焦虑起到了工具性的作用,并且在这方面显得格外有效。斯多克(Adolf Stöcker)、艾卡特(Dietrich Eckart)、罗森伯格(Alfred Rosenberg)、斯特拉塞尔(Gregor Strasser)、戈培尔(Joseph Goebbels)以及事实上所有其他的国家社会主义的预言者、理论家和思想家,都把犹太种族的幻影视为联结他们所描述的现代化之过去与将来的受害者的恐惧和他们为阻止现代性的进一步发展而力图创造的理想的民族社会之关键所在。在他们对现代性所预示的社会剧变根深蒂固的恐怖的控诉中,他们把现代性等同于经济和货币价值的规律,并指责犹太人的种族特征要为民族生活的模式和人类价值标准受到的残酷打击负责。因此,消灭犹太人就变成了反对现代秩序的同义语。这个事实表明了种族主义本质上具有的前现代特征；也可以说，表明了种族主义与反现代情绪具有自然的亲和力，并且是这种情绪经过选择后最适合的载体。

但另一方面，种族主义作为一个遍及世界的概念，当然更重要的是作为一个政治实践的有效工具，如果没有现代科学、现代技术和国家权力的现代形式的进展，是不可想象的。因此，种族主义严格地说也是现代的产物。现代性使种族主义成为可能。现代性也使种族主义成为一种需要：一个宣称成就是人类价值
61 唯一衡量尺度的时代，需要提这样一种理论，以便在新的、跨越界线比以前更加容易的环境下来划分界线和维护界线。简而言之，种族主义就是在前现代或至少是不完全现代的斗争中所使用的彻头彻尾的现代武器。

从异类恐惧症到种族主义

最一般地（尽管是错误地）说，种族主义被理解为群体之间的各种憎恨或偏见。有的时候，它因其情感的强度而有别于更广泛的阶级情绪或者信念；有的时候，它又因为通常包含着遗传性的、生物的和超文化的属性而显得不同，这些属性与各种各样非种族主义的群体仇恨是不同的。这些科学的伪装有时会被种族主义的论述者指出，它们并不存在于其他非种族主义的然而同样是异质性群体的负面典型身上。但无论选择什么样的特征，都没有打破在一个更广泛的偏见范畴的框架内分析和解释种族主义的习惯。

种族主义在群体间仇恨的当代形式中显得尤为突出，并且在这些形式中独自表明了与当代科学精神有明显的亲和性，因

此一个相反的解释倾向就变得越发突出了,即将种族主义的概念扩大以至于可包容所有种类的仇恨的倾向。这样,所有种类的群体偏见都被解释为是若干固有的、天生的种族主义癖好的表现。对于这样一种位置的交换,任何人可能都无法感到特别兴奋,并只是哲学化将它视为一个人们归根结底可以自愿选择或拒绝的问题。但是,如果再仔细地审视一下,就会发现这种满足显得很不明智。事实上,如果所有群体间的厌恶和仇恨都是种族主义的形式,并且如同历史学和民族学研究详细论证的,与陌生人保持一定距离并憎恨他们接近的趋势可谓是人类群集普遍和永久的特征,那么在我们这个时代显得如此突出的种族主义就没有本质上和根本上新奇的东西了,虽然公认以一定的现代语言做了编排,它也仍只是老情节的排练。特别是种族主义和现代生活其他方面的紧密联系不是被彻底地否认就是被完全地忽略了。

在塔盖夫最近对偏见令人难忘的博学的研究中[①],他把种族主义和异类恐惧症(对非同类的憎恨)当作同义语来使用。 62
他认为,两者依照复杂化程度的不同表现在“三个层次”上,或者可以分为三种不同的形式。在他看来,“初级种族主义”具有普遍性。这是自然而然地对不相识的陌生人的存在做出的反应,是对任何形式异质的、令人迷惑的人类生命都会做出的反应。一般来说,对陌生性的第一反应都是一种反感,这种反感时常就会导致侵略行为,并且这普遍都是自发地产生的。初级种族主义不需要鼓舞和煽动;它也不需要一个使其基本仇恨得到合法化的理论——虽然在某些场合下,它有可能作为一个政治

① 参看塔盖夫,《偏见的力量》。

动员的工具蓄意地被强化和利用。[①] 就在这样一个时候，初级种族主义就可能被提升到另一个复杂的层次并转变成“二级”（或理性化的）种族主义。这种转变发生在一个为仇恨提供逻辑基础的理论被提出（并得以内在化）的时候。令人厌恶的他者被说成恶意的或者“客观地”有害的——在任何一种情况下都会威胁到憎恨群体的幸福。举例来说，被憎恨的群体会被描绘成与憎恨群体信奉的宗教所理解的邪恶力量相互勾结，或者也可以被描绘成一个没有道德的经济竞争敌手；一般而言，社会关联、冲突和分化之现时的焦点强制规定了被憎恨的他者的“有害性”得以理论化的语义领域。仇外，或者尤其是种族中心主义（两者在民族主义泛滥时期得以盛行，而当时一条受到强烈维护的分化界线还在以共享的历史、传统和文化进行论证），是“二级民族主义”在当代最普遍的一个例子。最后，必须以前两种“较低”层次的种族主义为先决条件的“第三级”或者说神秘化的种族主义，显得与众不同是因为运用了准生物学的论据。

在塔盖夫建构和解释种族主义的形式中，三重分类似乎在逻辑上有缺陷；如果说二级种族主义的特点在于对初级憎恨的理论化的话，那么看起来就没有充足的理由从能够（也正在）被用来进行这种理论化的众多可能的思想观念中单选一个出来，作为“更高层次”种族主义的显著特征。第三级种族主义看起

---

① 塔盖夫，《偏见的力量》，pp. 69—70。梅米（Albert Memmi）在《种族主义》（*Le racisme*, Paris: Gallimard, 1982）中认为，“种族主义是普遍的，反种族主义则不然”（p. 157），并通过引证另一个神秘现象解释了种族主义所谓普遍性之谜：总是由差异引起的本能性恐惧。一个人不理解**差异**，差异顺势转变为**未知**，而未知又是恐怖的一个根源。在梅米看来，未知的恐怖“源自我们物种的历史，在这期间未知是危险的根源”（p. 208）。这就暗示着种族主义假定的普遍性是物种倾向的产物。种族主义获得了一个前文化基础后，也就不受个体训练的影响了。

来就很像是第二级种族主义系列中的一个单元。如果塔盖夫并没有因为生物学理论的“神秘化”性质而将之分离出来(在所有其他的二级种族主义理论中,人们可以无止无休地争辩神秘化程度),而是利用生物学论证的倾向,强调他者具有破坏性的“相异”的不可逆转性和不可医治性,那么塔盖夫或许可以反驳这个质问以捍卫他的分类。事实上,可以指出——在我们这个 63
社会秩序是人为的时代,在我们这个教育或更广泛地说社会工程也被假定为万能的时代——一般来说生物学,而尤其是遗传学,在公众意识中仍然是不允许文化控制进入的禁区:我们不了解其中的一些事,也不知道如何根据我们自己的意志去修补、铸造和改造。但是,塔盖夫坚持认为,种族主义的现代生物科学形式看起来与“传统的以取消资格来进行排斥的话语在性质、操作和功能方面并没有区别”[①],而把注意力集中在“第三级种族主义”的独特特征上,即集中在“妄想偏执狂”或极度“玄思”(speculativess)的程度上。

而恰恰相反,我则认为**种族主义正是在实施的性质、功能和操作模式方面鲜明地不同于异类恐惧症**——这是指当人们遭遇到他们境遇中“人的因素”,例如他们无法充分理解、无法与之很轻松地交流以及无法以一种常规、熟悉的方式行动时,就会正常地体验到的强烈的(并且是感情的而非实践性的)不舒适、不自在或焦虑。而异类恐惧症似乎就是当一个人无法控制局势,因而也就无法影响局势的发展和预计其行为后果时,产生的范围更广的焦虑的集中表现。异类恐惧症看起来似乎是这种焦虑现实或者非现实的具体体现——但悬而未决的焦虑很可能始终都要找到一个停驻之所,异类恐惧症在任何时候也都是一个相

① 塔盖夫,《偏见的力量》,p. 91。

当普通的现象，而在现代性时期就更加普遍了，因为在这个时候“失去控制”（no control）的经验变得越来越频繁，而对这些“失去控制”用一个外来群体所引起的强制性干涉来解释也更能说得过去。

我认为，如果这样描述的话，**异类恐惧症与竞争者敌意**（contestant enmity）**也应当在分析上加以区分**，竞争者敌意是指由人类追求认同和划分界线的实践活动所产生的一种更加具体的对抗。在竞争者敌意当中，反感和憎恨的情绪看起来更像是隔离活动的情感附属物；隔离活动本身则需要一次行动、一次努力、一场持久的活动。然而，在异类恐惧症中，外来者不仅仅是靠得太近就令人不舒服，但很容易发现并与之保持距离的明确的一类人，而且是一个集体，不过他们的“集体性”不明显或一般来说难以分辨；其集体性甚至可能会受到怀疑，并经常被其他种族成员掩盖或否定。在这种情况下，外来者被迫会渗透进本
64 国群体并与之相融合——如果预防性措施没有得以实施并被谨慎地执行。因此，外来者之所以威胁到自身群体的团结和自我认同，与其说是因为外来者使群体本身对一个地区实行的控制或者以熟悉的方式行动的自由变得不确定了，倒不如说是因为它模糊了界线自身，并抹掉了熟悉的（正确的）生活方式和不熟悉的（错误的）生活方式之间的差异。这就是“我们中间的敌人”的情况——这种情况会激起一股热切的划分界线之潮，而这反过来又会产生对那些被发现或涉嫌有双重忠诚和骑墙罪行的人的深深敌意和憎恨。

种族主义既不同于异类恐惧症也不同于竞争者敌意。它们之间的差别既不在于感情的强度也不在于用以使种族主义合理化的论据类型。**种族主义由于某个实践活动而与异类恐惧症和竞争者敌意相分离，这个实践活动既包含了种族主义，也通过种**

族主义得以合理化；这是一个将建筑、园艺策略和医学策略结合起来的实践——通过切除既不适合想象中的完美现实，也无法被改造以适合这种完美现实的当前现实要素，以服务于人为社会秩序的建造。在一个鼓吹具有史无前例的能力能通过在理性基础上重组人类事务以提高人类生存条件的社会里，种族主义却确信有某个人类种群无论经过多大的努力也无法融入理性秩序中去。在一个以不断突破科学、技术和文化应用上的限制著称的社会，种族主义却宣称某个种群的人存在着某些无法消除或矫正的缺陷——这使得他们可以超越于改革实践的界线，并且会这样一直延续下去。在一个宣称有着强大的训导和文化改向能力的社会，种族主义却分离出某一种群的人，任何争论或者教育手段都无法触及(因此也无法有效地教化)他们，并因而必定会保持他们永久的异质性。总而言之：在因为自我控制和自我管理的雄心而显得独特的现代社会里，种族主义却宣布存在着某一种群的人，他们顽固并死不回头地抵制所有的控制，并不受任何旨在改善的努力的影响。打个医学的比方来说：一个人可以锻炼和保持身体“健康”部分的体形，但无法阻止癌的生长。后者只有通过毁灭才能得到“改善”。

这样的结果就是**种族主义不可避免地与疏远的策略相联系**。如果条件允许，种族主义会要求应当将令人不愉快的种族移送出被冒犯的种群所占据的地区。如果缺乏这样的条件，种
族主义则要求将令人不快的种群从肉体上进行消灭。驱逐和毁 65
灭是两种可以交互使用的疏远方法。

至于犹太人，罗森伯格曾写道：“聪茨(Zunz)把犹太教称作[犹太人]灵魂的冲动。现在，犹太人即使被洗礼十次也无法挣脱这个‘冲动’，这种影响的必然结果总是相同的：没有生气、反

基督教和实利主义。”[①]所有对宗教影响力来说是正确的东西也同样适用于所有其他文化隔阂。犹太人是无法被矫正的。只有保持一定的身体距离，或断绝交流，或将他们隔开，或消灭他们，才能使他们变得无害。

作为一项社会工程的种族主义

只有在一个有完美社会的设计并通过有计划且持续不懈的努力来实施这个设计的环境当中，种族主义才能盛行起来。在大屠杀的例子中，设计就是千年德意志帝国——自由的日耳曼精神王国。那个王国把所有的空间都给了日耳曼精神。对犹太人来说则没有多余的空间，因为犹太人不可能在精神上改变信仰，也无法接受日耳曼民族的精神。这种精神上的无能被说成是遗传或血统的特性——在那个时代遗传或血统至少体现了文化的另一面，文化无法梦想培育的领域，一块永远不会成为园艺对象的荒地。（遗传工程的前景还没有被认真地对待。）

纳粹的变革是社会工程规模浩宏的一次运动。“种族血统”在一连串工程尺度中是最关键的环节。在里宾特罗甫的促动下，为了进行国际宣传而出版的措词温和谨慎的英文版纳粹官方政策汇编中，内务部国家卫生局的居特博士将纳粹统治的主要任务描述成是“一项一贯旨在保证种族健康的积极政策”，并且解释了这种政策必然要涉及的策略：“如果我们能够通过系统选择并消灭不健康因素以促进健康血统的传播，我们或许不能改善这一代人的体质水平，但肯定能改善我们的后人的体

---

① 罗森伯格，《著作选》（Alfred Rosenberg, *Selected Writings*），London: Joathan Cape, 1970, p. 196。

质。”居特丝毫不怀疑,这样一个选择和消灭政策要进行下去就“必须沿着科赫[①]、李斯特[②]、巴斯德和其他著名科学家的研究成果这条广泛被采纳的路线走下去”[③],并由此形成现代科学发展的一个合乎逻辑的延伸——实际上,是其顶峰。 66

人口政策和种族福利开导处(the Bureau for Enlightenment on Population Policy and Racial Welfare)的领导格罗斯博士详细说明了种族政策的实用性:扭转目前“遗传条件较好的居民出生率下降,而遗传不良、智力有缺陷、低能儿和遗传罪犯等无限制地繁殖”[④]的趋势。他是写给不可能支持纳粹决策的国际读者的——这些决策不受像公共舆论或者政治多元化那样的非理性事物的左右——让他们看一看现代科学和技术在其逻辑终点上所能取得的成就,所以,格罗斯也就没有必要冒险做出超出消除遗传上之不适者的事情来。

但是,现实中的种族政策还要可怕得多。与居特的观点相反的是,纳粹的统帅们认为没有任何理由将他们的关注限制在“我们的后人身上”。由于物力允许,他们开始改善**现在的**一代。而达到这个目标的唯一可行道路就是对“无价值的生命”(unwertes Leben)实行强制驱除。所采取的每一项措施都是保证在这条路上前进。依据环境,制定了“消灭”、“结束”、“撤离”或“缩减”(应读为“根绝”)等参考手段。依据希特勒在1939年12月1日颁布的命令,分别在勃兰登堡(Brandenburg)、

---

① 德国细菌学家,提出鉴定某种微生物为相应传染病病因的“科赫原则”,获1905年诺贝尔医学奖。——译注

② 英国外科医生,医学科学家。——译注

③ 居特,“人口政策”(Arthur Gütt, ‘Population Policy’),见《德国话语》(*Germany Speaks*), London: Thornton Butterworth, 1938, pp. 35, 52。

④ 格罗斯,“国家社会主义的种族主义思想”(Walter Gross, ‘National Socialist Racial Thought’),见《德国话语》,p. 68。

哈达马尔（Hadamar）、松纳斯坦（Sonnenstein）、艾希贝格（Eichberg）建立了集中营，并把这些集中营隐藏在双重谎言之下：在创建者之间的秘密会议中，他们称呼自己为“安乐死所”，然而在范围更广的场合下，他们就使用欺骗性更强、更使人迷惑的“机构护理”或“转移病人”等慈善基金会的称呼——或者使用温和的“T4”的代号（源自柏林的提尔加腾大街，是整个屠杀行动协调办公室坐落的地点）。[①] 在众多教会名人的大声疾呼下，1941 年 8 月 28 日希特勒的命令被迫撤销，但“积极地管理人口趋势”的原则是决不会被放弃的。它的关注点，跟安乐死运动发展的毒气技术一起，只不过转移到了不同的目标上：犹太人。而且地点也不同，比如索比波尔（Sobibór）和切姆诺（Chelmno）。

“无价值的生命”一直都是打击的目标。在纳粹分子对完美社会的设计中，他们所追求并决定通过社会工程实施的方案
67 将人类生命分为有价值的生命和无价值的生命；有价值的生命将得到关心备至的培育并获得“生存空间”[②]，而无价值的生命则将被“保持距离”，或者——如果距离疏远不可行的话——进行根除。那些单单的外来者并不是严格种族政策所约束的对象，对这部分人可以用在传统上与竞争者敌意相联系的、旧的、经过考验的策略：他们应当被保持在受到坚决维护的界线之外。而那些身体上和智力上有障碍的人就成了一个更加困难的个例，并由此需要一个新的、原创性的政策：他们在正式意义上并不属于任何“其他种族”，所以不应当被驱逐或隔离，但他们也没有资格进入千年德意志帝国。犹太人的情况就基本类似于

---

① 参看弗勒明，《希特勒和最终解决》（Gerald Fleming, *Hitler and the Final Solution*），Oxford：Oxford University Press，1986，pp. 23—25。

② Lebensraum 是纳粹分子提出的概念，指国土以外可控制的领土和属地。——译注

此。他们与其他的种族不同;他们是一个反种族的群体,他们会破坏和毒害所有其他种族,他们不仅腐蚀任何特定种族的认同,还侵蚀其自身的种族秩序。(要记住犹太人是“无民族的民族”,因而他们是以民族为基础的秩序的不可救药的敌人。)罗森伯格满怀赞同和欣喜,援引了怀尼格尔(Weiniger)的犹太人自我怀疑式的结论:犹太人是“黏菌(疟原虫)无形的黏网,从远古时期就存在并蔓延到整个地球”。[①] 因此对犹太人进行隔离只能是一个不完全的措施,只是通向最终目标路途上的一个站点。如果不把德国的犹太人清除干净,这个问题就不可能结束。即使犹太人居住在离德国边界很远的地方,他们仍然会继续侵蚀和分解全人类的自然逻辑。希特勒命令他的军队为了**日耳曼**种族的至高无上而战斗,他相信他所发动的战争是以**全部种族**的名义、为按人种组织的全人类做贡献的战争。

在社会工程作为一个以科学为基础,朝向新的、更好的秩序的目标(这项工作必然要求遏制或者更确切地说是消灭任何破坏性因素)的概念中,种族主义确实是与现代性的世界观和实践活动相共鸣的。至少,这种共鸣发生在两个重要的方面。

首先,启蒙运动使新神即位,即大自然(the Nature)登临大宝,科学的合法化成为启蒙运动唯一的正统信仰,而科学家则成为它的先知和神父。原则上,一切都可以进行客观的研究;而且一切都是可知的——可靠并真实地可知。真善美,是和应是,都已成为系统和精确观察的合理目标。而这些目标也只能通过从这种观察得出的客观知识来使自己得到合法化。莫斯在他材料

① 罗森伯格编著,《狄特里希·艾卡特:遗训》(Alfred Rosenberg ed., *Dietrich Eckart: Ein Vermächtnis*), Munich: Frz. Eher, 1928。引自莫斯,《纳粹文化:编年史》(George L. Mosse, *Nazi Culture: A Documentary History*), New York: Schocken Books, 1981, p. 77。

翔实论说有力的种族主义历史中总结道，“将启蒙运动的哲学68 对自然的研究从它们对道德和人性的检验中分离出来是不可能的……从一开始……自然科学和关于古代的道德和审美理想就结合在一起”。在启蒙运动塑造的形式中，科学活动的特征是“尝试通过观察、衡量、比较‘人的群体和动物群体’与‘身体和心灵统一的信念’来决定人在自然界中的确切位置”。这里的精神“应当用一种有形、物质的方式来表现自己，这样就可以被测量和观察”。[1] 颅相学（通过对头骨的测量分辨特征的艺术）和人相学（从面部特征获得品质信息的艺术）充分获得了新科学时代的自信、策略和野心。人的气质、个性、智力、美学天赋甚至政治倾向都被认为是由大自然决定的；至于具体决定的方式，则可以通过细心地观察和比较甚至是最难懂、最隐蔽的精神品质的有形物质“基础”来弄清楚。感性印象的物质起源成为揭示大自然秘密的线索；这种秘密通过一种科学必定能够破译的密码被标记和记录下来。

留给种族主义做的则是去假定对人的性格、道德、审美或政治特质负责的人类有机体的物质属性系统地，并且也是遗传性地再生产式的分布。即使这项工作也已经被那些令人敬重并且也理所应当地得到人们尊重的、很少有可能被列入种族主义干将之行列的科学先驱者为得到这些物质属性而做过了。看到他们 sin ira et studio（不急不躁）地发现的事实，他们不大会看不到西方所享有的高于其他世界的有形的、物质的、确定无疑的“客观”优越性。因此科学分类法的创始人林奈以区分甲壳类动物和鱼类动物同样的精确度区分了欧洲居民和非洲居民。他不能不，事实上也不得不把白种人描写成“有创造性、充满灵

① 莫斯，《走向最终解决》，p. 2。

性、井然有序、受法律管理……与此相对,黑人则被打上了所有负面的特征,这使得他们成为更优越民族的反衬;他们被认为是懒惰的、不正直的和无法自我管理的”①。“科学种族主义”的创始人戈比诺(Gobineau)没有花费过多的创意就将黑人描写成智力低下但色欲过度,并因此是一种粗野、恐怖的力量(就像是无法无天的暴徒),而将白人描写成热爱自由、荣誉和一切精神活动。② 69

1938年,弗兰克(Walter Frank)将犹太人遭受的迫害描述成“德国学术界与世界犹太人斗争”的传奇故事。从纳粹统治的第一天起,由生物学、历史学和政治科学领域里著名大学的教授主持的科学机构,就已经被组织起来根据“先进科学的国际标准”来调查“犹太人问题”。新德国疆域历史研究所、犹太人问题研究所、犹太人进入德国宗教生活研究所,以及臭名昭著的罗森伯格的犹太问题研究所,只是许许多多科学中心中的几个,这些中心把解决“犹太人政策”的理论和实践问题作为学术方法论的一次应用,并且它们从来也不缺乏持有学术证书的科研人员。它们在开展活动的一个典型理由是

> 几十年以来,整个文化生活都或多或少地受到了生物学思想的影响,这种影响尤其从上个世纪中叶达尔文、孟德尔和高尔顿的学说开始,后来又受到普洛茨、沙尔梅耶尔、科伦斯、德·弗里斯、切尔马克、鲍尔、鲁金、费希尔、伦兹以及其他人研究的推动……人们认识到,植物和动物的自然法则也应该适用于人类……③

① 莫斯,《走向最终解决》,p. 20。
② 参看莫斯,《走向最终解决》,p. 53。
③ 怀恩莱西,《希特勒的专家们》, pp. 56, 33。

其次——从启蒙运动开始,现代社会以对自然和自身的积极管理态度而著称。科学活动不是为了科学而科学;首要的,它应当充当一个力量强大的工具,以允许工具持有者改善现状,根据人类的计划和设计改造现实,并帮助推动这个工具达到自我完善。园艺和医学是典型的建设性立场,而常态、健康或卫生则是人类自我管理的任务和策略的主线。人类生存和共居成为设计和管理的对象;就像园中蔬菜或一个活的生物体一样不得不被干涉,以免它们会受到野草的滋扰或被癌组织吞噬。园艺和医学就其功能而言是同一活动的不同表现形式,**这个活动将注定要生存并繁荣的元素与应当被消灭的有害或病态的元素进行隔离和区分**。

希特勒的花言巧语中充斥着疾病、传染病、感染、腐烂、瘟疫
70 的比喻。他把基督教和布尔什维克主义比作梅毒或瘟疫;他把犹太人说成是细菌、分解病菌或害虫。1942 年他对希姆莱说:“犹太病毒的发现是世界上最伟大的变革之一。我们现在进行的战争与上个世纪由巴斯德和科赫发动的战争属于同一类。有多少疾病是源自于犹太人病毒……只有消灭犹太人,我们才能再次获得健康。”①同年 10 月,希特勒宣布:“我们将害虫消灭就等于为人类做了一项贡献。”②希特勒意志的执行者将消灭犹太

① 特雷弗-罗佩尔,《希特勒的桌边谈话》(H. R. Trevor-Roper, *Hitler's Table Talk*), London, 1953, p. 332。

② 科恩,《种族灭绝的根由》, p. 87。大量迹象表明,希特勒言及“犹太人问题”时所使用的语言并非仅仅为了修饰或宣传。希特勒对犹太人的态度是发自内心的,而不是大脑思考所得。想想希特勒 1922 年对其朋友黑尔(Josef Hell)的回答或许就能理解,希特勒对犹太人的憎恨在何种程度上是从作为一个真诚的清教徒对所有健康和卫生问题的敏感性而发的,并且又是多么地相符:希特勒说一定要把慕尼黑所有的犹太人送上特别沿着马里安广场竖立的绞刑架,并且他并没有忘记强调,要把犹太人一直吊着“直到发臭;只要卫生允许,犹太人将一直被吊在那里”。(引自弗勒明,《希特勒和最终解决》,p. 17)让我们补充说,这些话显然是希特勒在无法控制自己的暴怒或“发作状态”时说的:在那时——或许尤其在那种场合——才能揭示出卫生和健康成见的迷信对希特勒思想的钳制有多么牢固。

人说成是欧洲的康复(Gesundung)、自我净化(Selbsttreinigung)、清洗犹太人(Judensäuberung)。在 1941 年 11 月 5 日出版的《帝国》(*Das Reich*)的一篇文章中,戈培尔欢迎大卫之星(the Star of David)①徽章的使用,并把它拥戴为"卫生预防"的一项措施。将犹太人与种族纯粹的社区相隔离是"种族、民族和社会卫生的基本准则"。戈培尔认为,这个世界上有好人和坏人,就像有好的动物和不好的动物一样。"犹太人仍然生活在我们中间并不证明犹太人就应当归入我们,就像一个跳蚤并没有因为生活在我屋子里而成为家养动物一样。"②用外务部新闻总管的话来说,犹太人的问题是"一个政治卫生的问题"。③

享有世界声誉的德国生物学家鲍尔(Erwin Baur)和人类学家斯德姆勒(Martin Stämmler),用科学贴切和实事求是的语言描述了纳粹德国的首领们用动情和热烈的政治词汇重复表达的事实:

> 每一个农民都知道如果他屠杀了家禽中最优质的品种而不让它们繁殖,相反却继续繁殖劣等的个体,品种就会不可救药地退化。这个农民对他所喂养的动物和耕种的植物都不愿犯的错误,我们却在很大程度上让它在我们中间继续。为了弥补现今我们的人的特质,我们就必须保证那些劣等民族不再繁衍。一个在数分钟就能完成的手术使得这成为可能,而不会造成进一步的耽搁……没有人比我更赞

---

① 纳粹强迫犹太人所戴标志,形状为六角星。——译注

② 斯泰尔特,《希特勒的战争和德国人:在第二次世界大战期间的公众情绪和态度》(Marlis G. Steinert, *Hitler's War and the Germans: Public Mood and Attitude during the Second World War*, trans. Thomas E. J. de Witt), Athens, Ohio: Ohio University Press, 1977, p. 137。

③ 希尔博格,《欧洲犹太人的毁灭》,第 3 卷,p. 1023。

> 同这个新的绝育法律了,但我必须一再强调的是这些法律仅仅是开端……
>
> 71 灭绝和拯救是种族培植的两极,也是我们必须实行的两种方法……灭绝就是通过绝育和对不健康、不合要求的遗传因素进行数量上的抑制以在生物上毁灭劣等遗传……这个任务包括维护人以防止野草的过度生长。①

总而言之:在纳粹分子建立毒气室之前,他们就依照希特勒的命令企图通过"仁慈杀害"(虚伪地起了绰号叫"安乐死")消灭精神不健全和身体受损的同胞,并通过人种优越的男人对人种优越的女人实施有组织的授精以培育更优越的人种(优生学)。跟这些努力一样,屠杀犹太人是一项社会理性的管理活动。也是系统地利用应用科学的思维方式、哲学和训诫的一次尝试。

从排斥到灭绝

莫斯曾写道:"基督教神学从来没有主张灭绝犹太人,而是主张将犹太人作为等待判决的人证从社会中驱逐出去。屠杀犹

---

① 怀恩莱西,《希特勒的专家们》,pp. 31—33,34。被国家社会主义的科学所利用的牲畜饲养员和其他生物学操作者不仅仅用作解决"犹太人问题"。他们为纳粹统治下的整个社会政策提供了灵感。来自汉堡的纳粹德国著名城市社会学家沃舍尔(Andreas Walther)解释说"教育和环境影响无法改变一个人的人性……国家社会主义将不再重复过去改善城市所犯的大错,将不会把自己局限在房屋建设和卫生改善上。社会学研究将决定哪些人可以继续活下去……那些无可救药的人将被消灭"。《城市卫生的新道路》(*Neue Wege zur Grossstadtsanierung*), Stuttgart, 1936, p. 4。引自 Stanislaw Tyrowicz, *Swiatlo wiedzy zdeprawowanej*, Poznan: Instytut Zachodni, 1970, p. 53。

太人只能作为将犹太人隔离在犹太人区的辅助措施。"[①]阿伦特认为:"一个罪犯要受到惩罚;而罪恶就只能被灭绝。"[②]

长期对犹太人的排斥只有在现代的、"科学的"种族主义的形式中,才能说成是一次卫生运动;也只有在犹太仇恨的现代化身中,犹太人才被指责是携有根深蒂固的罪恶,且带有无法分离的内在缺陷。而在此之前,犹太人是罪人;就像所有的罪人一样,犹太人必将因为他们的罪恶而在现世或超俗的炼狱里遭受痛苦——去忏悔,有可能的话去获得拯救。他们的痛苦将被看见,这样罪恶的后果和忏悔的必要性也就可以被看见。观望罪恶是没有什么好处的,哪怕罪恶最后受到了惩罚。[如果有疑问,请参考怀特豪斯(Marry Whitehouse)。]癌症、害虫或野草是无法忏悔的。它们没有犯罪,它们只是按照它们的天性活着。也没有任何理由对它们进行惩罚。只是由于它们罪恶的天性,它们不得不被消灭。就像我们前面提到的罗森伯格抽象的历史哲学(historiosophy)一样,戈培尔在他的日记里同样独自清晰地阐释了这个观点:"根本不可能通过额外的惩罚将犹太人带回到文明化人类的羊栏。他们永远都是犹太人,就像我们永远都是雅利安人种的成员。"[③]但是,与"哲学家"罗森伯格不同的是, 72
戈培尔是政府里的一个部长,掌握着令人敬畏和无以抗拒的力量;况且,得益于现代文明化成就的政府——能够构想没有癌症、害虫和杂草的生命的可能性,并通过运用其掌握的物质资源将这个可能性转化为现实。

如果没有种族的构想,也就是说没有地方性的、致命的、从

① 莫斯,《走向最终解决》,p. 134。
② 阿伦特,《极权主义的起源》, p. 87。
③ 戈培尔日记,摘自《幸存者、受害者和迫害者》,p. 311。

原则上说是不可医治的并且能够繁殖直到被阻止为止的缺陷，是很难或许不可能形成灭绝一整群人的观念的；如果没有业已确立的医学实践（既包括针对个体身体的医学领域，也包括其大量类比的应用），同时如果没有医学实践规定了健康和常态的模式、隔离的策略和手术技术，同样也是很难或者不可能形成这样一个想法的。而如果脱离了改造社会的工程方法、社会秩序之人为性的信念、专家制度以及人类场景与互动的科学管理的实践活动，更是特别难或几乎不可能构想这样一个想法的。由于这些原因，**反犹主义的灭绝计划应该被看作一个不折不扣的现代现象**；也就是说，是只有在现代性的发达国家才可能发生的事件。

但是，灭绝计划和现代文明紧密相联的发展之间存在着不止一个联系。种族主义即使与现代思想的技术倾向结合起来，也不足以完成大屠杀这个壮举。种族主义要想实现大屠杀，就必须能够获得从理论到实践的通道——并且这可能意味着通过巨大的思想动员力量给足够的人类行动者提供能量以处理大规模的任务，以及始终不渝地依据任务的需要而不断地对工作做贡献。经过思想上的训练、宣传或洗脑，种族主义必定会把对犹太人的强烈憎恨和厌恶灌输给非犹太人群众，以至于无论他们何时何地遇到犹太人都会引发暴力事件。

而历史学家一致认为，这一切并没有发生。尽管纳粹政权对种族主义宣传投入了大量资源，纳粹教育付出了集中努力，以及用恐怖来威胁对种族主义行动的抵制，种族主义计划（尤其是这个计划的最终逻辑结果）的公众接纳程度，还是远未达到
73 受情绪引导的灭绝行动所要求的水平。即使证据还不足，这个事实也再次证明了**异类恐惧症或竞争者敌意和种族主义之间缺乏连贯性或自然的进展**。那些曾希望利用对犹太人分散的憎恨

来获得对种族灭绝政策的广泛支持的纳粹领袖很快被迫承认他们的想法是错误的。

然而,即使(实际上是一种不太可能的情形)种族主义的信条更加成功一些,并且执行私刑和割喉的志愿者成倍增加,群众暴力令我们震动的仍然只能是:它是社会工程,是彻头彻尾的现代计划或种族卫生的一个效率极低、喧闹的前现代形式。实际上,正如沙比尼和西维尔令人信服地所指出的,德国最成功的——普遍并且起到了实质性效用的——大规模反犹太暴力事件,声名狼藉的碎玻璃之夜[①]是

> 一次屠杀,是恐怖的一个工具……具有欧洲长期存在的反犹主义传统的典型特征,而不是新的纳粹秩序,不是对欧洲犹太人的系统灭绝。群众暴力是原始、低效率的灭绝技术。它是一种有效的恐吓某种居民的方法,目的在于将他们保持在原位,甚或是迫使一些人抛弃他们的宗教或政治信仰的方法,但这些都不是希特勒对犹太人的目的:他想的是毁灭他们。[②]

没有足够的“暴徒”能如此施暴;杀害和毁灭的景象使被激发起来的人都逃离了,而绝大多数的人更愿意闭上他们的眼睛、

① 1938年11月7日,被驱逐到法国的波兰籍犹太青年,十七岁的赫舍尔·格林兹为了复仇,制订了一个枪杀德国驻巴黎公使的计划,但未击中这位公使,只打死了使馆的一等秘书。于是,纳粹当局于11月9日掀起大规模的反犹太运动。七千家商店被毁,还有教堂、公墓遭亵渎,财物被捣毁。因为无数窗玻璃被毁,故称“碎玻璃之夜”,也称打砸抢之夜。——译注

② 沙比尼和西维尔,“摧毁良心清白的无辜者:大屠杀的社会心理学”(John R. Sabini & Maury Silver, ‘Destroying the Innocent with a Clear Conscience: A Sociopsychology of the Holocaust’),见《幸存者、受害者和迫害者》,p. 329。

塞住他们的耳朵，但首先是堵住他们的嘴巴。与大规模屠杀相伴的不是情绪的激越，而是死一般寂静的漠不关心。它不是公众所喜，而是公众的冷漠，这种冷漠“成为无情地围在千千万万个脖子上的套索的一根加固绳”[①]。**种族主义首先是一项政策，其次才是一种思想。如同所有的政治行动一样，它需要组织机构、管理者和专家。**就像所有的政策，种族主义的实施需要劳动分工，并将任务与即兴和自发的混乱效果相分离。这要求专家不被干扰并能够自由进行他们的任务。

这种冷漠本身而言并非是受冷漠的；考虑到最终解决的成功，这种冷漠就必然不会是遭到冷漠的。正是那些没有能够转变成暴徒的群众瘫痪了，即一种由权力显现所释放的魔力和恐
74 惧所造成的瘫痪，使得问题解决的致命逻辑可以无拘无束地自行其是。用斯多克斯的话来说：“在那一政权起初还不够稳固时未能成功地抗议其残暴措施，致使无论这些措施的逻辑顶点多么有害和不正确，也不能被阻止而不出现。”[②]即使大多数德国人不喜欢并仍然不为种族主义教化所动，异类恐惧症的广度和深度显然已经足够使得德国公众不会反对暴力。纳粹分子可以找到大量机会印证大多数德国人不为种族主义教化所动的事实。在对德国人态度颇有分寸的诠释中，萨拉·戈尔顿引用了纳粹官方报告，这个报告生动地描述了纳粹对碎玻璃之夜事件中公众反应的失望：

---

① 格鲁伯格，《第三帝国的社会史》（Richard Grünberger, *A Social History of the Third Reich*）, London: Weidenfeld & Nicholson, 1971, p. 460。

② 斯多克斯，“德国人和欧洲犹太人的毁灭”（Lawrence Stokes, ‘The German People and the Destruction of the European Jewry’），《中欧历史》（*Central European History*）, no. 2, 1973, pp. 167—191。

> 任何人都知道现今德国的反犹主义本质上局限于政党及其组织,也知道在居民中存在着一些丝毫没有理解反犹主义的群体,他们对此也完全缺乏感情投入。
>
> 在碎玻璃之夜后的不久,这些人就立即与犹太人做起了生意……
>
> 在很大程度上是因为我们固然是反犹主义的人、反犹主义的国家,然而在所有国家和人民的生命表现形式中,反犹主义实际上仍然未被表达……在德国居民中,仍然有市侩的团体,他们谈论着可怜的犹太人,他们对德国人民的反犹主义根本不了解,他们一有机会就为犹太人求情。只有领导阶层和政党是反犹主义的:情况本不应当是这样的。[①]

然而,厌恶暴力——尤其厌恶可以被看得见以及有意让人看见的暴力——是与以更同情的态度对犹太人实施的管理措施同时产生的。许多德国人欢迎一次有力的、大张旗鼓宣传的、旨在实现犹太人种族隔离、分离和剥夺权利的活动——那是异类恐惧症和竞争者敌意的传统表达方式。此外,许多德国人拥护被描述成是对犹太人惩罚的(只要一个人能够装作认为受惩罚的人确实是概念上的犹太人)措施,即作为对被取代和不安全所激起的相当真实(如果是下意识的)的焦虑与恐惧的一种虚构的(但似乎合理的)解决方案。无论他们满意的理由是什么,
那看起来都与施特莱彻式的告诫所暗示的有着根本区别,这类 75
告诫认为暴力是一种对想象的经济或性犯罪进行报复的极其现实的方式。从设计和指挥大规模屠杀犹太人的人的观点来看,

① 引自戈尔顿,《希特勒、德国人和"犹太问题"》(Sarah Gordon, *Hitler, Germans, and the 'Jewish Question'*), Princeton: Princeton University Press, 1984, pp. 159—160。

犹太人要被处死并不是因为他们被憎恨(至少这不是主要原因);**他们被认定该死(并且受到憎恨也是由于这个缘故)是因为他们处在不完美的、充满紧张的现实与安宁幸福的理想世界之间**。正如我们在下一章能够看到的一样,犹太人的消失对实现完美世界是有帮助的。犹太人之阙如正是那个完美世界与此时此刻不完美的世界之间区别所在。

在研究了官方报告以及立场中立的重要原始资料之后,戈尔顿证实了"普通德国人"广泛并不断增长地同意将犹太人排除出权力、财富和有影响的位置。① 犹太人逐渐从公众生活中消失,要么受到了赞同,要么就被有意地忽略了。总之,公众不愿意亲自参与对犹太人的迫害活动是与公众赞同或至少不干涉国家行动结合在一起的。"如果大多数德国人不是疯狂的或'偏执狂式'的反犹主义者,那么,这些人就是'温和的'、'隐藏的'或被动的反犹主义者;对他们来说,犹太人已经变成了超越人类感情的一个'非人化的'、抽象的和外来的实体,而'犹太人问题'则是爱国政策应予以解决的一个合理问题。"②

这些考察再次证明了,在反犹主义的灭绝形式和现代性之间存在的操作上而非思想上的其他联系具有极端的重要性。灭绝的**观念**——它与传统的异类恐惧症并不连贯,并因为这个原因而主要有赖于两个无法撼移的现代现象,即种族主义理论和医学治疗综合征——成了其中的第一个联系。而现代观念也需要合适的现代实施方式。它在现代官僚体系中找到了这样的方式。

对种族主义世界观所关注问题的唯一恰当的解决办法就

① 参看戈尔顿,《希特勒、德国人和"犹太问题"》, p. 171。

② 布朗宁,《决定命运的几个月》(Christopher R. Browning, *Fateful Months*), New York: Holmes & Meier, 1985, p. 106。

是，通过彻底的空间分离或肉体消灭，实现对病原性和传染性种族——指疾病和污染的根源——完全和毫不妥协的隔离。就其本性而言，这是一项令人畏缩的任务，如果不结合其他一些条件，这个任务是根本不可想象的。这些条件包括：大量的资源、它们的动员和计划分配的方法、将整个任务细分成许多局部和专门的职责的技能、协调他们行动的技能。简而言之，没有现代官僚体系，这个任务是不可想象的。为了实现有效性，现代灭绝
性反犹主义就必须与现代官僚制度相联姻。德国的情况即是如 76
此。海德里希在其著名的万德西(Wandsee)新闻发布会中，谈到了元首对国家中央安全厅(BSHA)犹太人政策的"赞同"和"认可"。① 面对这个想法所产生的**问题**及其所决定的目标(希特勒自己情愿把它说成是"预言"而不是目标或任务)，名为国家安全总局(Reichsicherheithauptamt)的官僚体系开始设计合适的实践性**解决方案**。它完全遵循官僚体系的行动方式：计算花费并把花费与现有资源相比较，然后尽量确定最佳组合方案。海德里希则强调积累实践经验的必要性，强调过程的渐进性以及每一步所具有的临时性特征，因为每一步都会受到至今仍然有限制的实践技能的限制；国家中央安全厅就是要积极地追寻最佳解决方案。元首表达了他对最后一个患病种族被清除之后世界情景的浪漫想象。余下的就是一点儿也不浪漫、沉着理性的官僚主义程序问题。

典型的现代社会设计和工程野心，与典型的现代权力、资源和管理技术的集中相混合，构成了致命组合。用戈尔顿简洁而难忘的话来说，"成千上万的犹太人和其他受害者沉思他们的

① 《艾希曼档案与犹太人问题的最终解决》(*Le dossier Eichmann et la solution finale de la question juive*), Paris: Centre de documentation juive contemporaine, 1960, pp. 52—53。

死亡并奇怪‘为什么恰恰是我,我没有做任何该死的事情呀?’可能最简单的答案就是权力已经全部集中到某个人手中,而这个人又恰巧仇恨他们的‘种族’”。[①] 那个人的仇恨和集中的权力不是一定会相遇的[实际上,至今还没有出现任何令人满意的理论可以解释为什么反犹主义对极权主义政权来说在功能上是必然不可少的;或者,反之亦然,以现代种族主义形式出现的反犹主义为什么会必然导致这样一个政权的诞生。举例来说,克劳斯·冯·贝米最近在研究中发现,西班牙长枪党党员对安东尼奥·普里莫·德·里维拉(Antonio Primo de Rivera)所有著作里没有任何反犹主义话语而感到格外骄傲,然而即使一个“典型的”法西斯主义者,比如佛朗哥的姐夫苏内尔(Serrano Suner)却宣称在通常意义上种族主义对一个好的天主教徒来说意味着异端邪说。法国新法西斯主义者巴德克(Maurice Bardech)认为迫害犹太人是希特勒最大的错误并且是在法西斯合约之外的[②]],但它们确实相遇了。并且它们还有可能再次相遇。

展　望

现代反犹主义——既包括异类恐惧症的形式又包括现代种

---

① 戈尔顿,《希特勒、德国人和“犹太问题”》,p. 316。

② 冯·贝米,《西欧右翼极端主义》(Klaus von Beyme, *Right-Wing Extremism in Western Europe*), London: Frank Cass, 1988, p. 5。巴尔弗(Michael Balfour)在最近的研究中调查了在魏玛共和国时期,促使当时社会各阶级对纳粹执掌政权给予热忱的、适度的和温和的支持的环境和动机。他列举了大量理由,包括综合性因素和具体到某个特定人群的因素。但是,在纳粹社会变革的计划中,纳粹反犹主义的直接呼吁只在一种情形中(即中产阶级上层中受过教育的部分,他们感觉受到了犹太人“不相称竞争”的威胁)扮演了显著的角色,而且即使在这种情形中它也只是众多有吸引力或至少值得一试的因素中的一个。参看《1933—1945年在德国对希特勒的抵抗》(*Withstanding Hilter in Germany 1933—1945*), London: Routledge, 1988, pp. 10—28。

族主义形式——的故事还没有结束,就像一般来说现代性的历 77
史,而尤其是现代国家的历史也还没有结束一样。现代化进程似乎要在我们这个时代远离欧洲。尽管在通往现代的、“园艺型”文化的道路上,以及在社会经受现代化变化所带来的损伤最强的混乱时期,某种界线定义的策略是有必要的,但选择犹太人承担这样一个策略的任务,无疑是受到了欧洲独特的沉浮历史的作用。对犹太人的憎恨和欧洲现代性之间的联系是历史性的——有人或许会说是具有历史独特性的。另一方面,我们很清楚如果文化激励不是有与其起源密切相关的社会结构条件,那么文化激励的行进是相对自由的。将犹太人视为一支破坏秩序的力量,视为侵蚀所有同一性和威胁所有民族自决成就的不调和的对立群落;这种成见如同那种文化中其他被公认为是优越和可信赖的东西一样,早已沉积在高度权威的欧洲文化中并可以进行输入和输出处理。这种成见和以前众多其他文化架构性概念和项目一样,可以被采纳作为一种解决地方性问题的工具;即使有些地方缺少产生它的历史经验,甚至(或许可能特别是)采纳它的社会在此之前没有直接的、有关犹太人的知识。

反犹主义能够在明显反对它的人中存在下来的现象最近受到了关注。在一些犹太人几乎绝迹的国家,反犹主义(当然,作为一种情绪,现在与主要针对犹太人之外其他目标的实践活动关系紧密)仍然盛行。更加值得注意的,是接受反犹太人情绪与接受任何其他民族、宗教或种族偏见之间的分裂,这两者原本应当是密切相关的。现今,反犹主义情绪既不与团体癖性相联系,也不与个人癖好相联系,更不与产生焦虑的未决问题和敏感的不确定性等相联系。研究奥地利“无犹太人的反犹主义”现象的马丁构造了**文化沉淀**一词来解释一个相对新颖的现象:在公众意识里,某些(通常是病态的或者要么是不吸引人或可耻的)人类特征或行为模式已经被定义为是犹太人的了。在缺乏对这种关联实践检验的情况下,负面的文化定义和对该定义所指向的特征的憎恨会彼此互相维持和增强。①

78 但是,根据"文化沉淀"所做的解释并不适合其他形式的反犹主义。在我们这个地球村里,新闻传播得非常快也非常广,文化也早已成为没有边界的游戏。**与其说现代反犹主义是文化沉淀的一个产物,倒不如说它为文化传播过程所支配**,今天这种文化传播比以往任何时期都要强烈得多。反犹主义同这种传播的其他对象一样,尽管仍然与其原始形式保持着亲和性,但也在转变之中——更加尖锐或强烈——以适应其新的问题和新的需要。充斥着紧张和创伤的现代性"不稳定发展 "时期,存在大量这样的问题和需要。对犹太人恐惧的成见为其他令人费解和使人恐惧的紊乱以及先前未经历的痛苦提供了现成的可理解性。举例来说,近年来在日本这已经成为理解在经济扩张过程中遭遇的未预期障碍的一个日益普遍的万能钥匙;世界犹太人的活动被提议作为各种事件的解释,这些事件如此五花八门,以至于包括对日元的估价过高、又一个切尔诺贝利式的核灾难,以及随后又一个被苏联掩盖的所谓的辐射尘威胁。②

N. 科恩详细分析了一种传播异常迅速的反犹主义成见,它将犹太人的形象描述成一个国际阴谋团伙,这个团伙能够毁灭所有的地方性力量,分解所有地方性文化和传统并将全世界统一在犹太人的统治之下。这无疑是反犹主义最具诋毁性和最可

① 参看马丁,"大屠杀前后的反犹主义"(Bernd Martin, 'Antisemitism before and after Holocaust'),见奥克萨尔编著,《维也纳的犹太人、反犹主义和文化》(Ivor Oxaal ed., *Jews, Antisemitism and Culture in Vienna*), London: Michael Pollak and Gerhard Botz, 1987。

② 《犹太人编年史》(*Jewish Chronicle*), 15 July 1988, p. 2。

能致命的形式;也正是在这个成见的支持下,纳粹党人发起了对犹太人的灭绝行动。看起来曾经从“犹太人不协调”的多重尺度中得出的犹太人的多面形象,趋向于逐渐减少直至只有一个相当直截了当的特征,即**犹太人是超国家的精英,是所有有形力量背后的无形力量,是据说自发和无法控制的但通常不幸和使人困惑的命运变化的隐蔽的管理者**。

现代主要的反犹主义形式是理论的产物而不是基本经验的产物;它受到的支撑来自教与学的过程,而不是来自对日常互动环境的知性直观反应。20 世纪之初,迄今为止在富裕的欧洲国家中传播最广的反犹主义的变体针对的是贫困的、明显是外来人口的犹太人移民;这起因于本地的低层阶级的直接的经历,因为只有低层阶级才与陌生人和奇异的外国人接触,并且他们对 79
这些人令人不安的出现持有猜忌和怀疑的态度。他们几乎不与当地的精英分享他们的感触,而这些精英们与讲依地语(犹太人使用的国际语)的新移民并没有直接的接触,并且对他们来说这些移民与那些下层阶级在本质上没有什么区别,都是一样的不守规矩、文化低下并具有潜在的危险性。只要这种情绪尚未由只有中产阶级和上层阶级知识分子能提供的理论套用所涉足,大众原始的异类恐惧症就会停留在(套用列宁的名言)“工会意识”(trade-union consciousness)的水平;只要专门制定了与犹太穷人低层次交往的参照标准,这种情绪就不会再升级。只要综合个体焦虑以及将个人麻烦转变为共同问题,这种情绪就会被普及化为群众不安的一个讲台[这种情景也曾发生在针对伦敦东区的莫斯利(Mosley)的英国运动,或者现今的针对累斯特城和诺丁山等类似地区的英国民族阵线,以及法国人针对马赛的运动中]。这种情绪将持续到有必要“将外来人遣送回他们所来自的地方”为止。但是,用这种低层阶级“私人事务”的方式是无法将群众的异类恐惧症甚至划分界线的焦虑上升为普遍野心的复杂的反犹主义理论，比如致命的种族或"世界阴谋"之类的成见。为了能够赢得大众的想象力，这种理论必须涉及群众在正常情况下无法涉及和不可能知道的事实，这种事实当然也不会发生在他们日常生活和直接经验的范围内。

不过，我们前面的分析已经为我们带来了结论：复杂理论形式的反犹主义的真正作用与其说在于煽动群众的敌对行动的能力，倒不如说在于与社会工程设计和现代国家野心的独特联系上（或者，更精确地说，这种野心的极端和过激的变体）。现代西方国家趋向于撤消先前对社会生活诸多领域的直接管理控制，趋向于多元化和市场导向的社会生活结构，这些事实表明，反犹主义的种族主义形式似乎不太可能再次被西方国家用作大规模社会工程计划的工具。在**可预见的**未来，更确切地说：后现代主义的、以消费者为导向和以市场为中心的大多数西方社会的环境似乎都建立在经济特别优先这种脆弱的基础之上，这
80 种经济优越性目前是以对世界资源份额的极大占有为担保的，但这显然不会一直持续下去。任何人都可以设想一下在不久的将来提倡国家直接接管社会的情景——随之而来的是，早已确立并久经考验的种族主义观点也许会再一次派上用场。同时，非种族主义的、不太富有戏剧性的对犹太人的憎恨会在大量但不太重要的场合下被用作政治宣传和动员的方法。

由于现今犹太人整体朝着中上层阶级发展并因而不会与群众产生直接的接触，西方国家新近产生的界线划分和界线维持的群体敌意趋向于集中针对移民工人。有些政治势力急切地想利用这种（利害）关系。他们常常用现代种族主义所使用的语言支持隔离和身体分离：这是纳粹分子在执政道路上成功使用的口号，实质上是为了他们自己的种族主义利益而使用的、为了

获得群众好战的敌意的支持的一种方法。在战后经济重建时期吸引大量移民的所有国家,大众新闻和具有民粹主义倾向的政治家为这种种族主义语言的使用提供了无数的机会。富克斯和朱维与玛高迪①最近公布了对这种语言的使用所做的汇集和令人信服的分析。我们可以阅读 1985 年 10 月 26 日的《费加罗报》上发表的问题专论“三十年后我们还是法国人吗?”,以及希拉克总理同时所说的其政府有着坚定的决心要加强个人安全和国民同一性。毫无疑问,英国读者要寻找用于动员大众的异类恐惧症和界线恐惧的准种族主义和种族隔离主义的语言,根本不必去寻找法国作者的作品。

无论它们有多么可恶,也不论它们装盛暴力的蓄水池有多大,异类恐惧症和界线竞争焦虑都不会——直接或间接地——导致大屠杀。**将异类恐惧症与种族主义、类似大屠杀的有组织犯罪混淆起来是误导性的,同时也可能是有害的,因为这样就偏离了灾难发生的真正起因,而这些起因往往深植于现代精神和现代社会组织的某些方面**,而不在于对陌生人永恒的反应上或较少普遍性却并不罕见的认同冲突上。在大屠杀开始和维持阶段,传统的异类恐惧症只扮演了一个辅助角色。真正不可或缺 81
的因素在别的地方,并且这种因素与更为熟悉的群体憎恨之间至多只存在着历史的联系。大屠杀的**可能性**深植于现代文明的某些普遍特征之中;另一方面,大屠杀的**实施**是与国家和社会之间特定的但一点儿也不普遍的关系相关联的。在下一章中将对这些联系进行更详细的探讨。 82

---

① 参看富克斯,《逗留移民的反抗》(Gérard Fuchs, *Ils resteront: le défi de l'immigration*), Paris: Syros, 1987; 朱维与玛高迪,《让-玛丽·勒本的传说与非传说: 调查与精神分析》(Pierre Jouve & Ali Magoudi, *Les dits et les non-dits de Jean-Marie Le Pen: enquéte et psychanalyse*), Paris: La Decouverte, 1988。

四

大屠杀的独特性和常态性

直到那时，邪恶——既然必须要给这种只在外形上无法预测的、令人惊奇的环境的结合起个名字——已无声无息地逐渐渗入表面上无害的阶段……尽管如此，当回顾并分析过去的事情，就会发现很显然信号的积累不仅仅是偶然事件的结果，而可以说，有着其自身的动力，只不过现在还是秘密的，这就好像一条突然急剧地浮出陆地之前总是不断地增大和变宽的地下河流；一个人只需回想到第一个凶兆出现的时刻并绘制一幅图示，勾勒出其不可阻挡的上升的客观形态。

——胡安·戈伊蒂索罗：《战后风景线》

研究大屠杀的杰出历史学家希尔博格问道："如果我能够向你展示所有的作恶者都是疯狂的，你会不会感到高兴点？"但这也正是他所**无法**展示的。他所展示的事实令人不安，也不太可能使每个人都感到快乐。“他们在当时是受过教育的人。无论何时当我们思考奥斯维辛背后西方文明的意义，这都是问题的关键所在。我们演变的速度已经超出了我们理解力的速度；我们再也不能设想我们对我们的社会制度、官僚体系结构或者技术有一个全面的把握了。”①

对哲学家、社会学家、神学家以及所有其他专门从事理解和 83
解释工作的博学之士而言，这无疑是个当头棒喝。希尔博格的结论意味着他们并没有做好自己的工作；他们无法解释发生了什么以及为什么会发生，他们也不能帮助我们去理解这些事。对于科学家的所作所为而言，这种指责已是相当糟糕（这势必会使学者们惶惶不安，甚至，如他们所说，使他们重起炉灶），但它在本质上不是公众恐慌的原因。毕竟，已经存在着许多其他重要但我们认为没有充分理解的历史事件。有时，这使我们感到愤慨；但大多数时间，我们并没有异常地不安。毕竟——正如我们安慰自己的那样——这些过去的事件只是涉及**学术兴趣**的问题罢了。

但它们是这样的吗？我们难以把握其所有荒谬性的并不是大屠杀。**而大屠杀的发生使之几乎无法被理解的恰恰是西方的文明**——并且正是在我们想到我们早已对这种文明达成了和解，并看透了其最深的内在驱力乃至其前景的时候，也是它已经形成全球范围内空前的文化拓殖的时候。如果希尔博格是正确的，并且我们最关键的社会制度逃脱了我们的精神上和实质上的把握，那么应值得担忧的就不只是专业的学术了。的确，大屠

① 希尔博格，“大屠杀的意义”（‘Significance of the Holocaust’），见弗里兰德和米尔顿编著，《大屠杀：意识形态、官僚体系和种族灭绝》（Henry Friedlander & Sybil Milton eds. , *The Holocaust: Ideology, Bureaucracy, and Genocide*), Millwood, NY: Kraus International Publications, 1980, pp. 101—102。

杀发生在几乎半个世纪以前。直接经历它的那一代人都几乎已经过世了，但是——这是一个可怕的、不幸的“但是”——这些我们文明中曾经熟悉而被大屠杀再次神秘化的特征，仍然是我们生活中熟悉的一部分。它们并没有消失，所以大屠杀的**可能性**也没有消失。

我们对这种可能性不屑一顾。我们嘲笑被我们心灵的平静所激怒的少数困惑之士。我们给他们起了一个特别的、嘲笑的名字——“末日的先知”(prophets of doom)。于是他们表现得很痛苦的警告也很容易被置之不理。难道我们还没有警惕吗？难道我们不谴责暴行、不道德和残酷吗？难道我们没有调动我们所有的创造力以及相当多的、不断增长的资源与它们斗争吗？除此之外，在我们的生活里难道有从根本上表明了大灾难之绝对可能性的事物吗？生活正变得更好、更舒适。总的来说，我们的制度似乎可以应付。我们受到了很好的保护以免于敌人的侵害，我们的朋友也绝不会做任何肮脏的事。即便是我们一次又一次地听到那些不特别开化并因此在精神上遥远的人对他们同样野蛮的邻居所造成的暴行。例如埃维人①先把伊博人②称为败类、罪犯、守财奴和没文化的弱智者，然后竟屠杀了一百万名
84 伊博人③；伊拉克人甚至都懒得咒骂库尔德居民就用毒气杀害他们；泰米尔人④对僧伽罗人⑤的屠杀；乌干达人的自我毁灭(或者有另外的可能?)。所有这一切当然都很悲惨，但这与我们又有什么关系？即使真被证明确有什么关系的话，那就是无疑说

① 埃维人，住在加纳、多哥境内和贝宁边境地区的黑人。——译注

② 伊博人，尼日利亚东部民族。——译注

③ 参看利杰姆(Colin Legum)在《观察家》(*The Observer*)上的文章，1966 年 10 月 12 日。

④ 泰米尔人，居住在印度南部和斯里兰卡等地。——译注

⑤ 僧伽罗人，斯里兰卡的基本居民。——译注

明了跟我们不相同是多么的不好,并且安然无恙地处在我们先进文明的庇护下又是多么的幸运。

但是,一旦回想起直到 1941 年大屠杀仍然没有被预料到会发生;回想起即使给出了"事件真相"的现存资料,它也是不可预料的;回想起当它最终在一年之后发生而人们对它普遍表示怀疑的时候,我们的自满很显然会最终被证明是多么的不幸。人们拒绝相信他们所看到的事实。这并不是因为他们愚蠢或有恶意,而是因为他们已知的一切无法让他们去相信。对于他们所知道的和相信的而言,那个他们甚至不知道该怎么命名的集体屠杀是完全不可思议的。1988 年,再次出现了不可思议的事件。然而,在 1988 年我们知道在 1941 年我们所不知道的知识;**那不可思议的事情是人们应该去思议的**。

问　题

不同于其他许多学术研究的课题,有两个原因使得大屠杀不能被看作一个单纯的学术兴趣问题;也是由于这两个原因,大屠杀问题不能被简化为历史研究和哲学思考的主题。

第一个原因是,即使说"作为一个核心的历史事件——跟法国大革命、美洲大陆的发现以及纺织机的发明没什么不同——大屠杀已经改变了随后的历史进程"[①]似乎是合理的,但最确定无疑的是大屠杀几乎没有改变此后我们的集体意识和自我理解的历史进程。它在我们对现代文明的意义和历史趋势的印象中几乎没有留下任何鲜明的印迹。除了一些边缘化的专门研究领域和对现代性病态倾向的一些阴暗和不祥的警告之外,

① 费恩戈尔德,"大屠杀到底有多么独特?",p. 397。

大屠杀使社会科学总体上(特别是使社会学)保持在原封不动的状态。而这两种例外一贯与社会学研究的正统都保持着一定的距离。因此,我们对曾经致使大屠杀成为可能的因素和机制
85 的理解并没有有意义的进步。而且我们的理解力比半个世纪以前并没有很大的提高,所以我们可能再一次对警告的迹象毫无准备,也无法破译它们——如果还是跟那时一样,现在这些警告迹象明显地处处显现的话。

第二个原因是,无论“历史进程”发生什么情况,那些完全有可能包含大屠杀之潜在性的历史产物却没有发生什么——或者,至少我们无法肯定它曾发生了什么。对于所有我们知道的而言(或者应当说,对于所有我们不知道的而言),这些历史产物或许仍然与我们在一起,并等待着它们的机会。我们只能够心存这样的疑惑,即那个曾经产生大屠杀的环境并没有被根本改变。如果在我们的社会秩序中存在着在1941年致使大屠杀发生的某些事物,我们无法肯定它们已经从那时起就被消除了。越来越多的著名和有声望的学者告诫我们最好不要沾沾自喜。

> 导致[奥斯维辛]产生的意识形态和体制保持得完好无损。这意味着民族国家自身的失控并且能够在难以想象的范围内引发社会自相残杀的行为。如果不被制止,它可以使整个文明毁于战火之中。它不可能执行一个人道主义的使命;法律上和道德上的规范都无法阻止它的侵犯,它是毫无良知的。(费恩戈尔德)[①]

> 当代“文明”社会的许多特征都鼓励轻易地诉诸种族

① 费恩戈尔德,“大屠杀到底有多么独特?”,p. 401。

灭绝的大屠杀……

主权领土国家宣称，作为其主权的不可或缺的一部分，它有权力对其统治的人民实施大屠杀行动，或从事种族灭绝大屠杀，以及……联合国，为了其所有的实际目的，而捍卫这项权利。（库佩尔）①

在出于政治和军事力量的动机而设定的限制内，现代 86
国家会对其统治之下的人做任何它所想做的事情。只要它愿意，它可以超越任何道德伦理的界线，因为任何道德伦理的力量都在国家力量之下。在道德和伦理问题上，现代国家中个人面对的状况与奥斯维辛集中营的犯人所面对的原则上约略相同：要么遵照当局者所推行的通行的行为标准，要么就是冒承受这些人可能会施加的任何惩罚的危险而……

现在，生存越来越符合在奥斯维辛控制生命与死亡的原则了。（克雷恩和拉波波特）②

只需对大屠杀记录草草浏览一番就会被激起的情感所吞没，因此上面所引的一些人有夸张的倾向。他们的有些话听起来令人难以置信——并且无疑是过度的危言耸听了。它们甚至可能会起相反的作用；如果我们所知的一切都跟奥斯维辛一样，那么任何人都可以与奥斯维辛一起生活了，并且在很多情况下

① 库佩尔，《种族灭绝》，pp. 137，161。库佩尔的预言在伊拉克驻伦敦大使的话语中得到了最为不幸的印证。1988 年 9 月 2 日第四频道就伊拉克库尔德人被不断屠杀的问题采访伊拉克驻伦敦大使，大使先生驳斥这种指责说，库尔德人的幸福和命运是伊拉克内部事务，任何人都没有权力干涉一个主权国家在其境内所采取的行动。

② 克雷恩和拉波波特，《大屠杀和人类行为的危机》，pp. 130，143。

还活得相当不错。如果支配奥斯维辛犯人的生命和死亡的原则与支配我们自己的生命和死亡的原则相像的话,那么所有这些呐喊和悲叹又为的是什么呢?确实,人们或许会受到良好的忠告,切莫用大屠杀的残忍形象来维护一个偏颇的立场,并将这种立场应用到或大或小但总体上却是惯常性和日常性的人类冲突当中。大规模毁灭是敌对和压迫的极端形式,但不是所有压迫、集体仇恨和不公平的情况都和大屠杀"相像"。明显的因此也是表面上的相似性是很难导入因果分析的。与克雷恩和拉波波特观点相反的是,不得不在顺从和承担违抗之后果两者中做出选择并不必然意味着生活在奥斯维辛,而且大多数当代国家宣扬和实行的原则也不足以使它们的公民变成大屠杀的受害者。

要关注的真正原因存在于别的什么地方,这并非一个说了就完事,也不会作为后大屠杀创伤自然而又具误导性的结果而被搁置一旁的原因。它可以得自两个相关的事实。

首先,由其自身的内在逻辑可能导致大屠杀计划的构思过程,以及容许实施这样一个计划的技术资源,不仅被证实与现代文明完全契合,而且是以它为条件、由它创造和提供的。大屠杀不仅仅神秘地避免了与现代性的社会规范和制度的冲突。也正是这些规范和制度才使得大屠杀有发生的可能。没有现代文明及其最核心本质的成就,就不会有大屠杀。

其次,所有那些文明化进程已经建立的核查与平衡、屏障和阻碍的复杂之网都被证明是无效的;而我们本寄希望并信任这些网络能够保护我们免于暴力,并能够抑制所有野心勃勃和肆无忌惮的力量。而大屠杀来临时,受害者发现自己是孤零无靠的。他们不仅已被表面上和平、人道、遵守法律并秩序井然的社
87 会所愚弄——他们的安全感成为他们毁灭的一个最有力的因素。

坦率而言,我们的忧虑不无根据,因为我们知道现在**我们生**

活在一个使大屠杀成为可能的社会中，生活在并不包含任何可以阻止大屠杀发生的东西的社会中。仅仅因为这些原因，也是有必要研究大屠杀的教训的。这样一项研究所包含的远不止于对百万受害者的悼念，清算屠杀者，以及医治消极而沉默的目击者仍未痊愈的道德创伤。

显然，这项研究本身，即使是一次最认真的研究，也不足以保证大规模的屠杀者和麻木不仁的旁观者的重现。但是如果没有这项研究的话，我们甚至不会知道这种重现的可能性有多大，或者不可能性又有多大。

非同寻常的种族灭绝

集体屠杀并不是一个现代发明。历史上充满着团体的和宗派的敌意，总是互相伤害并潜在地具有的破坏性，时常爆发成公然的暴力，有时甚至会导致屠杀，并且在有些情况下会导致整个民众和文化的灭绝。从表面上看，这个事实否定了大屠杀的独特性。尤其是这似乎否定了大屠杀和现代性之间的紧密关联，否定了大屠杀与现代文明之间的“选择亲和性”。它也暗示着残暴的集体仇恨一直都与我们如影随形并且可能永远也不会离开；它还暗示着涉及这个方面时，现代性的唯一意义跟它的承诺和普遍的期望相反，它并没有能够磨平人类共处的公认的粗糙边缘，也没有能够给人对人的不人道划上一个明确的句号。现代性并没有能够实现其诺言。现代性失败了。但是，现代性对大屠杀事件没有责任——因为屠杀行为从一开始就已经与人类历史相伴同行了。

然而，这并不是大屠杀经历所包含的教训。毫无疑问，大屠杀是一长串未遂屠杀和较少一些的事实屠杀中的又一个事件。

它也有着与过去任何屠杀都不同的特征。值得特别注意的正是这些特征。它们具有一种明显的现代气息。这些特征的存在说
88 明了现代性直接有助于大屠杀的远不仅仅是它自身的弱点和无能。这些特征的存在说明了现代文明在大屠杀的发生和实施过程中所扮演的角色是积极而非消极的。这也说明了大屠杀如同是现代文明的一个失败一样,也是现代文明的一个产物。就像按现代——理性的、有计划的、科学信息化的、专门的、被有效管理的、协调一致的——方式所做的所有其他事情一样,大屠杀超过了全部它所谓的前现代等价事件并使它们黯然失色;与大屠杀比较起来,这些事件显得是原始的、不经济的和效率低下的。就像我们现代社会的所有其他事物一样,如果以我们社会所宣扬和制度化的标准来衡量,大屠杀在各个方面都是非常出色的成就。就像现代工厂远远超过了手工工匠的村舍作坊,或者使用拖拉机、联合收割机和杀虫剂的现代工业农场远远超过了只有马匹、锄镐和手工除草的农庄一样,大屠杀远远超过了过去的屠杀事件。

1938 年 11 月 9 日德国发生了历史上名为碎玻璃之夜的事件。犹太人的商店、礼拜堂以及家园遭受到一群难以控制的、实际上受到官方怂恿和秘密控制的暴徒的袭击;它们被破坏、被点上了火、被摧毁。大约有一百人在此事件中丧生。碎玻璃之夜是大屠杀期间唯一一起发生在德国城镇大街上的大规模屠杀。它也是几个世纪以来,已有的反犹太暴徒行凶作恶的传统之后出现的大屠杀的一个插曲。它与过去的屠杀没有太大的差别;在起源于古代、经过中世纪、直到接近现代不过仍然主要是前现代的俄国、波兰和罗马尼亚的群众暴力的历史长线中,它并不显得突出。如果纳粹对待犹太人只包含碎玻璃之夜以及类似的事件,那么它就只能给失去节制的情绪、滥施私刑的暴民、掠夺和

洗劫被征服城市的士兵的长卷编年史再另外增加一个段落,或者至多是一个章节。然而,事实并非如此。

事实并非如此的原因只有一个:无论有多少个碎玻璃之夜出现,也无法去构想、实施一个大屠杀规模的集体屠杀。

> 让我们考虑一下数字。德国政府大约杀害了六百万犹太人。按平均每天杀害一百人的速度计算,需要将近两百
> 年的时间。群众暴力所依赖的是错误的心理基础,依赖的 89
> 是狂暴的情绪。人们可以被激怒,但怒气不可能持续两百年。情绪以及它们的生物基础都有一个自然的时间进程;贪欲,即使是血的贪欲,到最后也会使人厌烦。并且众所周知,情绪是无常的、可以变化的。一个滥施私刑的暴众是靠不住的,这些人有时可能为怜悯所动——比方看到了一个孩子的痛苦。要灭绝一个"种族",重要的就是杀死儿童。
>
> 彻底的、全面的、无遗漏的屠杀需要用官僚机构来代替暴徒,用服从权威来代替蔓延的狂暴。必不可少的官僚体系无论在极端的反犹主义者还是温和的反犹主义者的驾驭之下都会很有效率,显著地拓宽预备役的范围;它会通过组织化的例行行为,而不是通过唤起激情来支配其成员的行为;它只制定按设计应当制定的差别,而不制定那些其成员想要制定的差别,比方说儿童与成人、学者与窃贼、清白与有罪之间的差别;它通过一种责任层次对终极权威的意志做出回应——不管是什么样的意志。[1]

愤怒与狂暴作为群体灭绝的工具是极其原始和低效的。它

---

① 沙比尼和西维尔,"摧毁良心清白的无辜者",pp. 329—330。

们通常在工作完成之前就已经消失。因此无法把宏大的计划建立于其上。这当然并非指那种超越暂时效果的计划，比如恐怖行动的浪潮、砸碎旧的秩序、为新的统治扫清现有基础。彼得隐修士并不需要现代的技术、现代管理和协调的科学方法。而希特勒却需要。我们现代理性社会怀疑并抛弃的正是像彼得隐修士那样的冒险家和半吊子。现代理性社会正是为希特勒那样操纵冷酷、彻底和系统的种族灭绝的人铺平了道路。

最明显的是，现代种族灭绝事件的突出点在于其绝对的规模。除了在希特勒统治期间，在任何其他的情况下都不会有那么多的人在那么短的时间内被杀害。然而这却不是唯一的新颖之处，或许甚至也不是主要的新颖之处——只不过是其他的、更为重要的特征的副产品。当代集体屠杀一方面以事实上缺少一切自生自发性而与众不同，另一方面又以理性的、经过仔细衡量的设计而著称。它是以几乎完全排除了偶然性和可能性、独立
90 于群体情绪和个人动机之外为特征的。它因为意识形态的动员在其中仅仅扮演了虚假的或者边缘的——伪装的或修饰的——角色而与众不同。但让它尤为突出的，最首要的是它的目的。

一般而言的杀人动机，以及特别而言的集体屠杀的动机林林总总，变化不一，从单纯、冷酷的盘算竞争收益到同等单纯、冷漠的仇恨或者异类恐惧症。大多数团体冲突和对土著居民实施的种族灭绝运动都完全属于这个范围。就算后者伴随着某种意识形态，那也不会离“要么我们，要么他们”这样简单的世界观，以及“没有地方给我们两个人”或者“一个好印第安人只可能是死的印第安人”这样的格言相距甚远。只要可能，对手就会被期望去遵循镜像的原理。大多数种族灭绝的意识形态都依赖于预定的意图和行动之间曲折的对称。

现代大屠杀确实与众不同。**现代种族灭绝是有目的的种族**

灭绝。就其自身而言，除掉对手并不意味着结束：它只是服从于终极目标的一种需要，是为了到达路的终点就必须迈出的一步。**结局本身是对一个更好并全然不同的社会的宏大构思。**现代的种族灭绝是社会工程的一个要素，意图使社会秩序符合对完美社会的设计。

对于现代种族灭绝的发起人和管理者而言，社会是制订计划和有意识设计的对象。个人可以并且应当针对社会多做些什么，而不局限于改变其某个或若干的细枝末节，改善这里或者那里，治愈其某些疑难病症。人们能够并且应当为自己设定更远大更激进的目标：人们能够并且应该改造社会，强制它服膺于全面的、科学构想的计划。人们可以创造一个社会，这个社会客观上要优于那个“仅仅存在着的”社会——不受有意识的干预而存在着。始终不变的是，对这个计划总有一个审美尺度：行将建立的理想社会必须符合高层次的美的标准。它一旦建立起来，必将使人感到完全满意，就像一件完美的艺术作品；用阿尔贝蒂的不朽之言来说，那将是一个增加一点、减少一点或者变动一点都不能够有什么改善的社会。

这是一个园丁的幻想，被投射在了世界般大小的银幕之上。
完美社会的设计者的思想、感情、梦想和动力对于每一个称职的
园丁来说，尽管范围上相对较小，却都是很熟悉的。一些园丁憎
恨那些破坏他们设计的杂草——那些混在美丽中间的丑恶，混
在安定秩序中间的杂乱。另外一些园丁却泰然处之：这只是一 91
个亟待解决的问题、一份额外的工作而已。不过对杂草而言这
没有什么区别；两个园丁都要消灭它们。如果被要求或被给予
一个机会停下来进行思考，两个园丁一致同意：杂草之所以必
须被除掉，与其说因为它们是杂草，倒不如说因为这是美丽的而
井然有序的花园所要求的。

现代文化是一种园艺文化。它把自己定义为是对理想生活和人类生存环境完美安排的设计。它由对自然的怀疑而建立了自己的特性。实际上,它是通过根深蒂固的对于自生自发性的不信任,以及对一个更优越的当然也是人工的秩序的渴望来界定自身、来界定自然,来界定这两者之间的区别的。除了全面的计划之外,花园的人工**秩序**还需要工具和原材料。此外,它还需要保护——以抵抗显然是缺乏秩序造成的持续不断的危险。秩序——它首先被视为一项设计——决定着什么是工具,什么是原料,什么是无用的,什么是无关的,什么是有害的,什么是野草或者害虫。它依据与它自身的关系把世界上所有的元素进行了分类。这个关系是它赋予这些元素并且为它所许可的唯一的意义——如同本身被分化了的关系一样,这种意义也是解释园丁行为的唯一正当理由。从设计的观点看,所有行为都是工具性的,行为的所有目标不是为了得到便利,就是为了去阻碍。

现代的种族灭绝总的来说就像现代文化一样,是园丁的工作。对把社会看作一个花园的人而言,种族灭绝只是他所要处理的诸多杂务中的一件。如果花园的设计有对杂草的界定,那么有花园的地方就必然有杂草。而且杂草必将被清除。清除是一种创造,而不是一种破坏活动。它与其他建造和维持完美花园的活动在类别上没有什么区别。所有将社会视为花园的看法都会使一部分社会栖居地被界定为人类的杂草。就像所有其他的杂草一样,他们必须被隔离、控制、阻止蔓延、转移并被保持在社会的界线之外;如果所有这些方法还不足够的话,那他们就必须被杀死。

希特勒屠杀受害者并不是为了占领他们所征服的土地并使之殖民化。通常受害者被一种无知无觉的机械方式杀害,而不带任何情绪——其中包括憎恨——来使得这种方式变得有生气。他们被杀害是因为他们由于这个或那个原因而不适合完美社会的方案。对他们的屠杀不是毁灭,而是创造。一旦他们被消灭,客观上一个更美好的——更有效的、更道德的、更美丽的——人类社会就可得以建立。一个共产主义社会,或是一个种族单纯的雅利安人的世界。在这两种情形下,都是一个和谐 92
的世界,没有冲突,在统治者的手中循规蹈矩,秩序井然且有所节制。被他们的过去或者是血统所带来的不可磨灭的恶劣影响玷污的人,不能适合于这种冰清玉洁、健康华丽的世界。他们的天性如同杂草一般无法改变。他们不可能被改善或者接受再教育。出于基因或者观念的遗传——指一种对文化进程有弹性和抵抗作用的自然机制——的原因,他们必须被除去。

现代种族灭绝最臭名昭著和最极端的两个事件并不有悖于现代性的精神。它们也没有偏离文明进程的主轨道。它们是这种精神最一致的、最无拘无束的表现。它们企图实现文明进程最宏伟的、其他很多进程没有实现的目标,当然那些进程的步伐停止不前并不必然是因为缺乏良好的意图。它们还表明了理性化、设计、控制的梦想以及现代文明的努力如果不被减轻、约束或者抵消的话,究竟能够有何成就。

这些梦想和努力伴随我们已经有很长时间了。它们大量生产庞大且威力巨大的、实施科技和管理技能的兵工厂。它们造就了单纯服务于将人类行为工具化的机构,达到了这样的地步:无论从事者对某一目标是否有意识形态方面的热忱或在道德上赞同与否,都会高效而精力充沛地来追求这一目标。它们使统治者对最后目的的垄断以及把被统治者限制在利用手段的角色得到了合法化。它们将大多数行为定义为手段,那是——对终极的目标、对那些设定目标的人、对至高无上的意志、对超越个体的知识——做出服从的手段。

应当强调的是，这并不意味着我们每天都按照奥斯维辛的原则生活着。大屠杀是现代的，但这个事实并不意味着现代性就是大屠杀。现代社会的驱力趋向于完好设计的、完全控制的世界，一旦它失去控制并如野马脱缰，就会产生像大屠杀这样的副产品。大多数时候，现代性是不被允许这样做的。它的勃勃野心与人类社会的多元化相冲突；这些野心之所以没有达成目的是因为缺乏绝对的力量和垄断的能动性，其绝对和垄断的程度还不能忽略、漠视或压倒一切自治性的并因而是抵消和缓冲的力量。

现代种族灭绝的特性

一旦现代主义者的梦想被能够垄断理性行为的现代工具的
93 绝对力量所采纳，一旦这种力量达到了不受有效的社会控制影响的地步，种族灭绝就会接踵而来。一个思想上迷乱的权力精英和现代社会熏陶出来的理性而系统的行为的巨大便利之间，相对而言是很少会发生短路的（有人几乎想说：是一种偶然的碰面）。但是，一旦短路发生，在其他情况下更不明显并因此很容易“被理论忽略”的现代性的某些方面就会被揭示出来。

现代大屠杀在双重意义上具有独特性。**之所以在其他的历史屠杀事件中它是独特的，是因为它是现代的。之所以它较之现代社会的普通性是独特的，是因为它使得一些通常被分离的现代性的普通因素结合了起来。**在第二种意义上的独特性中，异常和罕见的只是这些因素的结合，而非被结合的这些因素。个别而言，这些因素都是普遍和正常的。只有知道了硝石、硫黄或者木炭如果混合起来就能变成黑色炸药，才可以说对它们三者完全了解。

戈尔顿在总结其发现时，对大屠杀同时具有的独特性和正常性进行了出色的描述：

> 与偶发性屠杀相反，系统的灭绝只有通过极端强有力的政府才能得以实施，并且也许只有在战争时期的掩护下才能成功。只是随着希特勒、其偏激的反犹主义死党以及随后他们对权力的垄断的出现，大规模地屠杀欧洲犹太人才成为可能……
>
> 有组织驱逐和屠杀的过程需要庞大的军事和官僚机构部门的协助，也需要德国人的默许——无论他们是否赞同纳粹的迫害和灭绝政策。①

戈尔顿命名了几种只有结合起来才能产生屠杀的因素：纳粹分子式的激进的（正如我们在上一章里所说的，现代的：种族主义的和灭绝性的）反犹主义；反犹主义变成一个强大集权国家的实际政策；这个国家支配着一个庞大的、有效率的官僚机器；“紧急状态下的国家”——一种不同寻常的战时环境，它允许这个国家所控制的政府和官僚体系越过一些在和平时期可能要面对重大障碍的事物；没有干涉，所有的人被动接受那些事情。这些因素中的两个（有人认为可缩减为一个：随着纳粹分 94
子当权，战争实质上就是不可避免的）可以被看作是巧合的——尽管总是现代社会可能的属性，却并不必然就是它的属性。而剩下的因素则是完全“正常的”。它们恒久地存在于每个现代社会中，并且，是那些与现代文明的前进与巩固确切相关的进程使这些因素成为可能并且无可避免。

① 戈尔顿，《希特勒、德国人和“犹太问题”》，pp. 48—49。

在前一章，我试图拆解激进的、灭绝性的反犹主义与通常是指现代社会之发展的社会政治和文化的变迁之间的联系。在本书最后一章我将试图分析同样在当代环境中运行的社会机制；这些机制压制或中和了道德自抑，更一般地说，致使人们不再对罪恶进行抵抗。而在此，我只想集中分析一下大屠杀的一个，但可以说也是最关键的一个构成因素：典型现代的、技术-官僚的行为模式，以及这些行为模式制度化、产生、维持和再生产的心态。

有两条相反的路径可以接近对大屠杀的解释。可以把大规模屠杀的恐怖看成是文明脆弱性的证明，也可以将它们看作文明令人生畏的潜能的例证。就是说，可以认为随着罪犯居于控制地位，行为的文明准则就可能被暂时中止，于是一直隐藏在社会上训练有素的人的面具之下的兽性就可能破笼而出。相反也可以认为，一旦武装上了现代文明精密的技术和观念的产品，人们就可以做他们的天性所不容的事情。换一种说法，就是一个人可以遵从霍布斯传统，相信尽管已经付出了彻底的文明化努力，但野蛮的前社会状态仍然没有被完全消除；相反一个人也可以坚信，文明化进程已经成功地用人为的、灵活的人类行为模式代替了自然驱力，因而会导致一定范围内的不人道和破坏的发生；而只要自然禀性主宰着人类行为，这种不人道和破坏还是不可想象的。我主张选择第二条路径，并将在下面的讨论中加以论证。

大多数人（包括许多社会理论家）本能地会选择第一条而非第二条路径，这个事实印证了病因学神话取得的显著成功。
95 西方文明长期利用此种神话的各种变体，通过突出自己在时间上的优越性以使其在空间上的霸权得以合法化。西方文明用圣战来表达自己对统治权的争夺：人道主义反对野蛮、理智反对无知、客观性反对偏见、进步反对退化、真理反对迷信、科学反对巫术、理性反对感情。它将其上升的历史解释为人类主宰自然逐渐但又无情地取代自然主宰人类的历史。它将自己的成就说成是在人类行为的自由、创造的潜能和安全等方面所取得的首要的、决定性的进步。它将自由和安全与其自身的社会秩序类型视为一体：西方现代社会被定义为一个**文明的**社会，而一个文明的社会又被理解成一个大多数的人类丑陋和病态，以及人类内在的残酷和暴力倾向都已经被消除或至少受到了压制的社会。公众对文明社会的印象不是别的，而是一个没有暴力的社会；也即一个温文尔雅的社会。

也许对文明的主要形象最突出的象征性体现就是人体的神圣性了：要注意避免侵入最私人性的空间，避免人体接触，遵从文化上规定的身体距离，以及只要我们看到或听到神圣的空间被侵犯就做出长期养成的厌恶和排斥。现代文明之所以能够提出人体神圣和自主的假设，这要归功于它自己所发展出的有效的自我控制机制，并且总的来说又在个体教育的过程中将这种机制进行了再生产。自我控制机制的再生产一旦生效，就可以解除随后的对身体进行外部干涉的需要。另一方面，身体隐私勾画出其行为的个人责任，因此给训练身体增添了强大的支持。（近年来，这种支持的狂热被消费者市场拼命地利用，因而产生了将训练的需要深入内心的趋势；个体自我控制的发展倾向于自身得到自我被控制，并以自己动手完成的方式得到实现。）反对身体间联系过密的文化上的禁令因此有效地保护了有可能会对社会秩序核心管理模式形成抵制的那些发散的、间或性的影响。日常广泛的人际交往中的非暴力是强制集中化必不可少的一个条件，也是其常见的产物。

总而言之，现代文明总的非暴力特征是一个幻觉。更确切 96

地说,这是其自我辩解和自我美化不可或缺的一部分;简而言之,是被它合法化的神话。说暴力因其不人道的、可耻的或不道德的特征而被文明消灭,这是不真实的。如果现代性

> 确实与野蛮那狂乱的激情相对的话,那么它与有效率的、无感情的毁灭、屠杀和折磨就一点儿也不对立……而随着思想的品性越来越理性,毁灭的数量也在增长。举例来说,在我们这个时代,恐怖活动和折磨不再是激情的工具;它们已经成为政治理性的工具。①

在文明的进程中真正发生的是对暴力的重新利用并把接近暴力的机会进行了再分配。就像许许多多其他我们被教育去厌恶和憎恨的事物一样,暴力已经被剔出了视线,但是并没有被强行地消灭。也就是说,从受到限制而显得狭窄和私人化的个体经验的便利位置来观察,暴力是看不到的。它已经被圈进被隔离和孤立的区域,一般来说,社会的普通成员是无法与之接近的;或者说,它已经被驱逐到对大多数(能计数的大多数)社会成员来说是禁区的"模糊区域"了;或者被运送到与文明人(一个总是取消假日预约的人)生活事务基本上无关的遥远地区。

所有这一切的最终后果是暴力的集中。强制措施一旦被集中化并且没有了竞争,即使技术上还不完美,它仍然可以造就闻所未闻的后果。但是,它们的集中确实引发和推动了技术进步的上升,并且因此又进一步扩大了集中的效果。正如安东尼·吉登斯反复强调的[可以参阅其《历史唯物主义的当代批判》(1981年)和《社会的构成》(1984年)],将暴力从文明社会的

① 克雷恩和拉波波特,《大屠杀和人类行为的危机》,p. 140。

日常生活中消除，一直是与社会之间的交换和社会内部秩序产物的彻底军事化密切相关的；常备军队和警察部队集合了技术先进的武器和官僚体制化管理的先进技术。在过去的两个世纪里，死于这种军事化所带来的暴力灾难的人数急剧增加，达到了前所未闻的地步。

大屠杀采取了无以计数的强制手段。通过把这些强制手段 97
应用于单一目标之上，大屠杀又为它们的进一步专业化和技术完善提供了刺激。但是，与我们真正有关的是它们被利用的方式，而不是大屠杀毁灭工具的绝对数量，甚至于它们的技术质量。它们令人畏惧的有效性主要依赖于它们的使用是从属于纯粹官僚的、技术性的考虑（这种考虑使得它们的使用几乎完全不受缓冲力的影响，如果暴力手段被分散且相互不协调的行动者控制并被分散利用，那么它们或许就已经被驯服）。这样暴力就变成了一种技术。就像所有的技术一样，它不受情感的影响，是纯粹理性的。“事实上，如果说‘理性’意味着工具理性，把美国军队、B－52轰炸机、凝固汽油弹以及其他武器投向‘共产党统治的’越南（显然是一个‘不受欢迎的对象’），作为一个‘执行者’把它变成一个‘受欢迎的对象’，那么这是绝对合理的。”①

劳动的等级和功能划分的影响

当这些手段受工具理性的单一标准支配并因此与目的的道德评价相脱节时，使用暴力就是最有效和最合算的。正如我在

① 怀贞鲍姆，《计算机的力量和人的理性：从判断到计算》（Joseph Weizenbaum, *Computer Power and Human Reason: From Judgment to Calculation*）, San Francisco: W. H. Freeman, 1976, p. 252。

第一章所指出的，这种脱节是所有官僚体系都擅长的一件事。有人甚至说这为官僚体制的结构及其运转提供了精髓，并且为动员和协作能力、行动的理性和效率的突飞猛进提供了其奥秘；而上述这些现代文明所达到的成就都要归功于官僚机构管理的进步。这种脱节一般说来是两个平行过程的产物，这两个过程都居于官僚机构行为模式的中心位置。第一个过程是**细致的劳动功能划分**（这是权力与下属之直线等级的一个补充，不过它在结果上有所不同）；第二个过程是**以技术的责任代替道德的责任**。

所有的劳动分工（这也是纯粹的权力等级导致的分化之一种）使对集体行动的最终成果有所贡献的大多数人和这个成果本身之间产生了距离。在权力的官僚体系链条的最后链环（直接的执行者）面对他们的任务之前，致使这种情况产生的大多数准备活动已经被那些没有亲身体验、有时对值得怀疑的任务
98 也没有任何知识的人完成了。在一个前现代的工作单元里，等级体系的各个阶层共有一些职业技能，并且加工工序的实践知识实际上是朝向阶梯的顶端增长的（师傅与熟练工人或学徒懂得的都是同一种知识，只不过更多和更好）；不同的是，占有现代官僚体系上下梯级的人在他们工作所需的专业知识和职业训练的种类上有着明显的不同。他们可能会把他们自己想象成处在其下属的位置；这甚至对保持办公室内“良好的人际关系会起作用”——但这不是正确地执行任务的条件，也不是官僚体系总体上发挥效用的条件。事实上，大多数官僚体系都不郑重考虑罗曼蒂克式的做法，即每个官员，尤其是那些占据高层的官员都要“从底层开始”，使他们在通往顶峰的路途中能够获取并记住整个山坡上的经历。大多数官僚体系尽管很注意不同重要性的管理工作所需技能的多样性，在实践中却隔离了不同水平

的等级招收新人的渠道。或许我们可以相信，每个战士在他们的背包里都装着一根元帅的指挥棒，而很少有元帅、上校或上尉在他们的公文包里会带着战士的刺刀。

这种实践和精神上与最终产品的距离，意味着官僚体系等级中的大多数公务员可能会在没有了解其指令的结果的情况下发出命令。在很多种情况下，他们发现很难让那些结果被看得见。通常，他们对这些后果只有抽象的、孤立的认识；这种知识在统计学上表述得最为清晰，统计学在衡量结果时不会下任何判断，当然也不会下道德判断。在他们的卷宗和头脑里，这种结果最多被概括地描述为曲线或圆周中的某一块；如果理想一点，它们会表现为一串数字。由于是通过图表或数字来表示的，他们命令的最终后果缺乏实质内容。图表计量工作的**进度**，而对操作的性质或对象却只字不提。这些图表使得性质迥异的任务可以张冠李戴，使任务只关系到可计量的成败。站在这种立场上看，任务是没有什么区别的。

一旦劳动的等级分工变得有效，它所制造的所有这些距离就被急剧地扩大了。现在，连续的命令所带来的不仅是缺乏实际执行任务时直接的、亲身的体验，而且还有手边的任务与作为一个整体的机构的任务之间缺乏相似性（它们中的一个不是另 99
一个的微缩版本和画像）。机构的任务将下令者与官僚体系所做的工作隔开，而下令者本人就是其中的一员。这种拉开距离（distantiation）的心理作用深刻而又意义深远。发出指令将炸弹装载到飞机上是一回事，而在一个生产炸弹的工厂里负责钢铁的定期供应又是另一回事。在第一种情况中，下令者对炸弹即将带来的灾难没有直接生动的印象。而在第二种情况中，只要供应管理者愿意，他可以根本不去考虑这些炸弹的用处。甚至就执行者自己那部分工作的顺利进行而言，对最终结果的抽象和纯粹概念性知识也是多余的，当然更是没有什么意义的。劳动在功能上的划分，使得个人所做的每一件事在原则上都是**有多个结局的**；也就是说，任何一件事都可以被合并和整合成多种意义决定的总体。就其本身而言，功能是缺乏意义的，而最终要被赋予在功能之上的意义也不是由功能执行者的行动事先带有的。意义将由“其他人”（大多数情况下是匿名的和遥不可及的）在某个时间的某个地点来决定。克雷恩和拉波波特问道：“在化工厂制造凝固汽油弹的工人要承担烧死婴儿的责任吗？”“这些工人实际上会知道别人可能合理地认为他们是有责任的吗？”①他们当然不会。并且也没有官僚制度的理由来说明为何他们应当负责任。将烧死婴儿的过程划分成细微的功能任务，然后将这些任务彼此间隔开，这已经使那种认知变得无关紧要了——并且也是非常难以达到这种认知的。同时还要记住，是化工厂制造了凝固汽油弹，而不是哪个工人个人制造的……

负责拉开距离的第二个过程是与第一个过程紧密相联的。如果没有细致的功能划分和任务分离，用技术责任代替道德责任是不可想象的，至少其程度是不可想象。一定程度上，这种替代在控制的纯粹直线等级中业已发生。在权力等级中的每个人要对他的直接上级负责，因而自然对上级对其工作的意见和赞同很感兴趣。而无论这种赞同对他有多么重要，他仍然，尽管可能只是在理论上，意识到了其工作会导致的最终结果。因此至少有一次抽象的机会，使一种意识被置于另一种意识下来考量；上级的善心正面临着结果的令人厌恶。并且只要比较是可行的，
100 的，选择也就是可行的。在权力的纯粹直线分化中，技术责任至少在理论上仍然是脆弱的。它仍然会被要求根据道德来说明自

① 克雷恩和拉波波特，《大屠杀和人类行为的危机》，p. 141。

己的正当,并且能够与道德的良知相竞争。举例来说,当一个公务员从纯技术旨趣的领域转移到道德意义的领域时,他就可以判断当上司给他某个特殊指令时超越了其权限范围(枪杀战士是可以的;枪杀婴儿则是另一回事);这样,服从权威命令的义务就无法延伸到可以证明公务员认为在道德上无法接受的行为的正当性。但是,一旦命令的直线等级为功能的划分和任务的分离所补充或替代,所有这些理论可能性就消失了,或者被相当地削弱了。然后技术责任的胜利就是完全的、无条件的了,并且都无可置疑地服从于所有的实际目的。

技术责任与道德责任的不同之处在于:技术责任忘记了行动是达到行动本身以外的目的的一个手段。由于行动的外部联系从视线里被有效地消除了,官员自身的行动在本质上就变成了结果。它只能通过其是否适当和成功的内在标准来判断。与以功能专门化为条件的、公务员自吹自擂的相对自主权同时出现的,是公务员远离组织总体上既分离又协作的劳动的总结果。一旦与他们遥远的后果相分离,大多数功能专门化的行为要么在道德考验上掉以轻心,要么就是对道德漠不关心。当行为不再受道德忧虑的阻碍时,就可以在清晰的理性基础上来对行为做出判断了。因此重要的是,行动是不是按照当前最好的技术知识来进行的,以及行动的结果是不是有成本效益,标准明确而便于操作。

对我们的论题来说,官僚机构行为的这一背景的两个后果是最重要的。第一个后果是这样一个事实,即,即使(或者,可能是因为)行动者保留着对这个目标相对的功能自主权,甚至这个目标与执行者自己的道德哲学并不一致,他的技能、专业知识、创造力和奉献精神,再加上促使他们充分利用这些才能的个人动机,还是可以被完全动员起来并服务于整个官僚机构的目

标。坦率而言，**结果就是，道德标准对于官僚机构运作的技术成功而言不过是细枝末节的问题**。照凡勃伦的说法，每个行动者
101 的身上都表现出了工人的本能，全副心思都放在干好手头的事情上。实际工作中对任务的投入也可在以下条件下得到进一步提高：行动者的怯懦和其上级的严厉，或者行动者对晋级的兴趣、行动者的野心或无功利的好奇心，或者许多其他的个人条件、动机或性格特征——但总的来说，即使没有这些，工人的本分就已经足够了。一般说来，行动者都想要出类拔萃；无论他们做什么，他们都想做好。一旦他们由于官僚体系内部复杂的功能划分而远离了他们的行动所引致的最终结果，他们的道德关注就会完全集中到很好地完成手边工作上。道德也就归结为要做一个好的、有效率和勤劳的专家和工人的戒律。

官僚体系之对象的非人化

在官僚体系的背景下行为的另一个同等重要的后果是**官僚体系行为对象的非人化**，也就是可以用纯粹技术性的、道德中立的方式来表述这些对象。

我们将非人化和集中营囚犯令人惊骇的画面联系起来——他们所受的侮辱是：将他们的行动降低到简单生存的最基本水平，禁止他们使用人格尊严的文化符号（包括身体上和行为上的），甚至让他们失去可辨识的人相。就像玛什所说："站在奥斯维辛的围墙边，看着这些消瘦的骨架、皲缩的皮肤和深陷的双眼——谁能相信他们真的是人？"[1]但是，这些画面只是所有官

① 玛什，《暴力扰乱：暴力的幻觉》（Peter Marsh, *Aggro: The Illusion of Violence*), London: J. M. Dent & Sons, 1978, p. 120。

僚机构——无论这些官僚机构目前所从事的工作有多么仁慈和无害——都具有的某种趋势的极端表现。我认为对这种非人化趋势的讨论,与其关注其最耸人听闻和最恶劣但所幸是鲜有的表现形式,倒不如关注其更加普遍并因此具有更大的潜在危险的表现形式。

非人化开始于官僚机构行为所针对的对象因为拉开了距离而可以并在实际上被简化为一套定量措施之时。对铁路经营者来说,对他们的工作对象唯一有意义的说明是吨/公里等计量单位。他们并不处置人、羊或带刺的铁丝;他们只需处理货物,这就意味着一个完全由测量组成并缺乏质的规定性的实体。对大 102
多数的官员来说,甚至如货物一类的东西都意味着一个非常严格的质的规定性界线的限制。他们只处理他们行为的财务结果。他们工作的对象是钱。钱是在投入和产出两端唯一出现的东西;正如古人精明地观察到的,钱财(pecunia)显然是不会白白被发现(non olet)。随着官僚化的公司不断地膨胀,它们很少把自己限制在行动的定性比较特别的领域。由于在运动中受到**获利主义**(lucrotropism)——一种令他们的资本获得高回报的牵引力——的引导,他们斜向扩展了。我们应当还记得,大屠杀的整个实施是由国家安全总局的经济管理厅负责的。此外我们也知道,纳粹的这个命名并不是想作为一个策略或者一个伪装。

跟所有其他的官僚机构管理对象一样,作为对象的人已经被简化为纯粹的、无质的规定性的量度,因而也失去了他们的独特性。他们早已被非人化——这是就叙述发生在他们身上的(或对他们所做的)事情的语言有效地防止了其指示对象受道德评价的意义而言。实际上,这种语言不适合于标准的道德陈述。因为只有人才是道德命题的对象。(确实,道德陈述有时的确延伸至其他非人类的生物;但要达到这种效果,就必须从它们原初的神人同形同性的立足点开始扩展。)人一旦被简化为零就失去了这种能力。

非人化与现代官僚体系最本质、最理性的趋势密不可分。所有官僚体系多少影响着某些作为人的对象,因此非人化的负面影响比将这种影响与它的种族灭绝结果几乎完全等同起来的习惯所具有的影响要普遍得多。战士被命令射击**目标**,当目标被**射中**时就会**倒下去**。大公司的雇员被鼓励去破坏**竞争**。福利机构的官员在这一时间操纵的是**可自由支配的奖金**,而在那一时间又是**个人存款**。他们的对象是**补助金的收取者**。要感知到并记住所有这些技术术语后面的人是很困难的。而问题在于只要还在官僚体系的目标的范围内,他们最好就不要被感知和记住。

一旦官僚体系执行的任务的人类对象被有效地非人化,并因此被废止了作为道德需求的潜在对象,他们就会被带着道德冷漠的眼光来看待;一旦他们的抵抗或不予合作阻缓了官僚程
103 序的顺畅之流,这种道德冷漠就会很快转变为非难和指责。被非人化的对象连一项"事业"都不可能拥有,更不要说一项"正义"的事业了;他们没有"利益"值得考虑,准确地说就是没有要求主体性的权利。他们因而变成了一个"令人讨厌的因素"。他们的难以管束进一步增强了团结公务员的自尊和友谊的纽带。现在,后者把他们自己看作一场艰苦斗争中的伙伴,需要勇气、自我牺牲和对事业的无私奉献。不是官僚体制行为的对象,而是行为的主体在遭受痛苦,值得同情并应受到道德的赞扬。他们从镇压受害者的反抗中获得自己尊严的荣誉和信念,就像他们为越过其他任何障碍一样感到自豪。对象的非人化与积极的道德自我评价两者互相强化。公务员可以在忠实地履行职责的同时保持他们自己的道德良知不受到任何的损害。

总的结论是，由于官僚体系行为模式是在现代化进程中发展起来的，它包含了在执行种族灭绝任务中被证明是必需的所有技术因素。这种模式不需要对其结构、机制和行为规范做任何重大的修正，就可以应用于种族灭绝的目标。

此外，与一般观点相反的是，官僚体系不仅仅是一个工具，它可以在一些时候被残酷的、道德卑鄙的目标便捷地利用，而在另外一些时候它也服务于非常人道的目标。即使它在推力作用下可以朝任何方向移动，但它还是更像一个实心的骰子。它有属于自己的逻辑和动力。它使得一些解决方案的可能性大一些，另一些解决方案的可能性小一些。如果被施以一个第一推动力（也就是面临着一个目标），只要施加第一推动力的人还控制着他们所引发的进程，官僚体系——就像魔法师徒弟的扫帚一样——仍然可以在推动力已经停止了的任何一个地方轻易地运行下去。官僚体系按部就班地寻求最佳的解决方案。它按部就班地衡量最佳值，不会区分一个目标同另一个目标之间的差别，也不会区分人和非人目标之间的差别。重要的是效率和降低它们执行过程的成本。

官僚体系在大屠杀中的角色

在半个世纪之前的德国，官僚体系被赋予了营造一个无犹太人的德国的使命——清除犹太人。官僚体系从它应开始的地 104
方起步：将对象进行精确定义，将那些符合定义的人进行登记并为他们每个人建立档案。接着官僚体系将档案上的人与其他人隔离开，接到的指令不实施于后者。最后，它开始将被隔离的群体驱逐出需要清洗的雅利安领土——先是敦促他们迁出，而当他们占领了德国以外的地区后就把犹太人驱逐到这些地区。

至此，官僚体系形成了出色的清理技能，一点儿也没有被浪费和闲置。**将清洗德国的任务完成得如此出色的官僚体系使更具野心的任务变得可行，也使选择这样的任务如水之就下。**既然有如此完美的清洗功能，为什么要在雅利安的家乡停下来呢？为什么不清洗整个帝国？确实，由于帝国在当时幅员辽阔，它没有“外在的地方”来作为处理犹太垃圾的倾泻地。唯一一个剩下来的驱逐方向就是：朝上，通过烟的方式。

多年以来，研究大屠杀的历史学家已经分裂成“意向主义者”阵营和“功能主义者”阵营。前者认为屠杀犹太人最主要还是源于希特勒坚定的决心，只是等待机会将之付诸实践。后者相信希特勒只是有着“找到一个解决办法”解决“犹太人问题”的普通想法：这种想法只有在“清洗德国”的观念上才是清楚的，但对如何采取实践步骤实现这个目标仍然感到模糊和困惑。历史学者一度更明确地倾向于支持功能主义的观点。但无论争论的最终结果是什么，毫无疑问的是，延伸在观念与其实施之间的空间被官僚机构的行动填得满实满载。同样也毫无疑问的是，无论希特勒的幻想有多么生动，但如果这个想法没有被一个庞大的、理性的官僚化机器接手并转化成解决问题的常规程序，那它将一无所成。最后，也许最重要的是，官僚体系的行为模式留下了其在大屠杀进程中不可磨灭的痕迹。每个人都可以看到，它的指纹遍及整个大屠杀的历史。诚然，官僚体系的确没有孵化种族污染的恐惧和种族卫生的成见。要孵化恐惧和成见它还需要有空想家，因为官僚体系是在空想家止步之处继续下去的。但官僚体系制造了大屠杀，以它自己的形象制造了它。

希尔博格认为，第一个德国官员写下第一条驱逐犹太人的规则之时，也就是欧洲犹太人的命运成为定数之时。在那个时
105 候存在着一个最深奥、最令人恐怖的真相。官僚体系需要的是

对其任务的定义。尽管它是理性和有效率的，它仍然需要被相信可以自始至终地把任务执行下去。

官僚体系对维持大屠杀的贡献不仅在于其天生的能力和技能，还在于其固有的不足。所有官僚体系忽略原初的目标、转而关注手段——转变为目标的手段——的趋势已经受到了广泛的关注、分析和描述。纳粹官僚体系也不例外。一旦启动，屠杀机器就会形成它自己的推动力：它清洗它控制的犹太人地区的工作越出色，它就越积极地追寻新的领地以实验它新获得的技能。随着德国军事失败的日益迫近，最终解决的初始目标变得越来越不现实。那么，保持屠杀机器继续运转的就完全是它自身的惯性和动力了。集体屠杀的技能之所以不得不用，只是因为它们是现成的。专家们是为他们自己的专业技能创造目标。我们还记得柏林犹太人办公厅的专家们对那些几乎早已从德国国土上消失的犹太人制定了一项项细致入微的限制；我们还记得纳粹党卫军的指挥官不顾在军事行动中急需技工的事实而禁止国防军保存任何一名犹太人工匠。但就是这样，任何一处的用手段代替目标的病态趋势，都比不上在离东部防线仅几英里的地方发生的对罗马尼亚和匈牙利犹太人离奇而恐怖的屠杀事件，德军为此付出了沉重的军事代价：无法估价的轨道手推车、发动机、军队和管理资源从军事任务中调离，去为德国居民清洗他们永远不会涉足的欧洲偏远地区。

官僚体系有执行种族灭绝行动的内在**能力**。要**进行**这样一个行动，官僚体系还需与现代性的另一个创造相遇，即一个更好的、更合理的、更理性的社会秩序的大胆设计——比方一个种族单一的社会或一个无阶级的社会——以及最重要的是绘制这些设计的能力和使它们运作起来的决心。两种现时代普遍而丰富的创造相遇就产生了大屠杀。因此，不同寻常和鲜有发生的仅

106 仅是它们的相遇。

现代防卫的破产

身体暴力及其威胁

> 不再是带入个人生活的永久性不安全,而是安全的一种独特形式……是一种持续、始终如一的压力,通过隐藏在日常生活情景表面之下的身体暴力施加在个人生活之上,这是一种完全熟悉但又几乎无法察觉到的压力,行为和动力系统从最初的时期就已经被调整得适合这种社会结构。[①]

在这些话中,埃利亚斯重述了文明社会熟悉的自我定义。将暴力从日常生活中消除是这个定义所围绕的主要观点。正如我们所看到的,表面上的消除实际上只能算是一种驱逐,它所导致的结果是在社会系统新的位置上资源的重新组合,以及暴力核心的部署。埃利亚斯认为,这两者的发展是紧密地互相依赖的。日常生活的领域受暴力的影响相对比较小,这恰恰是因为身体暴力潜藏在某处——数量之大使它们有效地脱离了社会普通成员的控制,也赋予了它不可抵御的力量以镇压未经授权而爆发的暴力。日常举止之所以温和,主要是因为假如它们都是暴烈的,那么人们现在就面临着暴力的威胁——一种他们无法匹敌也无望赶走的暴力。可见,暴力从日常生活的视线中消失是现

① 埃利亚斯,《文明的进程:国家的形成和文明化》(Norbert Elias, *The Civilising Process: State Formation and Civilization*, trans. Edmund Jephcott), Oxford: Basic Blackwell, 1982, pp. 238—239。

代权力集中和垄断趋势的又一体现;个体交往缺乏暴力是因为它显然受到了个体之外的力量的控制。但是,这个力量并不外在于**每个人**可触及的范围。因此,日常生活中过于吹嘘的温文尔雅的态度(这是埃利亚斯跟随在西方病因学神话之后大加颂扬的)以及随之而来让人惬意的安全都有它们的代价。我们这些现代社会大厦里的居民随时都有可能被要求去支付这个代价。或者,没有事先的要求,就被迫去支付。

日常生活的和意融融同时也意味着它的无力自卫。随着现代社会成员同意或被迫在他们相互交往中放弃使用身体暴力,他们在面对未知而通常不可见的,又可能是邪恶并且始终令人害怕的强制监管者的时候,自己就缴械投降了。他们的弱点较之另一种高度的可能性而言还不是那么令人担心的:基于强制的监管者会不会利用这种强制的优势在原则上不取决于普通男男女女的所作所为这个简单的事实,强制监管实际上就极有可能利用强制并迅速将他们控制的暴力手段转而对付失去抵抗的 107
社会。现代社会成员自身是无法阻止大规模强制力量被利用的。与柔和的态度携手共进的是对暴力的控制的根本转变。

如果没有对在我们看来已深嵌于现代文明社会结构中的防卫措施的信任,现代权力特有的失衡所带来的长期处在威胁之中的意识将使我们的生活变得无法忍受。大多数时间里,我们没有理由认为这种信任是一种误入歧途。只有在极少数的戏剧性场合下,我们才会怀疑防卫措施的可靠性。或许大屠杀的主要意义就在于它是少数最可怕场合中的一个。**在通向最终解决的那些年里,最受信任的防卫措施都接受了检验。但它们全部都失败了——一个接一个地,彻彻底底地失败了。**

或许最值得注意的是科学的失败——作为一套观念,也作为教化和训练的机构网络。现代科学中最受尊敬的原则和成就的致命潜力已经被揭露无遗。将理智从感情中解放、将理性从规范的压力中解放、将效用从道德规范中解放,在科学的一开始就已成为其战斗口号。但是,这些口号一旦被执行,它们就使得科学及其产生的大量可怕的技术应用变成了不道德力量手中温驯的工具。在使大屠杀得以持续的过程中,科学既直接地又间接地扮演了黑暗而不光彩的角色。

间接地(尽管对其一般社会功能而言是最核心的),科学为大屠杀的发生扫清了障碍,这是通过侵蚀权威,质疑各种规范性思想的约束力量,特别是宗教和道德的约束力量来完成的。科学将自己的历史看成是理性反对迷信与非理性的长期不懈而最终胜利的斗争的历史。宗教和道德无法合理地将它们对人类行为的要求进行理性的合法化,因而遭受了责难,其权威性也被否定了。价值和规范被宣布具有内在而不可替代的主观性,于是工具性就成为剩下来的唯一一个可以追求卓越的领域。科学要求价值无涉,并以此为荣。通过制度性压力和嘲讽,它让道德的辩护士们哑口无言。在这个过程中,它让自己在道德上紧闭双目、不置一词。在合作设计大众绝育或者集体屠杀最有效、最迅
108 速的手段的过程中,或者,在构思集中营奴隶制、把它作为进行医学研究以促进学术进步——当然也是促进人类进步——的一个独一无二的极好机会的过程中,科学带着狂热和放任拆除了所有阻止它的障碍。

直接地,科学(在这里,更恰当地说应当是科学家)也帮助了大屠杀的实施者。现代科学是一个庞大而复杂的机构。科学研究花费惊人,它需要大型建筑物、昂贵的设备和大量高薪的专家队伍。因此它依赖于货币和非货币资源的持续流动,而这只有相当大的机构才能够提供和保证。但是,科学不是商业,科学家也不贪婪。科学是关于真理的,科学家也在追求真理。科学

家充满了好奇心并因未知而兴奋。如果用所有其他包括金钱在内的世俗观念来衡量，好奇心是无关乎功利的。科学家所宣扬和追寻的只是知识和真理的价值。如果没有日增益长的基金、成本日益增加的实验室、数额日见其多的工资单，好奇心就得不到满足，真理就不会发现，这也不过是个巧合，或者更确切地说是一个无足轻重的刺激。科学家所想要的只是被允许到他们那求知的渴望所梦想的地方。

一个对科学家伸出帮助之手、提供支持的政府才能指望科学家的感激与合作。作为交换，大多数的科学家会准备随时交出一份戒律更少的长单子。举例来说，他们会准备以歪歪鼻子或者列入传记条目来对待同事的突然失踪。如果他们决然反对，情况就可能是一次性地带走他们的全部同事而使研究计划处在危险之中。（这不是诽谤也不是讽刺；这是从记录在案的德国学者、医生和工程师的抗议中归结出的。在大清洗期间，从苏联那些科学工作者那里听到的抗议就更少了。）德国科学家满怀欣喜之情登上了由纳粹机车拉动的列车，驶向勇敢的、新的、种族纯净的德国统治的世界。研究计划一天随着一天地更加雄心勃勃，研究机构也一刻随着一刻地更加壮大，更有实力。其他的则不重要。

普洛克托在他新近对生物学和医学在设计和实施纳粹种族
政策时所做的贡献的精彩研究中，把流行的科学神话首先当作
迫害的受害者和从上到下强烈灌输的一个对象而结束了它的神
话（一个至少从李约瑟在 1941 年出版的有影响的著作《纳粹对 109
国际科学的攻击》就开始的神话）。根据普洛克托的细致研究，
广为流传的观念过分低估其政治积极性（准确地说是它们中最
可怕的一些）是科学团体自己所产生，而不是从外部强加于不
情愿而又懦弱的科研工作者的程度，也低估了种族政策本身由

那些公认的、学术上受绝对信任的科学家策动和管理的程度。如果那里存在着强制的手段,“它就会经常是一派科学团体压制另一派的形式”。总体而言,“在希特勒上台以前,(对于种族计划)许多社会和思想的基础就已经被铺垫好”,并且生物医学“在纳粹种族计划的策动、管理和执行中扮演了积极的甚至领导性的角色”。[①] 普洛克托对一百四十七家纳粹德国出版的医学杂志的编辑委员会成员进行了不辞劳苦的研究,结果表明,受到怀疑的生物医学家无论从什么标准看都既不是疯子也不是处在对其职业异常狂热之边缘的人。在希特勒上台后,编辑委员会要么保持不变,要么只替换了一小部分人(这种变化完全是因为撤换了犹太人学者)。[②]

对理性的崇拜被制度化成为现代的科学。在最佳的情况下,它会被证明无力阻挡国家转变为有组织犯罪;在最坏的情况下,它会被证明在此转变的过程中推波助澜。沉默的德国学者有着大量的同伴。最引人注意的是,教会加入了他们的行列——所有的教会。面对有组织的非人道所表现的沉默是经常不和的教会之间唯一的共同之处。他们中没有人要求归还他们受到嘲笑的权威。没有一个教会(由于与单个、大多数是孤立的牧师有所不同)承认对发生在它曾宣布属于其领地的国家之内、由其牧师所主管的人(希特勒从来没有离开过天主教;他也没有被逐出教会)所犯下的行为负责。也没有一个教会坚持它的权利,对其教徒进行道德的审判并把忏悔强加在刚愎自用者的身上。

① 普洛克托,《种族卫生:纳粹统治下的医疗》(Robert Proctor, *Racial Hygiene: Medicine under the Nazis*), Cambridge, Mass.: Harvard University Press, 1988, pp. 4,6。

② 普洛克托,《种族卫生》,pp. 315—324。

更确切地说，文化熏陶出的对暴力的反感被证明在对付有组织的强制手段时不堪一击；同时，文明的行为举止显示出与集体屠杀令人惊异的和平与协调共处的能力。旷日持久而经常是令人痛苦的文明化进程甚至连一个坚固的防止种族灭绝的屏障都建立不起来。那些机制则需要用行为的文明模式以不与作恶 110
者们的自以为是相冲突的方式来协调犯罪行为。文明对非人道的厌恶在旁观者中被证明还不够强烈，而无法促成对非人道的积极反抗行为。大多数旁观者按照文明的规范建议和鼓励我们对不雅和野蛮的事物做反应的方式做出了反应，他们把目光投向了别处。少数站起来反对残暴的人却无法找到支持和安慰他们的规范或社会认可。他们是孤独者；那些替他们反对罪恶进行辩护的人只能引用他们杰出的前人曾说过的一句话："我无法改变。"

在面对不道德团体利用其对身体暴力和强制的垄断驾驭现代国家的强大机器时，作为反对野蛮的护卫措施并备受吹捧的现代文明的成就，遭受了失败。**由此证明，文明无法保证它所形成的可怕力量被道德地使用。**

结　论

如果我们现在质疑谁是致使大屠杀发生的元凶，民主的崩溃（或未出现）似乎是最可信的答案。在缺乏传统权威时，只有政治民主才能提供唯一的、能够使国家远离绝境的控制与平衡。然而，一旦旧权威的力量和控制系统被破坏——尤其这种破坏在短时间内完成，政治民主就不会很快地出现，而付诸实践则更要迟一些。这种空白期和不稳定的情形一般发生在影响深远的、成功地使社会力量之旧构架瘫痪而又还没有代之以新构架的革命期间或者之后——并因此而造就了一种事态，即**政治和军事力量既没有达到平衡，也没有受到有实力、有影响的社会力量的约束**。

可以说，这种情形在前现代时期也出现过——接踵而来的血腥征服或长期的内部斗争，有时会导致社会公认的精英几乎全部毁灭。然而这种情形可想见的后果却有所不同。在这之后是较大的社会秩序的全面崩溃。战争的破坏极少会向下抵达社会控制的基层的公共网络；公共管制的社会秩序的
111 地方片区暴露在暴力和掠夺的反复无常的行为面前，但在地方层次以上的社会组织解体后，它们还有自己可以依靠。一般而言，在前现代社会中即使是对传统权威最沉重的打击，与现代的剧变仍然有两个至关重要的差异：第一，前现代社会剧变后，最基础的、对秩序的公共控制仍然完好无损，或至少尚可运行；第二，由于高层控制的社会组织瓦解，在各地之间存留的一切交换再次遭受不协调力量的自由支配，因此前现代社会剧变没有增加，反而减少了超地方层次的有组织行为的可能性。

与之相反的是，在现代环境下，类似的社会剧变一般而言会发生在社会约束的公共机制几乎已经消失，以及地区共同体已经不能再自给自足和自力更生之后。与"依靠"自己资源的条件反射相反的是，这种真空倾向于再一次用新的超地方性的力量来填充，而这种力量力图利用国家对强制的垄断在社会范围内强加一种新的秩序。政治力量非但没有瓦解，实际上反而因此变成了新出现的秩序背后唯一的力量。在它的行进当中，经济和社会的力量在旧权威的毁灭或瘫痪中备受打击，因而它没有受到经济和社会力量的阻止和限制。

当然，这仅是一种理论模式，在历史实践中很少被完全实

现过。不过，它的应用在于引起对那些使种族灭绝的趋势似乎更有可能发生的社会错位的注意。社会错位在形式和强度上各异，但它们在其一般性的后果上达到统一，即都导致了**政治力量显著地凌驾于经济和社会力量之上，国家显著地凌驾于社会之上**。在十月革命以及随后旷日持久的把国家作为社会整合和秩序再生产的唯一因素而加以垄断的时期里，这种错位或许走得最深也走得最远。在德国，它们也比公众想象中的要走得更深、更远。在魏玛共和国短暂的间歇之后，纳粹党人的统治承担并完成了魏玛共和国——旧的和新的（还不成熟）精英之间不安心的相互往来，实际只表面上类似于政治民主——由于种种原因没有能够实施的变革。旧的精英受到了极大的削弱或者摈除。代表经济和社会力量的形式一个接一个被分解并代之以新的、中央管理的形式，这些新形式源自国家，同时也通过国家得以合法化。所有的阶级都受到了极大的影响，但遭到最根本打击的还是只有以集体的形式才能具有非政治性力量的阶级，也即无产阶级，尤其是工人阶级。 112
跟随地方政府几乎完全服从中央控制而出现的所有自治劳动机构的国家社会主义化或者是解体，造成了普通群众在实际上失去了力量，并且由于各种实际目的而被排斥在政治程序之外。加之国家行动有无法穿透的保密之墙的圈隔——实际上是用以对付所统治的人民的秘密国家阴谋——社会力量的反抗因而受到阻碍。总的、最终的结果是，取代传统权威的不是新的、有活力的公民自治的力量，而是政治国家的几乎完全垄断，并造成社会力量无法自我表达，因而也就无法形成政治民主的结构性基础。

现代的条件也使一个资源丰富的国家得以出现，它能够用政治命令和管理代替全部的社会和经济控制网络。更重要的是,现代条件为那些命令和管理提供了物质基础。我们应当还记得,现代性是一个人为的秩序和宏大的社会设计的时代,是一个设计者、空想家以及——更一般而言——“园丁”的时代。园丁们把社会看成是一块需要专业设计、然后按设计的形态进行培植与修整的处女地。

野心和自信是无限的。实际上,经由现代力量的奇观,“人类”看起来是如此的无所不能,而其个体成员又是如此的“不完善”、无能和柔顺,还需要太多的进步,以至于可以将人们视为需要修整(如果有必要,可以根除)的植物或需要饲养的家畜,这看起来似乎一点儿也不稀奇古怪或在道德上令人厌恶。德国国家社会主义早期的和主要的思想家之一达雷就将畜牧业的操作作为将来的民族政府要实施的“人口政策”的模式:

> 一个人如果任其花园中的植物自然发展,他很快就会惊奇地发现花园里长满了野草,而且连植物最基本的特点都发生了变化。因此,如果这个花园还要作为植物的培育地,换句话说,如果要使这个花园超越无情的自然力量的法则,那么就必须要有一个园丁的塑造能力;园丁所要做的是:为植物生长提供合适的环境,或者排除不良影响,或者两者兼而有之,悉心照管需要照管的事物,并且无情
> 113 地消灭那些将夺取更优良植被的营养、空气、光线和阳光的野草……因此,我们就面临着这样一个认识,即培育问题对政治思维而言并非微不足道,恰恰相反,这些问题必须被放置在所有考虑的中心,并且对这些问题的回答也必须是出自一个人的精神立场,出自一个人的意识形态立场。我们甚至应当主张,只要一个构思精妙的培育计划能在其文

> 化的**正中央**立足，一个人就会达到在精神上和思想上的平衡……①

达雷明确彻底地说出了“改善现实”的野心，这些野心形成了现代思维方式的本质，并且也只有现代权力的资源才允许我们严肃地去酝酿这种野心。

社会错位变得深入的时期，也就是现代性这种最显著的特征开始盛行的时期。实际上，在此时期，社会看起来是如此形容不整——“未完成的”、模糊的和易弯曲的——简直在等待一种想法和一个灵巧机智的设计师将它塑造定型。在此时期，社会似乎缺乏其自己的力量和取向，因此也就无法抵抗园丁的照管，而随时准备着被挤压成园丁所选择的任何形状。**可塑性和无助的结合构成了自信的冒险空想家很少能够拒绝的吸引力，这也构成了空想家不会被抵制的环境。**

掌握着现代国家官僚体系之舵、怀有宏伟设计的人从非政治（经济、社会、文化）力量中解放了出来；这就是大屠杀的秘诀。大屠杀成了实施宏伟设计的进程中不可或缺的一部分。**设计赋予了大屠杀以合法性；国家官僚体系赋予了它工具；社会的瘫痪则赋予了它“道路畅通”的信号。**

因此，适合实施大屠杀的条件是特别的，但一点儿也不异常；是罕见的，但不是独一无二的。这些条件不是现代社会固有的属性，但也不是一个外来的现象。只要现代性继续下去，大屠杀就既不是异常现象，也不是一次功能失调。大屠杀展示了如

---

① 达雷，“婚姻法和抚育的原则”（R. W. Darré，‘Marriage Laws and the Principles of Breeding’），见希勒尔和吉普译，《1933 年之前的纳粹意识形态》（*Nazi Ideology before 1933: A Documentation*，trans. Barbara Hiller and Leila J. Gupp），Manchester：Manchester University Press，1978，p. 115。

果现代性的理性化和机械化趋势不受到控制和减缓，如果社会力量的多元化在实际中被销蚀，那么现代性的理性化和工程化趋势就可能带来的后果——因为一个有意设计、彻底控制、没有冲突、秩序井然和和睦谐调的社会的现代理想才会有这样的趋
114 势。任何基层表达利益的能力和自治的能力受到削弱、每一次对社会和文化多元化及其在政治上的发言机会的攻击、每一次利用政治秘密之墙隔离出国家不受制约的自由的企图、每一个弱化政治民主的社会基础的步骤都使得大屠杀规模的社会灾难发生的可能朝前迈了一小步。犯罪计划需要社会工具才会起作用。而那些想阻止计划实施的人的戒备也同样如此。

至今用于戒备的工具似乎是短缺的，而那些看似能够为犯罪计划效劳的机构，或者（而且更糟糕的是）那些无法防范完成普通任务的活动带上犯罪性质的机构，却并不短缺。研究信息技术（一个公认近期研制出的新技术，在纳粹大屠杀时期还没有出现）的社会影响的最敏锐的观察家和分析家怀贞鲍姆认为，产生屠杀性行为的能力，如果有的话，已经增强了：

> 德国把实施其“犹太人问题”的“最终解决”作为工具理性教科书式的演练。当人性无法将目光从所发生的事情身上移开、当屠杀者自己拍摄的照片开始四散传播、当令人同情的幸存者再次进入视线时，人性暂时颤栗了。但到最后，一切如旧。同样的逻辑、同样冷酷无情地对计算理性的应用，在未来二十年内将杀害至少与已成为千年德意志帝国的工程师的受害者一样多的人。我们没有吸取任何教训。今天与那时，文明都是一样地危险。①

① 怀贞鲍姆，《计算机的力量和人的理性》，p. 256。

而且,那些使得工具理性和发展起来为它效劳的人类网络在当前和以往一样道德盲目的原因,实际上并未发生变化。1966年,令人发指的纳粹罪行被发现二十多年后,一群杰出的学者设计了堪称科学上精巧和典范的**电子战场**计划,以协助越南战争中的将领们。"这些人之所以能够提出他们所提出的建议,是因为他们同那些被他们交给他们的赞助者的意见所产生出来的武器系统致残和杀死的人保持着巨大的心理距离。"①

由于和在此之前的所有技术相比,在湮没其人类目标之人性上("人、物品、事件被'程式化',人们谈论的是'输入'和'输 115
出',反馈回路、变量、百分比、程序等,直至最终所有与具体环境的联系都被抽象掉。然后只剩下图表、数据集合和打印输出"②)都要做得更为成功的新的信息技术得到了迅猛发展,心理距离就无法遏制地以一种前所未有的速度增长。纯粹的技术进步从一切慎重选择的以及话语一致的人类目的中获得自治也是相同情况。既有的技术手段比以往任何时期都更加在破坏着对自己的使用,并使对后者的评价隶属于自己的效率和有效性标准。同理,行为的政治和道德评价权威也已经被缩减为次要的考虑——如果没有被怀疑或被认为无关的话。行为几乎不需要任何其他的理由,而只需既有的技术使其成为可能的认可。埃鲁尔曾经告诫说,由于已经从话语型的社会任务中解放出来,技术

> 绝不会发展成任何事物,除非**由于**它受到了来自后面的推动力。技术人员不关心他为什么而工作,并且总的来

① 怀贞鲍姆,《计算机的力量和人的理性》,p. 275。
② 怀贞鲍姆,《计算机的力量和人的理性》,p. 253。

> 说,他也不在乎。他工作是**因为**他有仪器设备,这允许他完成某项任务,并在新操作中取得成功……没有任何朝向目标的号召;有的只是放在背后的发动机的限制,以及不容许机器停止运转所带来的限制。①

一旦盘算效率在决定政治目标时取得了最高的权威,不再能够指望反对不人道的文明保障来控制人类工具理性潜能的运用,
116 希望就越加渺茫了。

① 埃鲁尔,《技术系统》(Jacques Ellus, *Technological System*, trans. Joachim Neugroschel), New York: Continuum, 1980, pp. 272,273。

五

诱使受害者合作

"命运"在于迫害者和受害人之间的**互动**。

——劳尔·希尔博格

阿伦特有一个结论值得注意——如果没有犹太合作者的所作所为，没有犹太委员们(Judenräte)的热忱，那么受害者的数量将会有所减少——不过这种说法似乎经不住更为详尽的考察。这是一个仓促的结论，与事实不符。事实上，尽管受害社区的领袖们采取的态度各自不同、范围极广——从切尔尼亚科夫(Czerniakow)的自尽，到罗姆科夫斯基(Rumkowski)和根斯(Gens)积极自愿地与纳粹监察官合作，再到犹太委员半公开地支持武装抵抗的比亚利斯托克(Bialystok)案件——最后的结局却是殊途同归：社区和它们的领袖差不多都没有逃出死亡的魔爪。还有，在大约三分之一的犹太遇难者当中，纳粹在杀害他们时并没有向犹太议会或犹太委员会求得半点直接或间接的帮助

（对俄国的战争被希特勒正式宣布为一场灭绝战，臭名昭著的特遣队跟在早期胜利地扫荡了苏联领土的纳粹国防军之后，他们因此就不必为建立犹太人区或者选举犹太委员而焦虑了）。在一系列有关犹太人的合作对欧洲犹太人的毁灭所造成的影响的论述中，特伦克（Isaiah Trunk）对现存的犹太委员记录做了最
117 为彻底与全面的研究之后，得出了他的结论。他提出的观点站在与阿伦特相反的立场上。他认为，“在东欧大屠杀这个最终事实上，犹太人参与放逐还是没有参与放逐——无论如何——都没有实质性的影响。”为证明他的结论，特伦克指出，在很多事件中，特别犹太委员会的官员们因拒不服从纳粹党卫军的命令而被更为听话的人取代，甚或造成了亲自操纵“选举”（即使大多数情况下也有犹太警察参与协助）的党卫军干脆完全无视这个犹太人的联系纽带。当然要明白，这种**个别的**违抗事例仍然不能准确地说明问题，因为纳粹在其他很多时候仍**能够**依靠犹太人的合作，而只在执行屠杀行动的过程中才动用他们自己的剩余部队。如果这种违抗普遍存在的话，我们也无从知道它会起多少更为有效的作用。

不过，情况的确是，如果没有得到及时便捷或者存在于一个较大范围内的合作，执行集体屠杀这样程序繁复事务的官员们将会遭遇到棘手程度决然不同的管理、技术和资金方面的问题。在第一章里我曾说过，被害社区（doomed communities）的领袖们执行了屠杀过程中必不可少的大部分预备性官僚工作（比如为纳粹提供记录、把即将被害的人归档），他们负责监管为受害者维持性命而进行的生产和分配活动，直至毒气室可接纳他们；他们负责看管被俘人员，以至于维持法律和秩序的工作没有让德国人大伤脑筋或者多费钱财；他们为屠杀过程中前后相继的每一步确定对象，保证屠杀过程顺畅如流；他们把物色好的对象

运送到便于集结而造成混乱最小的地点，并为这最后的旅程积敛资金。如果**没有**这些方方面面卓有成效的帮助，屠杀照样也有发生的可能——但它或许会以不同的，或者是不那么令人发怵的篇章进入历史，而仅仅是嗜血成性的征服者，出于复仇的怒火或者共同的仇恨，施加在身不由己的被征服者身上的严酷的强制和残忍的暴行。而另一方面，由于**有**所有这些，历史学家和社会学家在大屠杀面前遇到了崭新的挑战。大屠杀如同一扇窗户，透过它可以看到那些由理性行为中彻底的现代艺术所引致的过程是如何产生的；可以看到一旦这些过程为实现现代权力欲图达到的目标而被利用的时候，现代权力的新的潜力和新的视野就有可能变成现实。即使考虑到大屠杀惨绝人寰的一面，118
提供给我们参照框架的也不是令人发指的种族灭绝暴力中那段血淋淋的历史，而是正驾驭着现代社会的权力的“正常”运转。

事实上，种族灭绝的方针总体来说排斥在大屠杀过程中作用非常明显的受害人的合作。“普通的”种族灭绝即使不是根本不会，也很少把目标定为彻底灭绝一个群体；暴力的目标（如果暴力是意图明显和有备而来的话）是去摧毁一个身份群体（marked category），如一个民族，一个部落，一个教区，即一个能够自存不灭，能够捍卫自身自我认同的生机盎然的共同体。如果是这样的话，那么实现种族灭绝的目标就要求（1）暴力已经强大得足以摧垮受害者们的意志与韧性，然后用恐怖手段使其屈服于上层权力，并接受权力强加的秩序；（2）身份群体已经被剥夺了进行持续抗争所必需的资源。两个条件实现后，受害者就被控制在迫害者的股掌之间。他们被迫进入漫长的奴隶制，或者被带到一个由胜利者确定新秩序的地方——但随之会有什么样的结局完全取决于征服者们的突发奇想。无论做出何种选择，种族灭绝中的刽子手们都会从中受益，他们延伸并巩固了他们的权力,刨掉了敌对势力的根基。

在为了使暴力行之有效而必须加以破坏的抵抗资源中(可以说,破坏这些资源是种族灭绝的核心,也是衡量其成效的最终标尺),首当其冲的便是被害社区中的传统精英。种族灭绝最具影响的成果就是让敌人"群龙无首"。它希望身份群体一旦被剥夺了领袖和核心权威,就会成为一团散沙,不能坚守其自我认同,并最终丧失防御的潜力。群体的内部结构因此而坍塌,瓦解为个体的集合,这些个体被逐个挑选,合并进一个由胜利者管制的新结构当中,或者被强行重新编制成一个屈从与孤立的群体,去接受新秩序的操纵者们的直接规束和监管。因此,只要身份群体作为一个社区、作为一个具有内核的自治体事实上是种族灭绝意图摧毁的目标,目标社区的传统精英们就成了其首要
119 的打击对象。对于东欧,希特勒认为那是日耳曼民族扩张的辽阔生存空间,认为它现在的居民在将来是满足新主人需要的奴隶劳力。听从这一论调,德国的侵略部队着手系统地剿灭当地的政治结构和文化自治的一切残余力量。他们进行搜索,实施监禁,试图在物品上清洗掉被征服的斯拉夫民族的一切积极因素;并且遣散了几乎所有的最基本的教育机构,禁止了几乎所有在他们看来是道德堕落的地方文化的进取心,试图以此来阻碍民族精英的再生产。不过,这样做使他们在追求实现希特勒野心勃勃的构想时,除了在微不足道的犯罪事件中让受奴役的民族有些从属性的帮助外,丧失了将他们网罗至帐下的机会(哪怕曾有过这样的可能性)。随着把当地精英作为消灭对象标识起来,征服者就只能依靠他们自己的资源了,他们不得不把被征服民族的行动计算为一种成本,而不能计算为他们的财富。

而对于犹太人,纳粹的目的绝不在于奴役。即使从一开始,集体屠杀没有被考虑为最终的结果时,纳粹希望造就的事态就

是一种彻底的清洗——把犹太人从日耳曼民族的生活世界中有效地驱赶出去。即使犹太人陷于一种奴隶劳动的角色，希特勒及其爪牙们也并不接受犹太人的效劳。他们所寻求的解决方案的彻底性——无论是向外移民、武力驱逐还是身体的消灭——使得对犹太精英们的所有“特殊对待”显得没有必要；他们注定要和他们众多的犹太同胞遭遇共同的命运，无论什么样的运数摆在犹太人的整体面前都被看作是毫无例外的，即它都将以相同的手段和方式落在种族的所有成员的头上。以这样一种“整体化”的方式处理犹太问题，可预计的结果也许就是，所有被占领的斯拉夫领土上的社区的存在因素遭到正面打击后很长时间里，类似的犹太共同体的存在因素还存在着：社区结构、社区自主和社区自治却继续存留了下来。这种存留的首要意义在于它表明了在大屠杀的整个阶段，犹太人的传统精英在管理上和精神上仍保持着领袖地位；也可以说正好相反，随着犹太人身体上的隔离和犹太人区的割裂，这种领袖地位却进一步得到巩固，而且几乎变得无可争议。

犹太精英们的新角色是犹太委员。产生犹太委员的办法多种多样——在东部一些较大的犹太人区里，纳粹坚持举行选举；而在西部根基久固的犹太社区，却一直都是围聚在当地的集市
广场上，然后从一群德高望重的长者中任命主席。大量的事例 120
证明，“犹太地区”的纳粹监察官渴望维持并提高所任命的犹太领袖的威望；他们需要利用“犹太委员会”的势力得到犹太大众的消极苟安。1939 年 9 月 21 日，海德里希[①]从柏林给新近占领波兰城镇的德国指挥官们发去一封快函，在这封著名的信件里，

① 海德里希：在第二次世界大战期间负责纳粹德国的帝国保安总局(RSHA)，这个保安总局包含了保安警察和党卫队的保安部，在屠杀犹太人过程中发挥了必不可少的作用。——译注

他强调犹太长者委员会应该“由仍具影响的知名人士和犹太拉比组成”——而且清楚地开列了一长串重要的任务，长者委员会将单独为它们承担责任，进而享有控制权并赢得威望。可以揣测，纳粹坚持要借犹太人的手处理在犹太人区的一切事务，其中一个居心叵测的因素，就是希望使得犹太领导阶层的权力更加明显和更具慑服力。犹太人实际上就脱离了正式的行政机关的管辖（这在德国是一步一步实现的；而在占领区则来得比较突然），而完全和无条件地落入了与他们同一信仰的领袖之手，这些领袖则听命于一个同样脱离了“正式”权力结构的德国机构，并向它做汇报。1940 年，塞弗特提出并编撰了犹太人区这种殊为奇异的自治与隔离的混合在法理上的原则：

> 在占领区，对德国机构而言并不存在个体的犹太人。原则上也不与个体的犹太人讨价还价……不过犹太长者可以例外。在长者的帮助下，犹太人可以为他们自己充分地安排包括宗教团体事务在内的诸多内部事务，但另外一方面，他们又不得不对德国管理部门的任务和要求尽心尽责地去执行。犹太长者当中大多是巨富和名流，他们对完成情况负个人的责任。无疑，这些长者让我们回忆起了很久以前曾被（沙皇）俄国的犹太政策所利用过的卡尔斯（Kahals），但是有一个明显的区别：卡尔斯给予并保护了犹太人权利；而在政府中任职的长者们却只接受和分配犹太人所尽的义务……对于德国人的命令，不容讨论，也不容辩解。①

① 塞弗特，《东部边境的犹太人》（Hermann Erich Seifert, *Der Jude an der Ostgrenze*），Berlin：Eher，1940，p. 82。引自研究希特勒的教授怀恩莱西的《希特勒的专家们》，p. 91。将犹太精英放在执行他们为解决“犹太问题”而设计的长期计划的主角位置上，与落在被征服的斯拉夫民族的精英身上的处置形成了鲜明（转下页）

犹太领袖们向下对受奴役的大众行使着正式而没有约束的权力；向上他们却被掌握在一个不受国家宪制机关任何控制的 121 罪恶组织手中。因此，犹太精英就在使犹太人无行为能力的过程中充当了一个关键性的中介角色；对种族灭绝而言，这种情况却一点都不典型，即不是破坏而是通过强化社区结构以及地方精英扮演的凝聚性角色，使人们向其征服者那不受约束的意志做出彻底的屈服。

因此，颇为矛盾的是，在最终解决的初期，犹太人的处境比起一次“普通的”种族灭绝行动中的受害者来，竟更像是在正规权力结构之下一个下属群体的遭遇。在很大程度上，**犹太人自身就是即将消灭他们的社会场景中的一个组成部分**。他们为行动的有条不紊搭上了至关重要的一环，他们自己的行动成了整个行动中不可或缺的一部分，是其成功所需的要紧条件。“普通的”种族灭绝明确地把行动者划分为凶手和被害者；抗争是后者唯一的理性回答。可是在大屠杀中，这种划分却相对模糊一些。被害群体被吞没在整个权力结构里，又在其中广泛地承担了一系列任务和职责，显然他们有了一定的选择余地。而选择与不共戴天的敌人和未来的刽子手合作不无他们自己的理性衡量。**犹太人因此能够在其压迫者的控制下活动，更快地完成自己的任务，把自己的灭亡拽得更近，然而引导他们行为的却是经过理性解释的目标，那就是：继续活下去。**

正是因为这个悖论，大屠杀的记载使我们可以特别地洞察

(接上页)的对比，意味着斯拉夫人是被奴役，而不是被灭绝。举例来说，波兰种族中受过教育的阶层在德国占领的头一天就遭到了迫害和杀害，这比展开屠杀波兰犹太人的行动早了许多。这个事实误导了流亡中的波兰政府和通常的波兰舆论，使他们相信犹太人跟他们的邻居——波兰人——比起来被德国人赋予了更高的地位：参看恩格尔，《在奥斯维辛的阴影中》(David Engel, *In the Shadow of Auschwitz*), University of North Carolina Press, 1987。

到官僚化管理下压迫的一般原则。当然，在平常都采取更为温和的方式和极少把目标定在将压迫者整体消灭的事件中，大屠杀属于一个极端事例。然而，恰是因为这种极端性，大屠杀揭示了官僚化压迫的某些方面，而这些方面可能在其他事件中仍未引起注意。它们的一般形式更是广泛地存在着；要解释它们就必须彻底地理解权力在现代社会中的运作方式。而其中最显著的一点就是**现代的、理性的、官僚化组织的权力有能力引导出与行动者的切身利益极度冲突，而在功能上又是实现其意图所不可或缺的行动。**

"封锁"受害者

这样一种能力不是普遍存在的；为了得到这种能力，官僚机
122 构必须在它自身内部的权力等级和行动一致的原则之外，满足更多的条件。最重要的是，官僚机构必须完全专门化，无条件地垄断自己执行的特殊职能。如果说得更简单一些，这意味着，首先，官僚机构对它的目标对象所做的一切都必须明确地不再指向其他对象，因此也不会对其他类目标的状况产生影响；其次，目标对象必须存留在此专门化机构的职权范围内，而没有其他机构插手。第一个条件杜绝了外来干预进入官僚机构的行为中。因为面对着两方的问题不能轻易地找到一个共有的基调并激起团结一致的行动，未受影响的群体也不可能仓促地来救助目标群体。第二个条件一旦实现，目标群体就知道，或者不久就能发现，向权威和资源的核心请示，而不是向钳制他们的官僚机构请示，是徒劳无益和没有作用的；并且有的时候，这样的请示还会被认为是破坏规则（只有管制他们的官僚机构有权对这些规则做出界定），而招致比本分地服从官僚统治更可怕的结果。

在两个条件之间，给目标群体单独留下了“他们自己的”官僚机构，作为他们做出理性决定时唯一的参照系。也就是说，实施“有目标的”政策并且握有该政策唯一的执行权的官僚机构完全能够划出受害者的行为半径，把受害者自己的理性动机规划到为实现其任务而可资利用的资源当中。而在官僚化组织的权力能够依赖即将被摧毁或者伤害的群体的合作之前，这些群体必须有效地被“封锁”起来：要么在身体上从日常生活的情景或者其他群体的关注中消失，要么在心理上用公开且明确的歧视性定义和凸显目标群体的独特性进行隔离。

1935 年 4 月，柏林的普林兹（Joachim Prinz）拉比在一次演讲中总结了“被封锁的”群体的境况：“犹太人区是一个‘世界’。外面都是犹太人区。在市场，在大街上，在公共酒馆里，处处都是犹太人区。它还有一个标记。这个标记就是：没有邻里。也许在这个世界上，以前从来没有发生过，也没有人知道它会被容忍多久；没有一个邻居的生活……”[1]在 1935 年，屠杀的受害者们就已经知道他们处于孤立之中。他们不能指望其他人的团结。他们正在经受的痛苦就是他们孤立无助。身体上相当接近的人，在精神上却无限的遥远：那些人不曾有过他们的经历。123
而且受难的经历难以沟通。普林兹拉比为之代言的犹太人知道在这场游戏中，“犹太人课桌前”的官员是唯一发号施令的人；他们制订规则，随意修改，确立界标。因此，他们的行为是唯一要去关注并以自身的行为作为衡量的坚固事实。外面世界的消隐压缩了“处境”的边界，现在它只能按照迫害者的权力来界定，而这种权力从来不需要有任何请示。“犹太人身体上的驱除在很大程度上并不惹人关注，因为德国人已经把他们从心里

① 引自库佩尔，《种族灭绝》，p. 127。

和脑海中驱赶出去很久很久了。”[①]首先是在精神上的隔离。这已经通过各种手段得到实现。

最惹人注目的手段就是通过直接号召,激起公众的反犹主义,煽动人们的反犹情感,直到他们对特殊的“犹太问题”极度冷漠或者一无所知。这就是纳粹的宣传所为,手法巧妙、不惜血本、不计余力。他们指控犹太人罪大恶极,图谋不轨,在骨子里积恶难改。尤其是,伴随着现代文明中对卫生的敏感性,寄生虫和细菌造成的担忧和恐慌被唤醒,现代人也倾向耽溺于身体的健康和心智的健全。犹太人却被描绘成一种传染病,它的携带者是伤寒玛丽[②]的现代版本。因此和犹太人交往孕育着危险。过去产生反感和厌恶的社会心理机制,比方说看到生肉或者闻到小便的反应——埃利亚斯叙述文明化进程时,做了令人信服的描述[③]——被用来表述令人恶心和反感的犹太人的存在。

不过,反犹主义的圣谕发挥的作用有限。事实证明,很多人不为敌视犹太人的宣传所动,更概括地说,是不为宣传要他们必须接受的、对于世界的非理性解释所动。更多的人虽然对犹太人的官方定义没做什么抗争就让步了,但他们拒绝以此定义来对待他们认识的犹太人。假如反犹宣传是在公共生活中“封锁”犹太人的唯一手段,那么它可能就会失败——其结果至多是把人们划分为极端仇恨犹太人却不太团结、更缺乏组织的阵营,和卓有成效的不合作群众以及“过度的被害者”的积极保护
124 者。它实在不足以彻底把犹太人从德国人的“心里和脑海中”驱除掉,而导致不遭反对和怨恨的犹太人在身体上的毁灭。

---

① 格鲁伯格,《第三帝国的社会史》, p. 466。

② 伤寒玛丽,纽约城中著名的伤寒带菌者,原名 Mary Mallon,系厨娘,本人对伤寒是免疫的,但传染了大量的伤寒病例。——译注

③ 见埃利亚斯的《文明的进程》的第 1 卷第 2 章。——译注

不过，在紧盯着目标的所有反犹措施都得到关注的情况下，反犹宣传的影响得到支持并有一定的增强。这样，随之而来的每一步行动，即使没有达到其公开的目标，却仍然加深了犹太人和其他人的鸿沟，并使这种信息进一步深入人心；无论在犹太人身上发生的事情如何凶残，都肯定不会对其他人的命运带来什么负面影响，所以，这些事只关系到犹太人，而与其他人无涉。通过对历史事实的彻底研究，现在我们知道纳粹的高层官僚和他们的雇佣专家曾不遗余力地投入到为犹太人设计合适的定义中——表面上是一种墨守法规的精妙，看上去很荒唐，与残暴、肆无忌惮的暴力的背景格格不入。而实际上，相对于在法学文化（Jurisprudenzkultur）中纳粹不能彻底根除的那些最后遗存而言，或者相对于对德国国家传统不能完全忘却的敬意而言，在法律上寻求一个完美的定义更有好处。并且为了让目击者安心，认为他们看到或者所怀疑的迫害不会降临在自己头上，进而他们的利益也会平安无恙，精确地定义犹太人显得很有必要。为了达到这样的效果，需要这样一种定义，即可用来精确地确定谁是犹太人而谁又不是，防止出现晦涩的、混乱的、可上可下、模棱两可的语句导致相互抵牾的解释。臭名远扬的纽伦堡立法，尽管其内容和其表面上的功能理性荒诞不经，却极其成功地达到了这个目的。[①] 它们在犹太人和非犹太人之间没有留下无人空间（no-man's-land）。为了隔离，为了最终的消灭，它创造了一类烙上印记的人。这也一下子创造了范围更广的一类既安全又纯净的德国公民，那就是血统纯正的德国人。给犹太人的商店打

① 参看莫姆森，“反犹太政策和大屠杀的意义”（Hans Mommsen, “Anti-Jewish Politics and the Implications of the Holocaust”），见布尔编著，《第三帝国的挑战》（Hedley Bull ed. , *The Challenge of the Third Reich: The Adam von Trotta Memorial Lectures*）, Oxford: Clarendon Press, 1986, pp. 122—128。

上标记(这样就强调了没有打上标记的店的适宜和可靠),强迫残留的德国犹太人在衣服上饰上黄色徽章,也不同程度地实现了这个目的。实际上,“犹太问题听上去受人关注,而大多数德国人对它只有那么一丝微小的兴趣”。当德意志帝国向东扩张,并进行强行驱逐时,大多数人“也许对发生在东部地区犹太人身上的一切只有些许的考虑,过问的也就更少。对他们而言,犹太人从视野中消失了,从头脑中淡漠了……通往奥斯维辛的
125 道路由仇恨筑成,但路上铺满了冷漠”。[①]

德国社会中全部已有的和组织化的精英们以一种无声的寂静伴随着隔离的过程——但从理论上讲,所有这些人本可以振臂高呼,抗议迫在眉睫的灾难,使之为世人所知。可以猜想,这其中的部分原因是,如果一个民族和一种文化出于各种原因是异质的、令人不快的,那么计划对之进行清除就会赢得广泛的赞同。不过,这不是全部的原因,甚至也不是最致命的原因。纳粹攫取了国家权力,却并没有改变职业行动的规则。从现代社会来临之前开始,这些行动就一直忠实于理性的道德中立原则和对理性的追求,而绝不会屈服于与该事业在技术上的成就毫无关系的各种因素。德国的大学,跟其他现代国家中与之相似的机构一样,将科学的理想精心培育成突出的价值无涉行为,他们赋予了自己保护“追求知识的志向”的权利和义务,将与科学追求的利益相冲突的其他志趣撇到一边。只要想起这一点,那么他们的沉默,甚至德国科学机构在完成纳粹任务的过程中的积极合作,也没有什么值得大惊小怪的了。美国的利特尔坚持认为那种沉默与合作越不使人吃惊,就(或者至少应该是)越令人忧虑:

---

① 克尔萧,《德意志第三帝国的公众舆论和政治不满》(Ian Kershaw, *Popular Opinion and Political Dissent in the Third Reich*), Oxford: Clarendon Press, 1983, pp. 359, 364, 372。

> 死亡集中营并不是由文盲，无知和没有受过教育的野蛮人设计并建造的，它们的运行计划也不是由这类人策划的，这个事实给当代的大学带来了信任危机 。屠杀集中营跟它的发明者一样，都是很多代人以来全世界最优秀的一个大学体系生产出来的产品……
>
> 我们的毕业生为智利的社会民主党或者智利的法西斯党，为希腊的叛军或者希腊共和国，为佛朗哥的西班牙或者共和国的西班牙，为苏联，为中国，为科威特或者以色列，为美国、英国、印度尼西亚或者巴基斯坦工作，而没有什么内在冲突……说得苛刻些，总的来看，这就是那些培养出来的技术专家，那些由现代大学对道德、伦理和宗教的冷漠而“教导”了技艺的人们所扮演的历史角色……

他进而抱怨，多年以来，在他的国家里讨论纳粹滥用或者误用科学，比讨论美国的大学给“道氏化学公司（Dow Chemical）、明尼阿波利斯（Minneapolis）、海尼威尔（Honeywell）或者波音飞机 126
公司……或者给智利法西斯主义卷土重来中的美国国际电报电话公司”提供服务还要容易得多。[①]

对于德国科学界（如果更一般些，知识界）的精英，以及他们中最出类拔萃的个别人而言，真正重要的是保存作为学者和理性代言人的诚实。这个任务并不包括（万一有冲突的话，还会排斥）关心他们行动中的道德意义。贝尔岑发现，在 1933 年的春天和夏天，德国科学界的名人，像普朗克、索末菲、海森堡或者劳厄都“在与政府打交道的过程中提出忠告，要耐心，要克

---

① 利特尔，“现代大学的信任危机”（Franklin H. Littell，‘The Credibility Crisis of the Modern University’），见《大屠杀》，pp. 274，277，272。

制,特别是在解雇和移民的时候。其主要目的在于避免正面冲突,等待有序的生活与程序的恢复,使他们学科的职业自主性得到维护"①。一旦他们打算把不甚重要的方面抛到脑后时,他们所有的人都希望保护和挽救对他们而言真正有分量的东西——他们确实做到了这一点。这种打算于他们而言顺理成章,因为与纳粹的那种稀奇古怪的蜜月同他们所习惯和珍视的东西并无不同,而此后确实恢复了"有序的生活"。(不过有一些过去的同事失踪了,并且当他们走进坐满了服装整齐的学生的教室时,又会有一种新的敬礼。)他们的职业行为很受需要,又颇受好评,而且可以即刻拿到资助前程远大且在科学意义上激动人心的项目的基金,于是为这一切付出任何代价都不过分。海森堡曾找到希姆莱,以确信他和他的同事(当然,除了那些失踪的同事)能够被允许做他们愿意和喜欢做的事。希姆莱则建议他应该在物理学家的科学发现和政治行为之间认真地做个区别。这话肯定如同一段音乐一般飘进了海森堡的耳朵里:这不是他一开始受到训练时就要求做的吗?他"于是谨慎、积极地推动了纳粹事业,特别是身处异国、敌意遍布时,他仍孜孜不倦地指导两个小组中的一个投身于原子弹的研制中,无疑,作为一个不可自拔的科学动物,他在去'看'、去获得成功的欲望下备受激励"。②

"知识分子舍弃权力的故事常常都是自愿放弃的故事,"——费斯特写道——"如果有人提倡抵抗,那也只是抵抗自杀的诱惑。"③而在某种程度上,在纳粹式的"有序生活"中,从受害者变

---

① 贝尔岑,"物理科学"(Alan Beyerchen, 'The Physical Sciences'),见《大屠杀》,pp. 158—159。

② 坡里雅科夫,《反犹主义的历史》,第4卷(Léon Poliakoff, *The History of Antisemitism*, vol. Ⅳ), Oxford:Oxford University Press, 1985。

③ 费斯特,《德意志第三帝国的面孔》(Joachim C. Fest, *The Face of the Third Reich*, trans. Michael Bullock), Harmondsworth: Penguin Books, 1985, p. 394。

为附庸的知识分子发现并没有多少自杀的理由，而是有充足的理由自觉自愿地，有时候是一腔热忱地去投降。127

说到投降，值得一提的事情是难以说清它从哪里开始，并且根本不可能预先想到它会在哪里结束。在碎玻璃之夜暴行中，著名东方学教授卡勒(Kahle)的夫人被发现帮助她的犹太人朋友清理惨遭破坏的商店，她丈夫因此就遭到了大家的抵制和其他一些宽大的处理，使他被迫辞职。

> 其间的几个月是一段隔离期，在此期间总共有三个人——不在教授的整个社会和职业圈子之内——在黑夜的掩护下拜访了他。他还收到了来自外面世界的另一个讯息：一群同事们的一封信，对由于妻子缺乏直觉而使他失去从大学光荣引退的机会表示遗憾。①

另外一件值得提及的关于投降的事情是，不管一开始的感觉是多么痛苦，到最后都倾向于变耻为荣。投降的人成为犯罪同谋，而对沆瀣一气导致的认知失调也能泰然处之。那些对纳粹反犹主义宣传所表现出来的浅薄持轻蔑和嫌恶态度，但"仅仅为了保护更崇高的价值"而保持缄默的人，几年之后，发现自己沉浸在大学之清白和德国科学界之纯洁的喜悦里。他们自己的、理性的反犹主义

> 随着犹太人受到的迫害更加残酷而变得更加强烈。其原因很简单，虽然有些令人压抑：即使当人们非常清楚地知道一场可怕的冤屈正在上演，然而却缺乏气概和胆量去抗争

① 格鲁伯格，《第三帝国的社会史》，p. 313。

的时候，他们自然而然地就会把受害者视为可耻的，以此最简便的方式让良心得到宽慰。[①]

无论如何，德国的犹太人已变得彻彻底底地孤立。现在他们生活在一个没有邻里的世界。对关系到他们命运的一切而言，其余的德国人已经不存在了。犹太人的世界里只拥有纳粹权力这样唯一的一个他者。不管犹太人怎么样界定他们的处境，其处境只简化为一个因素：纳粹迫害者视为有用而采取的行动。因此，作为理性的存在者，犹太人不得不根据所预期的纳粹的反应来调整自己的行为；作为理性的存在者，他们不得不假定在行动与反应之间存在一条逻辑链，因此这样的行为也比其
128 他行为更合理、更可取；作为理性的存在者，他们不得不按照官僚机构的头子提出的行为准则来行动：效率、更大的收获、更小的付出。自从纳粹对游戏的规则和赌注做了统一和无可争议的规定之后，他们就能把犹太人的理性当作实现他们自己的目标的一项资源来调动。他们能够将规则和赌注做出这样一种安排，使得每迈出理性的一步，就可以加深未来受害者的无助，使他们一寸一寸向最终的灭亡靠近。

"拯救你所能拯救者"游戏

犹太人被纳粹强迫加入的游戏是生与死的游戏，因此站在他们的角度，增加逃生的机会或者限制死亡的范围既是理性行动的目标，也是衡量的标尺。价值的世界减缩成一个——那就是继续活下去（或者至少是使之成为头等大事）。事态如何，现

---

① 科恩，《种族灭绝的根由》，p. 268。

在说来再清楚不过，而当时的受害者却并不必然知情，在“通往奥斯维辛的曲折之路”的早期则当然更是如此。我们已经知道纳粹本身，包括他们的领袖，在发动对犹战争时头脑里都没有一个关于最后结局的明确概念。战争开始时有着适中的目标：清洗，把犹太人从日耳曼民族中撵出去，经过长期的工作使德国不存在犹太人。正是在官僚机构追逐实现这个目标的过程和影响当中，从身体上消灭犹太人就在某一个阶段从“解决办法”上说变得“合理”了，在技术上也变得可行了。然而，甚至希特勒关键的决策——对俄国犹太人大开杀戒——在积极的“犹太人专家”面前开启了新的视野和提供了先前未经考虑过的选择时，对最终解决的实质保守秘密仍然是纳粹计划中内在和关键的一部分。将受害者送往毒气室被称为“迁居”，屠杀集中营的身份被掩盖在“东部”这个含糊的称呼里。而当犹太人区的代表造访党卫军的指挥官，想问清楚风传的马上要开始屠杀的谣言是否属实时，德国人也断然做出了否定。不夸张地说，这个秘密被保守到了最后一刻。特别指挥部（Sonderkommando）中在毒气室和火葬场效力的犹太成员，如果告诉从拥挤不堪的车上下来的新来者，从月台上看到的建筑不是一个公共浴池的话，那么对他们的惩罚之一就是立即处死。显然，这样做的原因不是为了 129
减轻受害者的愤怒与痛楚，而是为了让他们自愿地走进毒气室，不做丝毫的反抗。

因此，在屠杀的每个阶段里，受害者都**面临一个选择**（至少是在主观上——即使消灭身体的秘密决策已经在客观上剥夺了选择存在的可能性）。他们不能在好的和坏的境况之间做出选择，但至少可以两害相权取其轻。最重要的是，他们可以强调和申明他们要求赦免或者得到特殊对待的权利，使自己免受一些打击。换句话说，他们**有东西可以来实现拯救**。纳粹为了可预知其“受害者们”的行为，进而对之进行操作和控制，不得不规劝他们以“理性的模式”来行动；为达到效果，他们不得不让受害者相信确实存在可实现拯救的东西；并且还制定了明确的规则，规定个人应该怎么样来着手拯救。为了使受害者相信，还必须说服他们，对作为整体的一个群体的待遇并不是均衡划一的，许多个体成员会有所分化，而这就要靠每个人自己的长处。也就是说，受害者要考虑一下，他们的行为确实很重要，他们的命运至少受到他们眼下所作所为的部分影响。

在此有一个绝对事实，即官方规定了权利和被剥夺程度各不相同的各类群体，这激起了疯狂的为获得“重新分类”、证明个人“应当”被划分在更好的类型里的热情。这种反应在混血儿身上表现得尤为突出——作为德国立法造就的“第三种族”，他们处境尴尬，居于失去权利的“纯犹太人”和清白的德国公民之间。“因为有这样的歧视，要求获得特殊对待的压力也就落在同事、上级、朋友和亲戚们的头上。结果，在1935年设立了一项法律程序，对混血儿重新划分，使之进入一个更高的类型……这就是我们所知晓的Befreiung（解放法令）。”在知道了付出的努力并不会完全无效，同时血统上的证明可能被有效地否决和撤消之后，压力就变得更大了。而个人能够——而且很多人也确实——在证明自己确有所长之后（德国最高法院规定“光有行为还不够；行为所反映的态度才是决定性的”）得到真正的解放。甚至像行政长官基利（也是一个混血儿）那样，由于在屠杀犹太人过程中贡献突出，他的自由证明书竟然是作为圣诞礼物，
130 悬挂在特别邮差送来的家庭圣诞树下面。[1]

这种安排的残忍之处在于，它所要求的观念与信仰以及

① 希尔博格，《欧洲犹太人的毁灭》，第1卷，pp. 78—79，76。

它所鼓励的行为,给纳粹的总体规划提供了合法性,使之可以为大多数人所接受,也包括受害者在内。在争取微不足道的特权、享受赦免的身份或者仅仅是已属于整个毁灭计划之内的延期执行(stay of execution)的同时,受害者和那些试图帮助他们的人都默认了这个计划的前提条件。比如说,如果一两个人根据他过去的特长享有免于职业禁令限制的权利,那么实际上就是有人同意,如果没有这样一种特长,那职业禁令就是理所当然的。

> 承认这些特权类型在道德上的灾难,是每一个被要求在他的情形中有所“例外”的人都暗自承认了这种规则,但很明显,这一点从来没有被那些奔波于获得“特殊情况”,以此来要求予以优待的“善人”、犹太人和非犹太人们所掌握……比如甚至在战争结束之后,卡兹特纳(作为一名匈牙利的犹太领袖,为把一些受他监护的人从死亡集中营救出来而与纳粹展开过谈判)为成功地拯救了纳粹于1942年公开宣布的一类“杰出犹太人”而感到自豪,虽然在他看来一个有名的犹太人并不就比一个普通的犹太人更有活下来的权利。①

在争取赦免的过程中,有充足且各不相同的机会来增加这种规则的权威性(到最后,它被当作一种寻求个人特权的权利而得到巩固)。在大屠杀的每个阶段,虽然形式变动不居,但都提供了这样的机会。比如说,对德国犹太人来说,这样的机会就特别丰富而精细。那些在一战中曾为德国战斗的,在战斗中负

① 阿伦特,《艾希曼在耶路撒冷》,p. 132。

伤的，以及因作战英勇而被授勋的犹太人都被宣布属于特殊情况，很长一段时间内，功劳略逊一筹的同胞遭受的限制大多数对他们不起作用。这种本身乃是例外的规则把人们的注意力从更具普遍性的规则上引开了。在这种规则中，只要同时接受使一般规则和例外情况都算得上合理的假设——“正常的”犹太人、“这样的”犹太人不应当享有德国的公民身份所赋予的普通权利——那么不管是谁在其中发现了个人机会都可以要求获益。这种规则招致了接连不断且论证严密的申诉，一封封的推荐信，
131 支持有名望的个人、朋友或者生意伙伴的从中斡旋、急切地寻觅文件和证据等，这一切为反犹太法案生成的新事态得到风平浪静的和解贡献非凡。一些正义的非犹太人尽其所能为他们认识、喜爱或者尊敬的人确保权益，在他们给当局的信中强调，因为**这个特殊的**人为日耳曼民族做出了**独特的**贡献，他不应该受到残酷的对待。教士们忙着保护**转变信仰的**犹太人——犹太人中最初的基督徒。在这里面，个人需要成为一个**特殊类型的**犹太人，以抵制歧视和迫害的原则，被心照不宣地接受了，或者至少得到了人们的适应。

总的来说，有些人和群体过于急切地坚持自己有独特的品质以及获得更好待遇的权利。最显著的一个例子是在西欧的被占领区里，“原有的”犹太人和“迁入的”犹太人之间众所周知且处处存在的分歧。这种分歧的先例在于安居乐土且一定程度上被同化了的犹太社区长期以来一直都敌视那些粗鄙、无知、操一口依地语的东欧同胞，在他们看来，后者令人生厌的鲁莽对他们自己来之不易的受人尊重是一种威胁。（在世纪之交，英国古老而又富有的犹太家族不惜替为躲避俄国屠杀而逃难的穷困潦倒和没有受过教育的犹太大众支付返回的费用；在德国，“比德国人更德国化”的家世古老的犹太人“想要摆脱反感……将其

转移至贫困而未被同化的外来同胞的身上"①。造成这种对东欧小镇的犹太人高高在上、不屑一顾立场的老传统妨碍了西欧的犹太社区领袖把东部犹太人的命运理解为他们自己将来命运的一种模式;命运没有了共同性,可以想象,如此不同的历史与文化也就产生不出团结一致的策略。当英国广播公司在荷兰广播发生在波兰的集体屠杀的消息时,犹太委员会的主席,大卫·科恩,斩钉截铁地否认了它会与荷兰犹太人的未来有什么关联:

> 德国人以暴力摧残波兰犹太人的事实不能作为他们也会同样对待荷兰犹太人的理由,首先,因为德国人一直坚持认为波兰犹太人道德败坏,其次,在尼德兰,跟波兰不同,他们不得不规规矩矩的,还要注意公众的舆论。② 132

这种自鸣得意的观点不仅是对这个世界异想天开的、童话般的观念,对它的持有者来说,它还带有潜在的自我毁灭的结

---

① 阿伦特,《艾希曼在耶路撒冷》,p. 118。这种看法并不完全是空想:它反映了当地居民精英们的观点和实践的长期传统,只有希特勒和希姆莱——包括从其内部产生的反抗——才敢推翻这种传统。迟至1940年12月16日,威廉·库伯,一位久经考验的、恬不知耻的、老练的纳粹权贵,才代表要他予以特别处置的德国犹太人向他的上级请愿:"我认为,从我们文化领域来的人与本地粗野的部落人有着很大的差异。"(引自怀恩莱西,《希特勒的专家们》,p. 155)1940年3月1日,柏林的秘密安全局发出了一个奇怪的文件,指派汉堡的《塔木德经》和《摩西五经》(译按:此二书均为犹太教重要典籍)学校的主管斯比尔博士"在波兰的犹太人保护区(后来计划建在尼斯科周围)建立一个普通犹太人教育体系,要与德意志本国既有教育体系相类似"。后者显然被他人看作比未来德国文化改变的犹太人创造出来的任何事物要优越:科洛德内尔,《纳粹统治下的德国犹太人教育》(Solomon Colodner, *Jewish Education in Germany under the Nazi*), Jewish Education Committee Press, 1964, pp. 33—34。

② 引自多布罗茨基,"日耳曼统治下的犹太人精英"(Lucjan Dobroszycki, 'Jewish Elites under German Rule'),见《大屠杀》,p. 223。

果。世界观决定行为,组织化的犹太社区坚信他们自己有优越性的行为极大地降低了犹太人对纳粹政策做出统一反应的可能,也极大地便利了"逐步的毁灭"。犹太社区的领袖纵然对外来的犹太人在他们眼前遭到围捕、监禁与放逐深感同情,但他们也要求社区成员要为了"更高的价值"保持镇定与克制,不去反抗。据阿德勒的研究,早在1940年9月法国犹太人的策略就已经明确了,针对德国占领部队宣布的区别对待,无疑要有优先选择的等级次序:"此策略首先要做的是尽力保证法国犹太人的继续存在——它的目标不包括外国的犹太人。"它假定对法国犹太人的继续存在而言,"外来的犹太人是个累赘"。犹太机构同意维希政府的决议,保护法国犹太人的代价就是把移民丢给德国人:"毫无疑问,法国的犹太人赞成维希政府的观点,即在社会上和政治上外国的犹太人都是不受欢迎的"。[①]

以个人或群体特权的名义拒绝团结(尽管不是直接地,这也总是意味着同意并非所有的目标群体成员都值得继续活下去,同意应该按照准确评估"客观"品质的原则来给予差别对待)不仅在社区间的关系中表现突出,在每个社区内部,也期盼着、争夺着差别对待,而犹太委员通常被置于生存掮客的角色。全神贯注地想着"拯救你所能拯救者"的策略,使得将要被害的人甚至不能稍稍看到正在迫近的命运的可怕特质。这就给纳粹一个机会,锐减其花费并以最小的麻烦实现了他们的目的。用希尔博格的话来说:

> 通过逐步驱逐犹太人,德国人取得了令人侧目的成功,

① 阿德勒,《巴黎的犹太人和最终解决》(Jacques Adler, *The Jews of Paris and the Final Solution*), Oxford: Oxford University Press, 1987, pp. 233—234。

> 因为那些被搁置在后的人可以找理由说，为了拯救大多数，牺牲极少的人还是必要的。这种心理的表现可以在维也纳的犹太社区中观察到，它与盖世太保签订了一个驱逐的“协议”，“认可”六类犹太人不会遭到放逐。再有，华沙犹太人区的犹太人在德国人将会驱逐六万而不是数十万犹太 133
> 人的条件下赞成合作，不做抵抗。这种两分的现象也在萨洛尼卡出现，那里的犹太领袖和德国的驱逐机构合作，确保只有来自贫困地区的“共产党”分子才会被驱逐，而“中等阶级”则会无人过问。这种致命的算术也在维尔纽斯应用过，那里的犹太首领根斯宣称：“用一百名受害者，我救了一千人。用一千名，我救了一万人。”①

压迫下的生命如此被建构——在日复一日生存下去这个利益点上——以至于继续活下来的机会似乎确实分配不均；而且，它们好像是受人摆布的。个人或群体掌握的资源可用来把公共不平等转化成私人利益。如费恩所说的：

> 集体死亡的威胁没有被预感到，因为犹太人区中政治经济的社会组织每天都在创造有差别的死亡机会。每个人的幸存机会依靠他或者她在阶级秩序中的位置，而整个阶级秩序来自强制的短缺和政治的恐怖，奖赏那些最能够为纳粹直接或者间接服务的人……通过将对征服者的怨恨转移到犹太委员身上，并使人们永远相信这是一场所有人对所有人的战争，而不是他们对我们的战争，控制体系使得面

① 希尔博格，《欧洲犹太人的毁灭》，第 3 卷，p. 1042。

对着一个共同敌人的认知变得混乱了。[1]

生存策略的个人化导致人们普遍争夺被认为有利或者有特权的角色和地位，也导致了讨得压迫者欢颜的努力泛滥横行——代价却总是别的受害者。通过把犹太委员当作避雷针，释放了在此过程中产生的焦虑感和侵略性。而在毁灭过程的每一阶段，犹太委员能够依靠某个特定的选区，这个选区已经得益于政策的连续转变，因而乐于支持不幸的社区官员并由此赋予当下的行动合法性和权威性。在灭亡的每个阶段——除了最后一个——都有个体和群体希冀拯救能被拯救者，保护能被保护者，
134 赦免能被赦免者；也就是说——虽然只是附带的——去合作。

为集体毁灭服务的个人理性

人所共知，纳粹式的残忍迫害没有给机动性留下什么空间。人们受训练或者受教育而在正常条件下会做出的很多选择要么被排斥在外，要么超出了他们控制的范围。在异常的条件下，行为注定也是异常的；但异常的是行为公然的形式和它有形的后果，却不一定是做出选择的原则和引导行为的动机。在朝最后灭亡行进的路程中，大多数人在大多数时间里不是完全缺乏选择的。而哪里有选择，哪里就有理性行动的机会。并且多数人的行动确实相当理性。把强制手段完全攥在手中之后，纳粹认为对于强制而言**理性就意味着合作**；犹太人为其利益而做的每件事情都或多或少地把纳粹的目标朝其圆满的成功推进了一步。

---

① 费恩，《解释大屠杀》，p. 319。

也许合作是一个过于模糊和笼统的概念。把保持克制而不公然反抗(以及反而遵守已有的方针)当作一种合作行为,可能有些不近情理和不太公正。海德里希的快函中规定,将来的犹太委员会应尽的全部责任就是要去关注犹太领袖被迫向德国当局提供的服务;而他自己却不关注犹太委员可能认为有用或者认为需要去承担的职责。他大概指望这些职责将由委员自己去主动担负,这种主动性来自挤在狭小空间里、面临获得求生手段之紧迫需要的社区对于他们所需之物的理性思考。如果这是一个砝码,那么结果证明他选择恰当。犹太委员会不需要德国人的指导来关照犹太人在宗教、教育、文化和福利上的需要。这样的行为已经使他们几乎接受了德国行政等级中较低位置的角色。他们的行为把有关犹太人日常生活的问题都从德国人手中取走,已经是一种合作的类型。不过在其中,尽管压迫统治极端暴虐,犹太社区当局中的角色跟被压迫的少数人的领袖为使压迫能够延续下去(说准确一些,是压迫的纯粹再生产)通常扮演的角色在本质上没有什么区别。它跟犹太自治的传统形式(特别是在波兰以及东欧其他的一些地方)和克利拉(kehila)紧紧守护着的自治在本质上也没有区别。 135

在德国人占领之初,犹太委员成为德国行政结构中的一个官方枢纽之前,战前的克利拉的长者们在和新的当局为达至一个解决争执而精细制定的协议中,积极主动地担负起表达犹太人利益的任务。出于习惯和训练,他们试图使用旧的、经过考验的方法:书面申述和控告,让他们的冤屈获得听证,进行谈判——以及实施贿赂。他们不反对德国人把犹太人集中在犹太人区的决策。跟其他人区隔开来似乎还是一个很好的防止折磨和屠杀的办法。在一个充满敌意和威胁的环境中,这似乎也是提高犹太人的自我管理和保存犹太人的生活方式的一个广受欢迎的办法。换言之,在犹太人区的监禁是为了——在当时的情形下——犹太人的利益,所有那些把犹太人的利益深放在心的人会以其理性的态度同意这种做法。

然而,接受犹太人区的封锁同时就意味着被操纵在德国人的手心。从一个长期的跨度来看,犹太人区展示了它们扮演的汇集工具的角色——这是通向驱逐和毁灭之路的不可或缺的准备阶段。而同时,犹太人区也意味着一个德国官员可以对成千上万的犹太人施以完全的监视——当然是在犹太人自己的帮助之下:他们提供文职和体力劳动,形成了日常生活的社区基础结构,并设立了负责维持法律和秩序的机构。在此意义上,犹太人的一切自我管理等于**客观的**合作。犹太委员行动中的合作成分注定最终会以牺牲所有其他的职责为代价膨胀起来。在保护犹太人利益的旗号下,昨天所采取的理性决定改变了行动的情境而使今天要做出理性的决定已经变得困难得多;而明天必然已彻底失去进行理性选择的可能。

特伦克对犹太委员的权威研究已清楚地揭示了犹太委员会在面对更为烦乱和严峻的问题时,为找到理性的解决办法进行过疯狂和凄绝的斗争。在德国人强大的力量面前,在反犹战争的官僚机器完全放弃道德自抑面前,他们没有什么过错,因为在他们的选择范围之内没有一个选择不服务于德国人的目标。德国的官僚机器为一个由于非理性而不可理解的目标而运转。这
136 个目标就是消灭犹太人;他们中的所有人,老的和少的,残疾的和强壮的,经济的支柱和潜在的经济财富。因此,犹太人没有办法讨好执行毁灭的德国官僚体系,没有办法使自己变得有用,或者出于什么其他的原因变得受欢迎或至少可以被容忍。就是说,对犹太人而言,这场战争在爆发以前就失败了。而在战争的每个阶段仍然要做出决定,要采取步骤,要理性地追逐目标。每

一天都有理性行动的机会和需求。正是因为大屠杀行动的最终目标蔑视一切理性算计，所以它的成功可以建立在其日后的受害者的理性行为之上。在屠杀被构思策划很久以前，K，这位在卡夫卡小说《城堡》中虽足智多谋却倒霉的土地测量员就遇到了相同的经历。他在孤独地同城堡战斗当中失败了——不是因为他的行动非理性，恰恰相反，他尽力在与权力的互动中使用理性。（他错误地设想）这个权力可以对理性的建议做出理性的回应，而在事实上它却并没有这样做。

在犹太人区短暂而血腥的历史中一个最摧人心肺的片段是在东欧一些最大的犹太人区里面，犹太委员会主动地发起了“通过工作获得解救”的运动。战前，东欧反犹主义控告犹太人的经济寄生主义；他们全部从事商业和当中间人，连只靴子都没有生产，因此作为一个整体，他们是一个没有他们其他人照样能生活得很好的群体。德国入侵者在他们的公开计划中提出了犹太人的可有可无性，这比拿出犹太人有用之类的确凿证据来反驳他们的意图更有意义。随着他们的资源由于战争的消耗变得捉襟见肘，德国人的确希望有可被他们控制的额外的经济财富或者生产力的时候，局势就似乎对这种策略特别有利了。人们很难指控罗姆科斯基（Chaim Rumokowski），这位罗兹犹太人区的主席和工业信仰至今最虔诚的提倡者，对德国的威胁做出了不理性的反应。他当然低估了德国人进行屠杀的非理性，也高估了他们内在的、商业活动式的理性（或者，更一般而言，是高估了以效率的观点对世界的组织化形式表面上加以引导的价值和原则所具有的控制力）。不过即使他知道了他的错误，也很难说他还能做些别的什么。他不得不按他的对手好像都确实是理性行动者那样来行动；假如没有做这样一种假设，个人就没办法决定自己的行动轨迹。在盲人谷，独眼人就是国王。在现代 137

官僚体制的理性世界里，非理性的冒险家就是独裁者。

因此，在某种程度上，不管多么狡诈和背信弃义，罗姆科斯基确实是按照他所面临的唯一的理性形式来行动的。“在无数场合中，在‘迁居’之前和在此期间所有公众演讲中，他都不厌其烦地重申犹太人区在形式上的存在只能依靠做出于德国人有用的劳动，并且在任何情况下，哪怕是最悲惨的时候，犹太人区都不应该放弃存在下去的理由。”①罗兹的罗姆科斯基、比亚利斯托克的巴拉什（Ephraim Barash），维尔纽斯的根斯和其他很多人，经常充满自信地说起他们的勤奋工作对他们德国主子的性情带来的影响。看来，他们确实相信只要犹太劳动的生产力和收益性得到证明，德国人给予的酬劳和津贴就会取代驱逐和任意的杀害；至少，他们大概是这样说的，或者不得不使自己相信会是这样。他们这样做，对德国人的战争成就而言可谓贡献卓著。**他们工作是为了拖延宣告灭亡他们的邪恶势力的最后失败**。在奥斯维辛纵横交错的曲折道路完工以前，科瓦河上很多座桥就出自犹太工匠的利落灵巧之手。

德国官僚体制中承载了更少意识形态的下层官员实际上对此印象颇为深刻。当然，这纯粹是出于实用的原因。在他们的头脑中，似乎没有意识到犹太人是在事态的框架中占据持久位置的人，但他们肯定同意剥削犹太人的工业热情比起把这些投入和守纪的劳动力统统杀掉，会产生更大的经济（与军事）意义。事实证明，东部的一些军事指挥官要是发现当地身怀确保军械运转所必须的技术的工匠多数都是犹太人时，他们就特别想延迟屠杀。而他们想把犹太劳动从特遣队的机关枪下救下来

① 特伦克，《犹太委员：在德国占领下东欧的犹太委员会》（Isaiah Trunk, *Judenrat: The Jewish Councils in Eastern Europe under German Occupation*），London: Macmillan, 1972, p. 401。

的假慈悲一旦被最高当局发觉，就会被立即驳回。最高当局懂得只有当这些理性的考虑会使非理性的目标更进一步时(像它们已然做的那样)，才可以允许其存在。东部占领区事务部做出了不留任何讨论余地的决议："原则上，解决犹太人问题不能考虑什么经济因素。如果将来出了什么问题，可以向党卫军高级官员和警察长官咨询意见。"[①]总的来说，犹太委员会发起的"有用的"劳动好像没有拯救任何人(虽然它确实延长了某些人 138
的生命)。罗姆科斯基或者巴拉什对技术精良、充满热情并因此"不可替换的"犹太工人极尽赞美之词，但并不能改变事实的阴暗：这些工人都是犹太人。即使当工人们润滑了德国人的战争机器，他们首先仍然是犹太人，然后才是"有用的"。一切都太迟了。

当犹太委员受命管理"迁居"的时候，理性的考验真正来临了。来自苏联的压力与日俱增，纳粹组织了他们所有的战斗力与之对抗后，自己的现役部队就不足以实施最终解决。这时他们承认他们确实需要犹太人的劳动。犹太委员被安排来负责屠杀所需要的一切准备工作。他们必须提供将遭到放逐的犹太人区居民的详细名单，他们必须首先进行选择，然后把这些人送上火车车厢。为防止抵抗和藏匿，犹太警察必须跟踪和发现顽固分子，强迫他们服从。一切如果顺利的话，纳粹就把自身的角色缩减为旁观者。

如果犹太人将被集体杀害，那么突然之间，所有人都会清楚和坚定他们的选择(即使没有选择)。号召全部起来抵抗，虽然没有太大的希望，却将是很明了的反应——另外唯一的一个选择就是"像绵羊一样进入屠宰场"。在德国人看来，这样大白于

① 引自特伦克，《犹太委员》，p. 407。

天下就会增加一定的行动成本。德国也将不能驾驭受害者的理性驱力来为他们自己的灭亡服务。简而言之,受害者不会合作。动用受害者的理性是一个更为理性的决定。因此无论何时,只要可能的话,纳粹就尽量避免彻底驱逐。他们看起来更愿意分阶段地来完成工作。

> 在杀害犹太人的工作分期完成的城镇里,德国人在每次“行动”之后让犹太人相信这是最后一次……所有这种有意的欺诈和冷血的欺骗,在最终解决的过程中被德国人用来安慰惊恐万状的犹太人,降低他们的警觉,并彻底地误导他们,以至于直到最后一刻他们对“迁居”的真实意义还一无所知。自卫的本能本可激起人们去抗拒将要灭亡的念头,去抓紧一线希望。而现在刽子手把这种本能握在了手心。①

139 苏联西部边界的许多小镇,无需什么复杂的策略,很快就被入侵的德国军队变成了地狱的后院。希特勒训导他的部队,对苏联的战争与众不同——允许做任何事情,没有规则的约束。德国的部队,特别是特遣队,行动起来仿佛唯一可遵循的规则就是**杀你所能杀的人**。犹太人成群地被赶到就近的树林或者深谷中,遭到机枪的扫射。不会没有乌克兰外籍军的热心,而那些在“与众不同的战争”中身经百战的士兵也不会放不开手脚。只有在一些犹太人特别多,或者是紧缺犹太工匠的地方,他们才颇费工夫地建立犹太委员会和成立犹太警局——而在先前占领过的波兰领土上这是一项规矩。无论犹太人区建在哪儿,都需要

① 特伦克,《犹太委员》,pp. 418, 419。

犹太人在其自身的灭亡中进行合作,而从整体上来说,纳粹也确实得到了这种合作。

相对较早的阶段里,犹太委员会就知道——或者至少能够知道,除非他们尽力逃避——被命令做的"挑选"有着什么样的真实企图。有很多委员毫不犹豫地拒绝合作。有些人自杀,有些人经常是先欺骗了仍需要犹太委员活下来的德国人之后,就自觉地踏上了开往死亡营地的交通工具。然而,大多数人却支持这连续不断的"最后一次行动"。这些人对其行为并不缺乏令人信服且理性的解释。由于犹太人的传统禁止以其他人为代价换取自己的生存①,这种解释只能是引自现代的理性时代中的传说,并包装在现代技术的词汇当中。可以预料,用处最大的是数字游戏:数字更大的生命比起数字更小的生命要好,杀得更少比杀得更多要少一些可憎。**牺牲一些,拯救多数**——这就是记录在案的犹太委员领袖的辩词中频次最高和反复重现的语句。思维出现了奇异的转折,判决处死被理解为高贵的、在道德

① 因此迈蒙尼德(Maimonides)说:"如果异教徒告诉他们'交给我们一个人让我们处死他,否则我们就把你们全部杀光',他们应当全部被杀害,而不应当交出一个人。"《摩西五经要义》(*The Fundamentals of the Torah*),5/5。同样,《父亲伦理》(*Pirkei Abboth*)也说:"一个人走到雷巴的跟前并对他说,'我所在城市的统治者命令我杀死某个人,如果我拒绝那样做,他就会把我杀掉',雷巴告诉他,'宁可被杀死也不要去杀别人;你认为你的血比别人的更红吗?或许别人的血比你更红'。"(Pes. 25b)耶路撒冷犹太法典教导说:"一群犹太人正行进在路途中,这时他们遇到了一些异教徒;他们走到犹太人的跟前说,'交出一个人让我们杀死他,否则你们将全部被杀掉!'即使所有的人都被杀害,也不能交出一个犹太人。"对于当敌人指明要处置某个具体的人的情况,权威们之间的立场各不相同。但即使是这种情况,犹太法典建议按照下述故事考虑:"政府要缉捕柯舍夫。他于是跑到洛德的本利维城中约书亚处寻求庇护。政府军队来到那里并包围了城市。他们说,'如果你们不交出他,我们就把整个城都毁了。'约书亚教士找到柯舍夫并劝服他去自首。以利亚(公元前9世纪以色列的先知)以前经常为约书亚显灵,但从那时开始就再也不显灵了。约书亚斋戒多日之后,以利亚终于显灵。以利亚问道,'我应当给告密者显灵吗?',约书亚说,'我只是在遵从法律',以利亚反驳说,'但这是圣徒之法吗?'。"(*Trumot* 8:10)

上值得表扬的对生命的卫护。“我们不决定谁将去死，我们只决定谁将活下来。”但想做上帝这还不够；虽然很多委员领袖希望能作为仁慈的、守护的上帝被人们记住。因此在1942年9月4日，把上千的老者、病员和孩子送上死路后，罗姆科斯基宣布“激励我们的不是……想到会失去多少人，而是想到可能拯救多少人”。[①] 其他人则沉浸在现代医学的丰富比喻当中，把他们
140 自己装扮成救死扶伤的外科医生：“如果有人需要截肢来保住身体”，或者“需要截断一只中毒的手臂来保住生命，就一定不要犹豫”。

所说的这一切，以及作为现代理性思维值得称赞的成就的死刑判决，与犹太人的热心肠结合起来，但还是有个仍将继续责难那些即使最为自责的合作者的问题：尽管切掉肢体是在所难免的，但这个手术非要由我来主刀吗？而且，更让他们不得安宁的是：就算一些人的生存必须要有一些人消逝，那么我为什么可以决定谁应该去牺牲，这又是为了谁？

事实证明这类问题确实折磨过许多犹太委员和领袖们，甚至（特别是）那些没有拒绝服从与没有通过自杀来寻求解脱的人。华沙的切尔尼亚科夫令人敬佩的出走广为流传；自杀者名单很长，而划下了界线、其道德标准不允许他们越过该界线的犹太委员的数目也很庞大，而且仍然无法计算。这里只能草草的举几个例子。若纳的犹太委员主席贝格曼博士，在自杀之前告诉德国人他只能送他和他的家人参加“迁居”。科索波勒斯基的查捷金轻蔑地拒绝了城市特派员的搭救。鲁科的李贝曼把收集起来企图贿赂而未果的钱撕得粉碎，砸在德国监管的脸上——怒吼道：“你们这些血腥的暴徒，这是你们为我们上路所

① 引自特伦克，《犹太委员》，p. 423。

付的代价！”他被当场击毙。贝雷查·卡突斯加的犹太委员会接到德国人的命令，要他们挑选一个犹太人的分遣队“到俄国工作”后，全体成员于 1942 年 9 月 1 日开会时集体自杀。

至于其他人，贪生怕死或者恬不知耻地活了下来，他们急需一个回答；那就是一个借口，一个理由，或者一个道德的或者理性的观点。在多数记载的案例中，他们勉强接受了后者，即那些显然是幸免者最愿接受的和最令人心服的理由。比如，在每次连续的“行动”之后，像根斯和罗姆科斯基这类人就感到有必要召开一个犹太人区剩余囚犯的全体大会，来解释一下他们为什么决定“我们亲自来做这件事”。（拿根斯来说，“做这件事”就意味着把奥斯米亚那的四百个老人和孩子送往刑场，让他们死于犹太警察之手。）目瞪口呆的听众于是就面对着一个理性思维的展现：数字的计算。“如果我们把工作丢给德国人，那么死的人会更多。”或者，讲得更个人化一些：“如果我拒绝执行命令，德国人就会用一个更加残忍和恶毒的人来代替我，那么后果就不堪设想。”理性计算的“收益”被重新融入在一个道德义务 141
里。根斯，这个自认的维尔纽斯犹太人的上帝，这个至死都坚信自己是救世主的杀人凶手，下定决心：“是的，我的职责就是弄脏我的双手。”

人们追逐着“拯救你所能拯救者”的策略，直到最后一个犹太人被埋葬在乌克兰的阴沟里，或者在特雷布林卡的烟囱中化为青烟。精于逻辑和在理性思考的艺术中受到良好训练的人在它之后紧追不舍。因此策略本身就是一个胜利，就是对理性的最终褒赏。总有实施拯救的东西或者人，也就总有理性行动的可能。富于逻辑和理性的犹太委员们说服自己加入凶手的工作中来。他们的逻辑和理性是凶手计划中的一部分。每当行刑小组过于单薄或者屠杀武器不能立即使用的时候，这种逻辑和理性就派上了用场。逻辑和理性总是可以得到的，因此充分提供的高效合作总是等待着，准备填补沟壑。似乎上帝想毁灭某个人的时候，没有让他发疯，而是让他变得理性了。

今天我们非常清楚，这个"拯救你所能拯救者"的策略，哪怕它可能是理性的，却没有能帮助受害者。就是说这个策略摆在第一位的，不是受害者。它是灭亡策略的一个补充，一个延伸，由意在毁灭的力量操作和管理。那些欢迎"拯救你所能拯救者"策略的人首先被打上了受害者的印记。那些为他们打上印记的人创造了一个局面，在其中事物需要被拯救以获得存在，什么"避免损失"、"活下来的代价"、"更少的罪恶"等计算也由此应运而生。在这样的局面里，受害者的理性成了杀害他们的凶手手中的武器。也就是说，**被统治者的理性往往是统治者的武器**。

尽管如此，我们今天还是知道了所有这些理论上的真相，即压迫者只遇到了少得令人咋舌的困难，就得到了他们的受害者在理性动机的作用下同他们的合作。

自我保全的理性

压迫者的成功有赖于诱使受害者的理性计算超出达到其原初目的的可能性；也有赖于能够让人们——至少是某些人，
142 在某段时间里——在一个公认的非理性环境里做出理性的行为。顺理成章地，这就有赖于从整个情境当中剔除正常状态的存在；有赖于把这样一些阶段安插进最终导致了彻底灭亡的过程，这些阶段就是无论何时单独思量，都会许可在活下来这个理性标准的引导下做出选择的阶段。从大屠杀的管理者的观点看来，最终被合并进最后解决的所有单个行为都是理性的;而从受害者的观点看来,其中的绝大部分同样也是理性的。

为了使这个结果能够被实现,就要制造出这样的表面现象:选择性生存在大多数时间里是可行的,因此,受自我保全之旨趣操纵的行为也是理性和明智的。一旦自我保全被选为行为的最高标准,其价值就会逐渐且无情地高涨——直到其他的所有考量都遭贬值,所有道德或宗教的禁令都被打破,所有是非之心都遭否认和抛弃。恶名远扬的卡茨纳(Resvö Kasztner)在折磨人的招供中说:"一开始,向(犹太委员会)要求的东西相对而言并不重要,都是以物质价值来相互交换的东西,像个人的财产、钱和房子等。不过,后来就要人们的个人自由。而到最后,纳粹要的就是生命本身。"①理性原则内在的道德冷漠因此被推向极致并被完全利用。在受到训练去追逐理性成就的行动者当中存在,但只要没有暴露在极端的考验面前往往就蛰伏不动的潜能,在此却淋漓尽致地爆发出来。在令人目眩的光亮中,自我保全的理性被展示为道德责任的敌人。

根据一位目击证人的证词,在1942年的复活节,索可利的特派员命令当地的犹太委员们运送镇上的所有强壮男子。在指定的时间委员会主席去报告他的努力没有奏效时,

> 特派员立刻大发雷霆,打倒了他,还敲他的头,抽他的脸。他扯断了他的怀表,大声叫嚷:"在半个小时内必须给我聚集起来,否则我就要枪毙你们这些委员。"这又给犹太委员们一惊。转瞬之间,他们都成了另外的人。他们十二个人带着帮手和助手奔走于犹太人小镇的大街小巷,挨家

① 引自特伦克,《犹太委员》,p. xxxii。

> 挨户把每一个人,包括大人和小孩都拽出来。没人能阻止他们。然后他们把所有人排成队。如果有"装病的"不出
> 143 来,他们就说阿斯莫狄斯会枪毙整个犹太委员会。于是十五分钟之后,大街上挤满了人,犹太委员们让他们以两列纵队行进。①

在纳粹统治之欧洲的整个广阔地域内,类似这样的场景以可怕的节律重复地上演。犹太委员和犹太警察们面对着一个简单的选择,要么死,要么让别人去死。很多人选择的是延迟自己的死,以及延迟其亲朋好友的死。在自我利益驱动下,扮演上帝变得更为容易。

不可能说清楚有多少选择"弄脏他们的手"的人确实巴望着能活下来。自我保全的本能在生与死的选择面前遇到了极端的挑战。如果拿普通生活中做不那么富有因果联系以及不那么富有戏剧性的决定的标准,来对在那种选择的条件下人的行为做判断,是不公平和错误的。在普通生活当中,自我利益与对他人的责任之间常常也有很尖锐的冲突,但很少是如此的不可调和,或者很少要做出无可挽回的选择。而且,一般的冲突很多都是在其他的大多数人不必做出具有同等道德强度的决定的环境当中被一个个地面对——因此仍然可以清楚地看到道德的标准。在阶段性毁灭过程中的犹太人区里,这样的环境被有效地破坏了。在穿过一圈一圈的地狱之环的通道上,把理性的个人利益压在下面的道德义务的权威所残留下来的一切都被"渐渐地抹平了"。每一个官僚体系的正常程序——贬低或者清除包

① 引自特伦克,《犹太人对纳粹迫害的反应:灭绝过程中集体和个体的行为》(Trunk, *Jewish Responses to Nazi Persecution: Collective and Individual Behaviour in Extremis*), New York: Stein & Day, 1979, pp. 75—76。

括来自道德的一切抵抗力，更为稳当和便利地获得服从——在此被推到了极点，其具有的潜能也被展现无余。受害者道德的堕落使他们与其迫害者的计划进行合作变得更为容易。通过使受害者面临这样的选择，即那些活下来的“适者”都只能带着肮脏的双手从考验中挺过来，设计者们确信，随着时间的推移，犹太人区的居民将越来越向一个谋杀的帮凶集团转变，这样道德麻木和道德冷漠也会增长，使得他们损坏甚或彻底砸烂所有通常用来对源自赤裸裸的自我保全本能的压力进行控制的闸门。

埃德曼，华沙犹太人区起义的领袖和极少数的幸存战士中的一员，在战争结束之后立即记录下了他对“犹太人区社会”的回忆：

> 彻底的隔绝、封闭外界的舆论与切断外界的所有联系，对犹太大众而言有着特殊的意图和影响。墙的那一边所发生的一切，渐渐地越来越远，越来越模糊，越来越陌生。而 144
> 关键在于今天，那近在咫尺所发生的一切，这里有最重要的事情，它吸引了普通的犹太人区居民的所有注意力。继续活下来已经成为唯一重要的事情。依据自己的条件和支配的资源，每个人对“生活”有他自己的解释。生活对战前富人们而言是享受，对盖世太保的堕落帮凶或者无耻的走私者而言是夸耀卖弄和无所顾忌，而对依靠慈善伙房的稀薄汤羹和定量面包糊口的无数劳动大众和失业者而言却意味着饥饿。每个人无可奈何地以自己的方式依附于这种“生活”。有钱人认为生活的目的在于每日从嘈杂拥挤的咖啡馆、夜总会、舞会中寻求到的享受与快乐。一无所有之人所追逐的“幸福”却隐藏在从垃圾箱里找到的一块发霉的土豆里或者隐藏在路人扔进乞讨者手里的一条面包里；他们

> 想忘掉饥饿,哪怕就那么一会儿……可是饥饿与日俱增,它从拥挤不堪的住所蔓延到大街上,它展现的场面让人触目惊心,肿胀得可怕的身体,溃疡和化脓的四肢,裹在糜烂的衣服里,布满了冻疮和营养不良而带来的创痛与伤痕。饥饿在乞讨的孩子和穷困的老人的嘴唇上诉说……贫穷难以抵抗,人们成了街头饿殍。每天早上 4 点到 5 点钟,殡仪员收拾成打的尸体,在适当的位置用石头压上报纸。有些人倒在街上,有些人死在家里,但家人把他们剥个精光(衣服拿去卖钱),然后把他们扔到人行道上,这样让犹太委员会来为葬礼支付费用。马车一辆接一辆地驶过大街,赤裸的尸体盈至车的边缘……与此同时,伤寒也正在犹太人区肆虐……医院的每个病房都接纳有一百五十名感染者,有时,三个人被放在一张床上,但仍有许多人死在地板上。对垂死之人,人们不再有耐心,因为其他人还需要空间……五百具尸体被堆积在一个墓穴里,还有数百具尸体没有掩埋,坟场散发着恶心的、令人作呕的气味……在如此悲剧的犹太人生活的境况之中,德国人还尽力想插入秩序和权威的假象。从第一天起,犹太委员会就正式地行使权力。为确保
> 145 秩序,建立了有编制的犹太警察……这些机构,妄图给犹太人区的生活以一些正常状态的虚饰,实际上却成了影响深远的堕落和道德沦丧的渊薮。[①]

在犹太人区,阶级之间的距离等于生与死的距离。而活下来就意味着得对其他人的贫穷和痛苦闭上双眼。贫民最先遭

① 埃德曼,《战斗的犹太人区》(Mark Edelman, *Ghetto walczy*), Warszaw: C. K. Bundu, 1945, pp. 12—14。

难，而且是成群结队地遭难。呆板的、恭顺的、天真的、诚实的以及颓废的也遭此厄运。从第一天开始，一批一批的人被挤压在只能容纳不超过其数量的三分之一的人的空间里，盘算后发放的食物配额使得身体衰颓、精神萎靡，根本没有收入的来源，并且传染病猖獗、药品匮乏，在犹太人区的生活早就成了一场得失所系的游戏，自我保全是最令人觊觎的奖赏，也是唯一真正起作用的奖赏。同情则很少要出那么高的价钱才能买到。仅仅关心自己的生存也很少和道德的沦丧靠得如此之近。

阶级的区别，在面包和避难所的获得濒临危机时是残忍和令人发指的，而一开始争夺延期执行就具有了谋杀的性质。到那时，穷人因为过于柔弱无力而无法反抗或者无法以其他的任何形式保护自己的生命。“在犹太人区遭清洗的行动中，很多犹太人家庭不能斗争，不能申诉，不能逃跑，也不能搬到中心地点熬过劫难。他们在家里等着搜捕的军队的到来，冰凉而无助。”[①]富人和不那么穷的人则力图攀比出价（多数情况下都归于徒劳），以期获得少数几张通行证，而纳粹通常刻意把这些通行证扔给惊慌失措的暴徒。很少有人意识到一个受害者的成功仅仅是意味着另一个人的受害。命运被赐予了，也被接受了，因为魔术般的数字之盘宣告其持有者为无罪，被当下的“行动”免除了；人们狂乱地寻找和贿赂说话有分量的保护者。车楞格尔，华沙犹太人区中不可遗忘的吟游诗人，痛苦地描述了 1943 年 1 月 19 日发生的“行动”：

电话不通。救命！救命！救命！发动盖世太保的显要吧。呼叫铁路营：他们开来火车了吗？车梅林先生在附近

① 希尔博格，《欧洲犹太人的毁灭》，第 3 卷，p. 1036。

吗？先生，我的……已经被带走了！斯科索夫斯基先生！帮下忙！不管多少钱！十万！你要多少给多少！为二十个人，我愿意付五十万！为十个人！一个人！

犹太人有钱！犹太人可以在幕后操纵！犹太人是无力的！……

146 我们明白了，他们怎么样造成他们不幸命运的——他们现在怎么样走过地板去找水，他们怎么样提供给乌克兰人他们的百万家资，他们怎么样带着全部的钱不知去向，这些钱足以让这数百位集中在车站的人多活几个月……

挂着数字之盘的牛惊慌地逃窜。一些没有数字的生命无助地站在废墟上……

帝国国库在膨胀。

犹太人在死亡。①

生命之价越攀越高，背叛之价则越跌越低。不可抵御的活下来的冲动把道德的审慎推到一边，随之而去的还有人的尊严。在为生存而遍起的争夺中，自我保全的价值戴上了不可置疑的选择合法性的王冠。为自我保全所做的一切都是对的。在最终的结局危如累卵时，所有的手段都似乎可以自圆其说。实际上，纳粹如今要求犹太委员们提供的服从与他们最先要求的相比，其罪恶程度不可同日而语。但是游戏的赌注也已经改变——顺从的代价和报酬同时都攀升了。这样，人们效劳依旧。在为了获得又一天的生命而进行的讨价还价中，犹太委员会或犹太警察局中的一份工作所值的就不只是金钱和钻石了。

① 车楞格尔（Wladyslaw Szlengel），*Co czytalem umarlym*，Warszaw：PIW，1979，pp. 46，49，44。

也不是金钱和钻石为人不屑。幸存者的很多记录讲述了凄凉悲惨的故事，在其中蔓延不绝的贿赂与敲诈、勒索与欺骗，已经成为犹太委员或者至少许多利用其可恶的权力分判生死的人的一种标志。为了得到委员们的帮助，或许是得到一个官方的特权，或许是一张假的身份证，巨额的金钱和传家之宝被索取和支付。尤为令人垂涎的是在特殊的大楼中单辟出来安置委员会成员和警察及其直系家属的房子。据说，这些大楼不受党卫军的注意，免遭连续不断的行动。不过，随着危机的加剧和绝望的侵蚀，每一次争夺特权都会引来过高的价格，这只有受害社区现存人员中的最富有者才支付得起。

犹太委员的这些行为反映了受害群体的普遍堕落。在使受害者丧失人性的过程中，拔高了自卫理性和系统地剥离了道德思虑之价值的压制大获全胜。它的过程仿佛一个自我证明的预言。犹太人最初被宣称为不守道德和寡廉鲜耻，是自私自利和 147
贪得无厌的价值诋毁者。他们用表面的人道主义幌子便利地掩盖了赤裸裸的追求个人利益行径。因此他们被关押进一个残忍的地方，在那里宣传所鼓噪起来的界定成了事实。戈培尔部长的摄影师曾在很多天里现场录下在豪华饭店门口饿死的乞丐。

堕落有它自己的逻辑。它分阶段地行进，并且每一步都让下一步变得更为轻松。它这样开始：

> 西德克委员会的副主席不断地提高他的生活水平……突然间手中握着大把的钞票，其他的机会也不期而至，这使他飘忽起来。他相信他有无限的权力，可以利用他的职位，在大众受难的时候获益。他狮子大开口，一旦发生紧急事件需向德国人支付以求无恙时，他从委托给他的财富中侵吞了巨额的金钱和大量的珠宝。他在舒适中生活……

它这样发展：

> （查维尔希委员会的主席）在1943年9月的“迁居”期间，当接到消息说所有犹太人，除了极少数的熟练工人，都将被送往奥斯维辛时（已经知道**这**意味着什么），他把全家四十口人召集起来，并把他们的名字列在熟练工人的名单之上。

它这样结束：

> （在斯加拉特犹太人区）元首最高冲锋队的缪勒和委员会的代表们以及社区警察的指挥官布里夫博士达成一项交易，只要他们积极参与“行动”，他郑重宣布他们及其家属将免遭劫难。……血腥的行动之后……一队党卫军成员到犹太委员会去，他们在那儿纵情享乐。为他们准备了一场舞会……侍者在精美装饰的酒席旁边忙碌张罗，欢颜有加地尽力满足他们的客人的需要。听到的是欢声笑语，音乐悠扬，客人们也一展歌喉，其乐欣然。可就是在这个时候，两千被送往犹太教会堂的人，差点因空气憋闷而窒息致
> 148 死，而另外的人则在寒冷中沿着铁道被押解在草原上。[1]

事实上，这并不是最终的结束。所谓的“自我保全”列车仅仅停靠特雷布林卡[2]火车站。

---

① 引自特伦克，《犹太委员》，pp. 447—449。

② 特雷布林卡，波兰东部的一个村庄，第二次世界大战时纳粹德国曾在此设集中营。——译注

结 论

如果犹太委员和警察可以选择,他们谁也不愿登上自我毁灭的列车。谁也不愿帮着杀害别人。谁也不会沉沦到“灾难时期仍狂欢”之类的堕落。但是他们确实没有选择。或者,选择的范围不是由他们设定的。他们中大多数人——包括彻底堕落和不顾廉耻的——以他们的理性和理性判断的技巧做允许他们做的选择。大屠杀经历在其所有的恶果中展示出来的是行动者之理性(一种心理现象)与行动之理性(对行动者而言依其客观的后果来衡量)之间的区别。只有当这两种理性共鸣和重叠的时候,理性才是个人行为的好的指导。否则,它变成了一件自杀的武器。它破坏了它自己的目的,几乎摧毁了道德自抑——它唯一的束缚和潜在的救世主。

两种理性的一致——行动者的和行动的——不取决于行动者。它取决于行动所处的场景,而该场景又取决于规则和资源,它们都不为行动者所控制。规则和资源由那些真正控制局势的人所操纵:这些人能够使某些选择过于昂贵以至于不能被他们所统治的人经常选择,同时确保那些有利于他们的目标、强化他们的控制的选择得到频繁和大量的挑选。不管统治者的目的是有利于被统治者的利益还是摧毁他们的利益,这种能力都岿然不动。**在权力极度不均匀的条件下,被统治者的理性至少可以说是一种混合的福音。**它可能使他们确有所得,不过它也可能使他们灭亡。

作为一个复杂的有目的的运作过程,大屠杀可以作为一个现代官僚理性的范式。差不多每件事都以最小的代价和付出赢得最大的收获。做的每件事差不多(在可能的范围之内)都是

为了动用每个人的，包括那些行将成为成功的计划之受害者的
人的技巧和资源。差不多所有无关于或者反对行动目标的压力
149 都被中和了或者被排除在行动之外。实际上，大屠杀的组织化
过程可以编进科学管理的教科书。假如军事上失败的屠杀执行
者强加在全世界的意图不是遭到道德和政治上的谴责的话，那
么它早已被编进了教科书。为了促进人类事务的高度组织化，
少不了会有些杰出的学者竞相研究和总结大屠杀的经验。

从受害者的立场出发，大屠杀包含了不同的教训。其中最
紧要的一个是误把理性的缺陷当作组织效能的唯一的衡量尺
度。社会科学家也要全面吸取这个教训。只有这样，我们才能
继续研究和总结人类行动效能业已取得的巨大进步——那多亏
摒弃了包括道德规范在内的定性标准，并且极少从后果来考虑
150 问题。

六

服从之伦理(读米格拉姆)

尚未从大屠杀令人心悸的事实中完全恢复过来,德怀特·麦克唐纳于 1945 年警告说,现在我们必须提防的是守法者,而不是违法者。

大屠杀使得所有被记住和承袭下来的邪恶形象都相形见绌。正由于此,大屠杀颠倒了罪恶行径以往的所有解释。它突然昭示,人类记忆中最耸人听闻的罪恶不是源自秩序的涣散,而是源自完美无缺、无可指责且未受挑战的秩序的统治。它并非一群肆无忌惮、不受管束的乌合之众所为,而是由身披制服、循规蹈矩、唯命是从,并对指令的精神和用语细致有加的人所为。我们知道,无论在何时这些人一脱掉他们的军装,就与罪恶无涉。他们的行为跟我们所有的人极其相似。他们有爱妻,有娇惯的子女,有陷入悲伤时得到他们帮助与劝慰的朋友。可难以置信的是,这些人一旦穿上制服,就用子弹、毒气杀害成千上万的其他人,或者主持这项工作。被害者也包括为他人爱妻的女人和为他人爱子的幼童。这是令人胆寒的。像你我这样的普通人怎么能下得了手？难道的确在某种程度上，在很小的程度上，甚或在极微弱的程度上，他们是特殊的、不同的，跟我们**不相似**？难道他们真的摆脱了我们这个启蒙之后的文明社会所具有的使人尊贵、教人人道的影响？或者从另外一个角度来说，难道他们已经变坏、堕落，易受各种源自残缺扭曲人格的教导因素的恶性
151 或者灾难性结合的摆布？反对这些假设会引起不满，不仅因为这将会粉碎一个文明社会的生活所承诺的个人安全的幻想，而且具有更深一层意义的原因是，因为它暴露了每一个在道德上正直的自我形象和任何清白良心无可挽回的不足为信，从今往后，只有进一步检省之后，所有的良心才将是清白的。

关于大屠杀最令人恐惧的事情以及我们由此对大屠杀的执行者有所了解的，不是"这"也会发生在我们头上的可能性，而是想到我们也能够去进行屠杀。米格拉姆是耶鲁大学的一位心理学家，在他不顾后果地对在情感冲动的基础上提出的假设进行经验验证，并决意忘掉事实证据的时候，首要的就是研究这种恐惧。更为义无反顾的是，他于 1974 年出版了他的成果。米格拉姆的发现实际上很明确：不错，我们过去能够那样做，而如果条件适合，我们现在仍然可以。

要容忍这种发现并不是件容易的事。难怪已知的观点都倾其全力来批驳米格拉姆的研究。米格拉姆的技巧被精密地检测，遭到批评，被宣布为谬误甚至可耻，并受到责难。在学术界中，知名的与普通一点的，都不顾代价和不择手段地力图怀疑与否认此项在头脑中更适合自满和平静的地方放入恐惧的发现。科学史上很少有比这更彻底的一幕来揭露所谓的价值中立地追求知识和从事科学探求的动机的无功利性。在回应对他的批评时，米格拉姆说道："我确信，不管人们知道与否，许多批评是来

自实验的结果。任何人如果因轻微的或者中度的惊吓而停下来(即,在遵行实验员的命令将要带给假定的受害者疼痛和苦楚之前),那么这个发现非常可靠,有谁会去非议呢?”[①]当然,米格拉姆是对的,现在也仍然正确。自他最初的实验以来,多年已过,他的发现本应该全盘改变我们对人类行为机制的看法,却仍然在大多数社会学的课程中被作为逗笑的而不是十分富于启迪的怪谈——对社会学理论的主体毫无影响。人们如果不能击败这项发现,也仍然可以把它搁置不问。

思维的旧有习惯难以根除。战后不久,以阿多诺为首的一
群学者出版了《权威人格》,一本注定在多年内将成为研究与理 152
论模式的著作。这本书中尤其重要的不是其具体的命题——实际上最后全部都遭到了质疑和驳斥——而是其中对问题的定位与从中缘起的研究策略。阿多诺与其同事的后一个贡献在与学术公众的潜意识愿望自然地形成共鸣的同时不受经验验证的影响,因而被证明是更加富有活力的 。如书名所示,作者力图解释纳粹的统治和对特殊类型的个体施加的残暴;力图解释倾向于向强者屈服,倾向于向肆无忌惮地恃强凌弱且常常是惨无人道的强制专横屈服的人格。纳粹的胜利无疑是这种人格累积过多的产物。而这为什么会发生,作者没有解释也不想解释。他们小心翼翼地放弃了去探究所有会产生权威人格的超个人或者是外在于个人的因素;他们也不关心这些因素会在不具权威**人格**的人身上引发出权威人格式**行为**的可能。对阿多诺及其同事而言,纳粹主义之所以残酷是因为纳粹分子是残酷的;而纳粹分子之所以残酷是因为残酷的人都倾向于成为纳粹分子。如几年

① 米格拉姆,《社会世界中的个体》(Stanley Milgram, *The Individual in a Social World*), Reading, Mass.: Addison and Wesley, 1971, p. 98。

之后他们其中的一位所承认的那样，“权威人格强调的是潜在的法西斯主义和种族中心主义的纯粹的人格决定因素，而不虑及当前的社会影响”①。阿多诺和他的伙伴阐述问题的方式的重要之处，与其说是在于将谴责进行分摊的方式，不如说是在于它赦免了人类所有其他人的罪责的那股率直。阿多诺的观点把世界划分为与生俱来的原型纳粹分子和他们的受害者。那种认为如果予以机会的话很多温文尔雅的人也会变得残酷无情的暗淡而又凄凉的认识遭到了压制。甚至对受害者在灭绝之路上失去了太多人性的怀疑也被禁止——一种在美国电视上刻画大屠杀时荒谬到了极点的默认的禁令。

米格拉姆的研究所要挑战的正是这种根深蒂固、互相强化的学术传统与公众舆论。他的假设与发现引起了很大的不安与愤怒：他假设，残酷不是残酷的个人之所为，而是力图脱卸他们普通义务的普通男男女女之所为；他发现，**残酷只是微弱地与执**
153 **行者的个性相关，而实际上却非常紧密地与权威和下属的关系，**与我们正常的、每天都碰到的权力与服从的结构**相关**。“那些在内心确信他们憎恶偷盗、杀戮和攻击的人，会发现他们自己在权威的命令之下相对从容地干这些勾当。而个体自我行事时不可设想的行为会在完成命令时毫不犹豫地得到执行。”②当然确实也有些个体的残酷是受他们自己的、并无强制的、彻底的个人倾向激发所致。不过有一点是铁定的，那就是当其所处的互动情境激发他们变得残酷时，他们的个人特征没有阻止他们。

---

① 克里斯蒂，“极权主义的再检审”（Richard Christie, ‘Authoritarianism Re-examined’），见克里斯蒂与雅霍达编著，《“权威人格”的视角与方法研究》（Richard Christie & Marie Jahöda eds. , *Studies in the Scope and Method of ‘The Authoritarian Personality’*），Glencoe, Ill.:Free Press, 1954, p. 194。

② 米格拉姆，《服从权威：一个实验的观点》（*Obedience to Authority: An Experimental View*），London:Tavistock,1974, p. xi。

如果从传统上循着黎朋[1]的观点,我们惯于认为唯一可能发生上述那种事情(即由正派的人干不正派的事)的情况,是人类互动正常的、文明的、理性的模式已经崩塌的一个局面:仇恨或者痛苦所聚集的一群人,不经意地与陌生人遭遇,每个人都被拽出了其通常的情境而一时间悬停在社会的空寂之中,一个挤得密不透风的市镇广场上,惊慌的呼叫代替了命令,四下奔逃代替了权威指定的方向。我们习惯性地认为,不可设想的行为只有在人停止思考时才可能发生,即从前社会的、蒙昧的人类情感的大锅之上揭开理性之盖的那个时候。米格拉姆的发现则倒置了一个更为古老的世界图像——根据这个图像,人性完全在理性秩序的一边,而非人性则完全被限制在人性的偶然分裂之中。

简而言之,米格拉姆假设并证明了**非人性是社会关系中的一个事实。当后者被理性化以及在技术上被引向完美时,非人性的社会生产的能力与效率也趋向如此。**

这好像没有什么大不了的。其实不然。在米格拉姆的实验之前,很少有人,包括专业人员和普通人,预知到他将要揭示些什么。事实上,所有中产阶级的普通男子,所有称职且受人尊敬的心理学专业人士,在被米格拉姆问及实验的结果将会怎样时都相信,当被要求做的行为的残酷性逐渐增长时,百分之百的被试者都会拒绝合作,并且他们会在一个相当低的水平上就停止。而实际上,在一个恰当的环境里,撤回他们原先的同意的人的比例降低到百分之三十。而他们准备使用的所谓的电击强度达到了比那些与普通公众相唱和的知名专家所能想象的程度的三倍还要多。 154

[1] Le Bon,美国早期社会心理学家。——译注

具有社会距离功能的非人性

米格拉姆的发现中最具震撼力的也许就是**残酷的倾向与同受害者的接近程度之间成反比**。比如,要害一个我们与之接触的人是难以下手的;对一个只被我们远远看见的人施加痛苦则较为容易一些;对只被我们听见的人则又更加容易;而对既没看见也没有听到的人,就可以很轻松地残酷对待他们了。

如果害一个人包括直接的身体接触,那么因无视行为和受害人之痛苦的因果联系而带来的舒适就无法被执行者体会到。这种因果联系是赤裸裸且一目了然的,因此对于痛苦的责任也是如此。在米格拉姆的实验中,当被试者被告知强行抓住受害者的手放在所谓实施电击的镀板上时,只有百分之三十的人坚持到实验的最后,完成了命令。而在只要求他们扳动控制台上的控制杆以代替抓住受害者的手的时候,服从者的比例上升到百分之四十。当把受害者藏在一堵墙之后,只能听到他们佯装的惨叫时,准备"看到最后"的被试者数量就跃升至百分之六十二点五。而关掉声音后并没有使百分比推进太多——只到了百分之六十五。这好像在说我们主要是用眼睛在感觉。和受害者在身体上与心理上的距离越远,就越容易变得残酷。米格拉姆的结论简单而又有说服力。

> 在被试者和电击受害者的结果之间插入任何力量或者事件都会使参与者降低他们的紧张,并因此减少违抗的数量。在现代社会,常有其他人站在我们和那些我们也有份

> 的最终具有破坏性的行为之间。①

事实上,我们这个理性社会最突出也最自豪地展示的成就就是对行动的中介化,在权威等级描绘与划分的阶段之间将行动分离,并依据功能的专门化切割行动。米格拉姆的发现的意义在于,理性化的进程内在地、不可避免地促进了结果是野蛮和残酷的行为的产生,即使行为的意向并非如此。**行动的组织越是理性,行为就越容易制造痛苦**——而个人却保持着平静。

在心理学上,与受害者隔离开而使残酷变得更为容易的原因似乎很明显:害人者免受目击其行为结果所带来的痛苦。他 155
甚至可以误使自己相信并没有什么真正灾难性的事情发生,以此抚慰良心的不安。但这还不是唯一的解释。在这里原因再一次不仅仅是心理上的。它们跟真正可以解释人类行为的每件事情一样,是社会性的。

> 把受害者带进房间不仅是让他离被试者更远一些,同时也就把被试者与实验员的距离相对地拉得更近。在实验员与被试者之间于是产生了初始的群体功能,由此把受害者排斥在外。在远离的条件下,受害者真的成为一个外人,在身体与心理上陷入孤立。②

受害者的孤立不仅仅是一个他在身体上遭到隔离的问题,而是摧残者之间的和睦以及将受害者排斥于这种和睦之外的一种功能。身体的接近与连续的合作(哪怕历时相对较短——没

① 米格拉姆,《服从权威》,p. 121。
② 米格拉姆,《服从权威》,p. 39。

有一个被试者被测验时超过了一小时)倾向于产生一种群体情感,这种情感最终会带来相互责任与相互团结。这种群体情感产生于共同行动,尤其是产生于对个体行动的表扬——当明显是经过大家的努力获得了结果的时候。在米格拉姆的实验中,行动连接了被试者与实验员,同时隔离了他们两者与受害者。受害者没有一次被赋予一个行动者、能动者或者主体的角色。相反,他被永远地放在承受者的一端。很明显,他被造就为一个**客体**;而既然是作为行动的客体,不管他们是人还是无生命的物都没有太大的关系。可见,受害者的孤立与害人者的和睦互为条件,也互为映照。

可见,身体距离与纯粹心理距离的作用被伤害性行为的集体特性进一步增强了。可以猜测,即使不考虑理性的组织与管理所产生的行动在经济上与效率上有明显的收益,单单压迫者是一个群体中的一员这个简单的事实就应该在促进残酷行为的产生当中摊到一个重要的角色。在官僚化麻木和无情的效率中,相当一部分可归结为原因的要素不是劳动分工或者命令等级的理性设计,而是这样的一些要素:娴熟地(而又不必然是有意或者有计划地)利用合作行为所具有的自然而然塑造群体的
156 趋势,即一种总带有划分界线与排除外人的趋势。官僚组织通过使它的权威可以控制笼络新成员和指定其对象,就能够控制这样一种趋势的结果,并确信这将导致行动者(比如,组织的成员)与行动的对象之间出现一条日渐加深且不可逾越的沟壑。于是,就如此简单地将行动者转变成迫害者,将对象转变成受害者。

个人自身行动背后的同谋

一不小心踏入泥潭的人都清楚地知道,要从中自拔之所以

相当困难的主要原因是每一步迈出的努力都会使自己陷得更深。个人甚至可以把这泥潭定义为一类被如此构造的绝妙的系统,不管沉陷于其中的对象怎么样移动,总是增加了此系统的“吸吮力”。

序列化的行动似乎与此具有相同的性质。行动者发现他必定要继续坚持行动的程度与很难从中跳出来的程度随着各个阶段的相继而逐渐增加。起初的几步很容易,即使有点道德的折磨,也是微乎其微。但紧跟而来的步伐就越来越令人恐惧。到最后,那样做就让人感到不能承受了。但是此时放弃的代价也已经加大。因此,当对放弃的阻碍极其微弱,甚至根本不存在时,放弃的冲动也很微弱。而当这种冲动加强的时候,在每一阶段它所遇到的障碍却都强大得足以使之平衡。当行动者被退出的欲望所笼罩的时候,一般来说已是为时已晚。米格拉姆把**系列化的行动**列为主要的“制约性因素”(即把被试者困于其情境中的因素)。那么,很容易做的就是把这个特殊制约性因素的效力归结为**被试者自己过去的行动所具有的决定性影响**。

沙比尼与西维尔对这种机制做了一个精彩而又令人信服的描述:

> 被试者进入实验时,意识到一些与实验员进行合作的责任;毕竟,他们拿了他的钱,同意参加实验,并且或许在某种程度上认可科学进步这个目标(米格拉姆的被试者们被告知他们将参加一个旨在发现提高学习效率的方法的研究)。当学员初次犯错,被试者被要求电击他。电击的强度是15伏。15伏的电击完全没有伤害,也完全没有感觉。这不会有道德的问题。当然,下一次电击就要更强一些,不 157

> 过也还很弱。事实上,每次电击都只比上一次略微强一点。而被试者的行为的性质却从完全的无可指责转变到不受良知的节制,只不过是逐步实现的。被试者应确切地在哪里停止?在哪一点上跨越了这两类行为的分界线?被试者又将如何知道?很清楚这里肯定有一条界线,但却不清楚这条线应该划在什么地方。

然而,在这个过程中最重要的因素,似乎是:

> 如果被试者决定不再做下一次电击,而既然它(在每一次中)只是比上一次稍微强了一点,那他施行刚刚做出的最后一次电击的理由又是什么呢?要否认他即将采取的步骤的适当性,就要否认他刚才采取的步骤的适当性,这也否认了被试者自身的道德定位。被试者陷入了他对实验渐进的承诺的罗网之中。[①]

在序列化的行动当中,行动者成为自己过去行动的奴隶。这种控制似乎远比其他制约性因素更为有力。比起在行动序列的开始阶段看上去更为重要的因素而言,它无疑有着更为持久的影响,而且真正起到了决定性的作用。尤其是,在最初对"这项事业"的投入几乎都丧失殆尽之后很久,不去重新衡量(与谴责)自己过去的行为仍然是一个强大的,并且是更为强大的刺激,让人持之不懈。行动步骤之间的平顺而毫无觉察的过渡把行动者诱拐进一个圈套;在这里面,如果不修正和摒弃自己的所作所为是正确或者至少是清白的之类的评价,就不可能从中跳

① 沙比尼和西维尔,"摧毁良心清白的无辜者",p. 342。

出。换言之,这个圈套是一个矛盾:**不弄脏自己就无法变得干净**。要躲避污秽,就必须永远在泥泞中拖曳。

这个矛盾也许就是有名的同谋者之团结现象背后的一个动人因素。没有什么比分担在他们看来是犯罪行为的责任更能把他们联系在一起。常识上,我们用逃避惩罚这个本能的愿望来解释这种团结;博弈理论家对著名的"囚徒困境"的分析也告诫我们(假设每个人都清楚风险),假想团队中的其他人将会保持团结是每个成员可以做出的最为理性的选择。但是,我们仍然可以怀疑,在可能联合起来化解悖论的人只是那些最初参加序 158
列化行动的团队成员的事实面前,以及在逐渐增加的事实否定他们过去行为的合法性,而他们不顾这一切只是靠共同的认可来为信念打气的时候,同谋者的团结能达至并巩固到一个什么样的地步。因此我认为,米格拉姆命名的另外一个"制约性因素",**情境责任**,在很大程度上是第一个"制约性因素"即**序列化行动的悖论**的一个衍生。

技术的道德化

不过,权威的官僚体系的一个最明显的特征却是,个人行为中的道德怪癖遭到揭露的可能性,以及一旦被揭露就会陷入痛苦的道德困境的可能性都萎缩了。在一个官僚体系中,公务员的道德关怀从集中于行动对象的命运之上被拉了回来。它们被强制地转向另外一个方向——即将开展的工作和出色地完成这些工作。行动的"目标"过得怎样和有什么样的感受,并不重要。重要的是行动者机智、有效地完成其上司交代的任何事务。在后一个问题上,上司是最合格、最自然的权威。这种局面进一步强化了上司对其下属的控制能力。除了下达命令和惩罚不服从者，他们也做道德判断——仅仅是关系到个人的自我鉴定的道德判断。

评论者反复地强调，米格拉姆实验的结果会受到下面这种信念的影响，即行动是为了**科学**利益的需要——无疑这是一个高高在上、鲜有争论、一般也是基于道德的权威。不过，没有指出的一点是，科学比起其他的权威来更多地被公众舆论许可实施伦理上可憎的原则，即用目的来使手段变得合理。科学成为目的与手段相分离最彻底的化身，这种分离是人类行为的理性组织所怀的理想：是目的而不是手段遭受道德的评价。被试者表示道德的苦闷时，实验员以一种冷漠的、惯常的与乏味的程式来回答："那不会造成身体组织永久性的伤害。"大多数参与者
159 只是过于高兴地接受这种安慰，也愿意不去想那种程式剩下的没有得到讨论的可能性（最为明显的是，对身体组织的暂时伤害的道德问题，或者就是疼痛的痛苦所具有的道德性）。对他们而言，重要的是安心于某些"上头"的人所认可的标准，即什么是道德上可接受的，什么不是道德上可接受的。

在权威的官僚体系内，关于道德的语言有了新的词汇。它充斥着像忠诚、义务、纪律这样的概念——全部都朝向上级。上级是道德关怀的最高目标，同时又是最高的道德权威。事实上，它们全部可归结为一点：忠诚意味着在纪律规范的限制下尽个人的义务。当它们凝聚并相互强化的时候，作为道德准则，它们的力量大到能够废止与排斥其他所有道德考量的程度——首先就是那些与权威体系对自我再生产的倾注相左的伦理问题。它们划拨、驾驭以实现官僚体系的利益，并垄断了所有道德自我约束的通常的社会—心理手段。如米格拉姆所言，"下属感到耻辱还是光荣依赖于他有多么恰当地实施了权威所要求的行动……超我从评价行为的善与恶转到评估个人在权威体系中的

功能行使得好还是坏。”①

接下来与广泛的理解相反的是,权威的官僚体系并不是如此这般地作用于道德规范,也不把道德规范当作与高效行为的冷酷理性有根本冲突的非理性和情感化的压力而把它废除。相反,它利用它们——或者,更确切地说,是重新利用它们。**官僚体系的双重技艺就是伴随着否定非技术问题的道德意义,而使技术道德化**。正是行动的技术而不是它的实质受到了好与坏、恰当与不恰当、对与错的评价。行动者的良心告诉他要表现良好,促使他以准确无误地遵循组织规则和积极投身于上司规定的任务来衡量自己的正当性。在米格拉姆的实验中,阻挡被试者的其他的、“旧式的”良知,并有效地遏制了他们停下来的冲动的是一种**替代性良知**(substitute conscience)。在“研究价值”或者“实验的需要”等要求,以及如果不适时地中断会导致什么样的损失的警告下,这种良知被实验员拼合了起来。在实验中,它是被迅速地拼合起来的(没有一个人的实验超过了一小时), 160
且被证明具有惊人的效果。

毫无疑问,通过改变被试者与其行动目标的接近程度和他与行动权威的来源的接近程度之间的平衡,使得技术的道德更加容易地替代实质的道德。有着惊人一致性的是,米格拉姆的实验证明了,在此种替代的有效性和被试者与其行动目标的疏远程度(更多是技术上的而非身体上的)之间,存在着确定的相互依赖性。比如,一次实验表明,当“被试者没有被命令去推电击受害者的扳手,而只是被命令去实施一项辅助性的行动时……在另外一个被试者确实给予了电击之前……四十个成人中有三十七人……继续着最高的电击强度”(在控制板上标明着“非常

① 米格拉姆,《服从权威》,pp. 142, 146。

危险——XX”)。米格拉姆在自己的结论中认为,在一连串的罪恶行动中,如果个人只是中间的一环,并且远离最后的行动结果,那么在心理上就很容易忽略责任。[1] 可以说,对一连串罪恶行动的中间一环而言,从开始和结果来看,他自己的行动似乎是技术性的。他的行动即刻产生的后果是另外一个技术任务的背景——操作一下电器或者处理一下桌上的纸。他的行动与受害者的痛苦之间的因果联系被模糊了,可以相对若无其事地把它忽略掉。这样,“义务”与“纪律”就成为一纸空文了。

自由漂浮的责任

米格拉姆实验中的权威系统很简单,所含的层次较少。被试者的权威来源——实验员——是系统中最高的管理者,即使被试者可能不知道这点(在他看来,实验员是一个中介者,他的权力受托于一个更高的、普遍化的及非个人化的“科学”或者“研究”权威)。实验情境的单纯表现为寻求发现时的直截了当。它显示出,被试者将自己的行动权威赋予实验员;而权威实际上也存在于实验员的命令当中——这是最终的权威,不再需要权力等级更高的人加以权威化或者认证。因此,关注点就集
161 中于被试者会胸有成竹地否认他对已做的一切,特别是对他将要做的一切负有自己的责任。对于此种成竹在胸的情形而言,赋予实验员以要求被试者做他不会主动做的事,甚至做他根本不会做的事的权利的行动,就具有决定性意义。这种权利的赋予可能来自出于某种含混的逻辑而不为被试者所知或者是不能为他们所理解的一种假设,即实验员要求被试者所做的事情哪

① 米格拉姆,《服从权威》,p. 11。

怕在不熟悉情况者看起来都是错误的时候,它们对被试者而言也将是正确的;也许没有人思考这种逻辑,因为在被试者眼中权威人物的意志无需任何的合法性:命令的权利与遵从的义务都是充分的。我们要感谢米格拉姆的是,我们确认了在其实验中,被试者之所以继续做在他们看来已比较残酷的事情,仅仅是因为他们被权威要求这样做,而这个权威则被他们接受并看成是承担他们行动的最终责任的人。“这些研究证明了一个根本性的事实:决定性的因素是对权威做出回应,而不是对进行电击的特殊命令做出回应。来自权威之外的命令丧失了一切力量……重要的不是被试者做了些什么,而是他们正在为谁而做。”[①]米格拉姆的实验揭示了**责任转移**机制纯粹、质朴而又基本的形式。

一旦经过行动者的同意而将责任转移到上级命令的权利当中,行动者就被投入了一种**代理状态**(agentic state)[②]——一种把自己看作执行别人意愿的状况。代理状态与自主状态正好相反。(这样,虽然它另外包括着行动者的自我界定的意义,并且它又把行动者行为的外在根源——那些隐藏在行动者**被他者指引**背后的力量——精确地定位在制度化等级体系中的特殊一点,但它实际上与**他律**是同义词。)在代理状态中行动者完全服从于上级权威界定与监控的局势;在对这种局势的界定中就包括了对作为行动者权威代理人的描述。

然而,在一个复杂的进程中,责任的转移实际上是一个基本的行动、一个单独的单元或者一栋建筑大厦。它是在权威体系中的一个成员与另一个成员之间,在行动者与其直接上司之间

① 米格拉姆,《服从权威》,p. 104。
② 米格拉姆,《服从权威》,p. 133。

延展开的狭窄空间中发生的现象。由于结构简单，米格拉姆的实验不能追踪这种责任转移的更多后果。尤其是，它们有意关注微观，侧重于复杂组织的基本细胞，因此不能处理“组织的”
162 问题，比如，一旦责任转移不断地发生在官僚组织的各个等级层次中，那么官僚组织将会变成什么样子。

我们可以猜想，这样一种连续不断、处处存在的责任转移所造成的全部后果就将是造就一种**自由漂流的责任**，也即造就了一种情境，在此情境当中，组织中的每个成员都相信，并且在被询问时都会说他是受别人操纵，而被别人指认为是责任承担者的人又会把责任再推诿给他人。可以说**组织在整体上是一个湮没责任的工具**。协调行动之间的因果链条被掩饰起来，而被掩饰的事实恰好就是这些行动产生效力最有力的因素。责任在本质上可以被“取缔”的事实使得集体执行残酷的行为变得更加容易了，而这些行为的参与者都相信责任在于一些“适当的权威”身上。这意味着逃避责任不只是在行为被指控为不道德的时候，或者更糟一些，被指控为违法的时候，图着方便的借口而采用的事后策略；这自由漂浮的、漂流无定的责任恰是不道德或者违法行为发生所需的条件，并伴随着那些通常无力打破传统道德的统治的人顺从地乃至自愿地加入。在实践中，自由漂流的责任意味着那样的道德权威尚未被公开挑战或者否定，就已经不起作用了。

权力的多元主义和良知的权力

跟所有的实验一样，米格拉姆的研究也是在一个人工的、着意设计过的环境下进行的。它与日常生活的情境有两点重要的不同。其一，被试者与“组织”（研究组与它所属的大学）之间的联系短暂而又特别，而且是可以预先知道的；被试者被雇用一个小时,也只有那一个小时。其二,在多数实验当中,被试者只遭遇到一个上司,一个思行如一、专致连贯的真正代表,这样被试者就不得不认为批准他们行动的权力是整体式的,且完全明了他们行动的意图与意义。这两个条件正常生活中都不常遇到。因此,必须考虑的是,它们是否并且在多大程度上以正常生活中 163
不可预料的方式对被试者的行动产生了影响。

我们从第一点开始:如果被试者相信他们与权威所代表的组织之间的联系有永久性,或者至少相信确实有获得这种永久性的机会的话,那么米格拉姆如此令人信服地展示出的权威的效力就会更加深刻。这样,那些明显是因为做实验的缘故而缺乏的额外因素也就此进入到情境之中:比如,由于长期待在一起、解决共同的问题而在团队成员之间可能培养起来的团结与相互义务的情感("我不能让他失望"的情感)、**扩展的互惠**(慷慨地为群体中的他人提供的服务,希望,哪怕只是半心半意地希望在日后某个不定的时刻得到"回报",或者只是让同事或者上司产生好的印象,这也可以在将来派上不可知的用场),以及最重要的例行化行为(完全习惯化了的行动顺序,它使计算与选择变得多余,并因此使已有的行为模式即使在没有得到进一步巩固的情况下也不可怀疑)等因素。而最有可能发生的就是,这些因素和类似的因素只会增强米格拉姆所观察到的那些趋势:由置身于合法权威之下而产生的那些趋势,而以上提到的那些因素则无疑增加了权威的合法性。这种合法性只有经历较长的时间跨度才会增强到足以允许传统的发展,以及成员之间多层次的非正规交换模式的出现。

然而,第二个与一般条件不同的情况就不是以日常生活中可期望的方式来影响我们观察到的对权威的反应了。在米格拉姆谨慎控制的人为条件下,有且只有一个权威之源,而没有其他的一个与之地位相等(甚至说得更简单一点,没有另一个自主的意见),被试者可以借以面对命令而把命令的有效性进行客观地检测的参照框架。米格拉姆完全知道权威的这样一种不自然的、单一的特性必然带来歪曲的可能性。为了显示歪曲的程度,他增加了一些实验项目,在其中被试者要面对的不止一个实验员,而且这些实验员受到指示要明确表示异议并讨论命令。结果着实令人震惊:在其他所有的实验中都能观察到的盲目服
164 从消失得无影无踪。被试者不再愿意参加他们不喜欢的行动;甚至对他们不认识的受害者,他们也不会受鼓动而对之制造痛苦。在这附加的实验的二十个被试者中,一个在两个实验员故意开始争论之前退出,十八个在争论刚露出苗头时就拒绝进一步合作,而最后一个也只在此后一个阶段就选择了退出。"很明显,权威间的争论使行动彻底瘫痪。"①

这样修正后的意义很明确:**违背自己更好的判断和自己良心的声音来行事的倾向,不仅是权威性命令的功劳,而且也是暴露在专一、明确和垄断的权威之源面前的结果**。这种倾向最有可能出现在没有遭到反对也不容忍独立、一切都毫不例外地从属于线性等级制的组织当中:在其中没有两个人的权力是相等的组织。(大多数军队、教养机构、极权的政党与运动、某些教派或者寄宿学校近似于这种理想类型。)不过,这样的组织却可能会对两个条件中的一个产生作用。它可以把其成员与社会上的其他人严格地分割开来,以杜绝挑战性的权威之源的影响。这是因为它被赋予或者篡夺了对其大多数或者全部成员的生活行为和需求的控制[这近似于戈夫曼(Goffman)的**总体制度**(total institutions)模式]。或者,它也可以只是极权或者准极权

① 米格拉姆,《服从权威》,p. 107。

国家的一个分支,这种国家把其所有的代理人都转变成镜中彼此的倒影。

如米格拉姆所说,只有当你得到了……一个权威……它自由地行动,除了受害者的抗议之外不用抵抗任何压力,这样你才会对权威有最纯粹的回应。当然在真实生活当中,你被混合在很多相互抵偿的对抗性压力当中。[1] 米格拉姆肯定想用“真实生活”来指代处于民主社会当中且外在于总体制度的生活:更准确地说,是在多元主义条件下的生活。从米格拉姆整套实验中得出的一个最突出结论就是,**多元主义是防止道德上正常的人在行动上出现道德反常的最好的良药**。纳粹必须首先消除了政治多元主义的残余才能着手实施像大屠杀这样的计划,在这之中普通人预料之中的做出不道德与无人性行径的倾向已经肯定被计算为必需的——也是可得到的——资源。在苏联,也只有当已经根除了社会自治的残余以及对它有影响的政治多元主义之后,才迫不及待地开始系统地消灭系统中真正公认的敌人。 165
除非多元主义已经在全球社会的范围内被消灭,否则带有犯罪意图、需要确保其成员在实施明显不道德的行动时具有持之不懈地服从意识的组织,就得去建造密不透风的人为障碍,将其成员与各色标准、观点所带来的“软化”影响隔绝开来。**而只有在政治与社会纷争的嘈杂中,才能最清楚地听到个人的道德良知发出的声音。**

罪恶的社会性质

米格拉姆实验所得出的多数结论可以看作一个主旋律的各

① 米格拉姆,《社会世界中的个体》,pp. 96—97。

种变奏：残酷与一定的社会互动模式的关联比它与执行者的个性特征或者执行者的其他个人特质的关联要紧密得多。残酷从其本源来说，社会性的要远远多于性格上的。如果一些个体被放在道德的压力失效而且非人性得到合法化的情境中，他们肯定会倾向于残酷。

如果在米格拉姆之后对此还存有一些疑问的话，那么只要认真看一下齐姆巴多①在另外一个实验中的发现，就可以彻底打消这些疑问。在那个实验中，甚至潜在的干扰性因素，即体现在实验员身上的、受到普遍尊敬的制度（科学）的权威也被消除了。在实验当中，没有任何外在的、既定的权威要从被试者肩上卸去责任。在他的实验情境中最终起作用的所有权威都产生于被试者自己。齐姆巴多所做的唯一一件事就是把被试者分派在编排好的互动模式的各个位置上，然后开启整个过程。

在他的实验中（原计划两周，但是一周之后，因害怕对被试者造成身体和精神上不可治愈的创伤而终止），志愿者被随意分成犯人与看守。两边都发了代表其身份的象征性装饰。比如，犯人戴着很紧的帽子表示光头，还要穿着使他们看上去滑稽可笑的长袍。他们的看守则身披制服，眼戴墨镜，让他们的眼睛不为犯人所见。两边都不允许称呼对方的姓名；严格的非人格性成为规则。并且开列了很长的总是羞辱犯人和剥夺他们个人
166 尊严的细小规则。这就是实验的起点。而接下来发生的事情则大大超过了设计者想象力的范围。看守们（任意挑选的大学生年龄段的男子，且经过仔细地甄别以防止任何反常的迹象）的

① 参看哈恩尼、班克斯和齐姆巴多，“模拟监狱中的人际动力”（Craig Haney, Curtis Banks, & Philip Zimbardo, ‘Interpersonal Dynamics in a Simulated Prison’），《国际犯罪学与刑罚学学报》（*International Journal of Criminology and Penology*），vol. Ⅰ，1973，pp. 69—97。

积极性无休无止。贝特森(Gregory Bateson)曾假设过的一种真正的"派系分裂之链"开始被启动。在看守身上被认可的优越性表现在犯人身上就是服从,这种服从又诱使看守得寸进尺地使用他们的权力,而这在犯人那边则当然又折射出更为严重的自卑……看守强迫犯人一再地唱淫秽歌曲,在不允许倒掉的便桶里解手,赤着手打扫厕所;这些事情他们做得越多,就越使他们确信犯人非人的特征,而在创造与施加更骇人听闻的野蛮手段的时候就越发少地感到有所约束。

可爱端庄的美国男孩一下子变成近乎只有在像奥斯维辛或特雷布林卡那样的地方才能找到的那种魔鬼,令人恐惧但也令人困惑。它让很多观察者推测,即使不是全部的人,我们大多数人都有一个等待现身的具体而微的纳粹党卫军活在心中。(埃茨奥尼指出米格拉姆发现了藏在普通人心中"潜在的艾希曼"。[①])斯泰纳则提出一个概念:**沉睡者**(sleeper),来指代正常情况下蛰伏,但有时被唤醒的残酷的潜能。

> 当建立了恰当的对应(lock and key)关系时,沉睡者效应指的是有暴力倾向的个体,如独裁者、暴君或者恐怖主义者的潜在的个性特征。沉睡者从他的行为模式的规范阶段中被唤醒,蛰伏的、暴力倾向的人格特征被激活。在某种程度上,所有的人都是沉睡者,以至于他们都有一种在特殊条件下能被触发的暴力潜能。[②]

---

① 参看埃茨奥尼,"一个意义研究的模型"(Amitai A. Etzioni, 'A Model of Significant Research'),《国际精神病学学报》(*International Journal of Psychiatry*), vol. Ⅵ, 1968, pp. 279—280。

② 斯泰纳,"党卫军的昨天和今天:一个社会心理学观点"(John M. Steiner, 'The SS Yesterday and Today: A Sociopsychological View'),见《幸存者、受害者和迫害者》,p. 431。

不过明白无误的是,让齐姆巴多及其同事大吃一惊的对残酷的纵容并非源自参与者的邪恶,而是源自邪恶的社会安排。假使实验中的被试者被分配在相反的角色上,整个结果也不会有所不同。真正重要的是一种两极性的存在,而不是谁被分到了它的各个部分当中。**真正重要的是一些人被赋予了施加给其**
167 **他人的完全、唯一和没有限制的权力**。如果在我们每个人内心都有一个沉睡者,可是这种情况没有发生,那么他就将永远沉睡下去。那样,我们就永远不会听到沉睡者的存在。

看起来,最令人痛心的是大多数人堕入要求残酷或者至少是道德麻木的角色中时的心安理得——只要该角色已经切实地被上级权威加固与合法化了。在所有有名的实验中,“堕入角色”的惊人频次使得沉睡者的概念不仅仅是一个形而上的依据。我们其实不需要它来解释集体性的变得残酷。不过,涉及那些相对稀少的个案,其中的个体一旦发现权威的命令与自己的信念有所冲突就有力量与勇气去**抵制**并拒绝完成的时候,这个概念确实有它自己的意义。一些普通人,平常遵纪守法、谦虚有理、循规蹈矩,也不善冒险,却勇敢地抵抗那些掌权者,忘却结果而优先考虑自己的良心——很像那些极少而分散的、单独行动的人,他们反抗无所不能、寡廉鲜耻的权力,冒着最后遭惩罚的危险竭力拯救大屠杀中的受害者。而要从社会的、政治的或者宗教的“决定因素”来探究他们的独特性是徒劳的。他们的道德良知,在非战争的状态下蛰伏不动,现在却被唤醒了,确实是他们自己个人的品质和个人的所有——跟不道德不同,后者必然是社会性的产物。

他们敢于抵抗邪恶的能力是在他们大部分的生命中的“沉睡者”。它可能会继续沉睡下去,直至永远,那样我们对之将无
168 知无识。但是**这样的**无知也许是好的消息。

七

一种道德的社会学理论初探

现在，我将详细地讨论上一章末尾出现的问题：邪恶的社会性问题——或者，更准确地说，不道德行为的社会生产问题。在前面几章已经对这个问题的几个方面（比如，对道德冷漠的生产负责的机制，或更一般而言，对道德规范失效的生产负责的机制）做了简要地论述。因为不道德的社会生产居于实施大屠杀的核心地位，所以对它的分析要想彻底，就必须包含对社会与道德行为之间的关系更为全面的研究。而通过更详尽地考察可资利用的各种关于道德现象的社会学理论，人们发现它们并不能对大屠杀经过提供一个令人满意的解释；这种局面使得对这种研究的需要进一步得到强化。本章的目的就是阐释从大屠杀经历中得出的极为重要的教训与结论，对此必须有一个合适的道德的社会学理论，它摆脱了目前这种乏力的状况而在阐释上将有所助益。一个更宏大的期望就是建构一种道德的理论，这种理论能够完全容纳大屠杀研究所产生的新知识，在本章中我将只对此做些预备性的讨论。不过,朝着这个方向我们所能够取得的一切成就,都将是本书提出的各个分析主题的适当概括。

如果要给社会学话语所解释的事物排个序,那么道德的位置就是尴尬和模糊不清的。它的位置对于社会学话语的进展来
169 说被视为是无关痛痒的,因而改善的工作也屈指可数,这使得关于道德行为与道德选择的问题在社会学话语当中已被搁置到一个边缘的位置,相应地,对它的关注也是微不足道。大多数的社会学论述没有涉及道德问题。其中的原委是,社会学话语总的来说都是服从于科学的模式的,这种模式在它的早期就设计出一种新的语言,而从宗教与巫术的思维中获得解放。这种语言不再需要使用譬如意图或者意志等概念就能够进行全面的论述。**科学实际就是一种禁止使用目的论词汇的语言游戏**。不用目的论术语对一个句子之属于科学叙述来说,虽不是一个充分条件,也确是一个必要条件。

就社会学力争遵循科学话语的规则而言,道德与其相关的现象在主导的社会学话语所造就、理论化和研究的社会范围内是不安稳因素。因此,社会学家就把他们的注意力放在掩饰道德现象的定性特征的工作上,或者把它们归为非道德现象——无须借助目的论语言就能够被叙述的现象。介于这二者之间,这两件工作及其要求的努力所导致的结果,就是否认道德规范独立的存在模式。即使道德完全被承认为社会现实中一个单独的因素,但它仍然被发放到一个次等与派生的位置,这在原则上使得道德能够依据非道德现象——即完全明确地可以用非目的论来解释的现象——而变得可以解释。实际上,这种研究道德的特别的社会学方法的观念可以说已经变得和**社会学还原**(sociological reduction)的策略言不同而意相近了。这种策略展开其研究的前提假设就是,道德现象完全能够被那些把自己的

约束性力量转借给它的非道德的制度彻底地解释。

作为道德工厂的社会

用社会原因来解释道德规范的策略（即，设想道德在原则上可以从社会状况推演而来并且也受社会进程的影响）至少可以回溯到孟德斯鸠。比如，他的假设——一夫多妻制起源于女人的过剩或者特定的气候条件下女人特别迅速地成熟——到目前为止还可以被引用在历史书中，以此通过比较来重点地说明自社会科学肇始以来所取得的进步；而且，孟德斯鸠的假设所例 170
示的解释模式在之后的很长时间内仍基本上无人置疑。现在，已经成为鲜受挑战的社会科学常识的是这样一种观念，即道德规范的长存不衰本身，就证明了某种集体性需要的存在，道德规范被设计出来就是为了应付这种需要；以及这种观念所导致的结果：所有对道德的科学研究都应该力图去揭示这些需要，并重新建构——通过规范的施行——确保它们得到满足的社会机制。

接受了这种理论构想与相关的解释策略通常就意味着循环论证的接踵而至，其中最好的表述者可能就是克拉克洪[①]，他坚持认为，如果道德规范或者道德习俗没有功能的话（即，有助于满足需要或者有助于驯服其他具有破坏性的行为倾向——举例来说，像纳瓦霍人的巫术就可以减轻焦虑和释放与生俱来的侵略性），它们就将不存在；而某种产生并维系规范的需要一旦消失也将很快导致规范本身的消失。每一个不能尽其分内职责

① Kluckhohn，早期美国人类学家，对纳瓦霍人的人种志研究很有名。代表作有《纳瓦霍人的巫术》。——译注

(即,无力处理其原初的需要)的道德规范都将遭此厄运。而如此对道德进行科学的研究已经被马林诺夫斯基以最明确的方式做了记载,他强调道德本质上乃是工具性的,强调道德在与食物、安全或者抵御恶劣天气等“基本的人类需要”的关系中处于隶属的地位。

乍看起来,涂尔干(他对道德现象的论述成为社会学成就中的经典,并实质性地界定了研究道德的特别的社会学方法所包含的意义)拒绝了把规范与需要相联系的要求;毕竟,他确实尖锐地批评过公认的观点,即在一个特定社会中有约束力的道德规范必定是通过自觉(更不用说理性)的分析与选择而得到了它们的强制性力量的。与当时的人种学常识明显相反,涂尔干强调道德本质应该到它所表现的强制力量中去寻找,而不是到社会成员意图满足自己需要的理性反应中去寻找;规范之所以是规范不是因为它适合被选来激发和保护成员们的利益,而是因为成员——通过学习,或者通过违犯后所招致的苦果——自己确信了它那带有强迫力的存在。不过,涂尔干对已有的道
171 德现象之解释的批评并没有把目标放在反对那种“理性的解释”原则本身。它对于社会学中的还原论更少触动。由此看来,涂尔干与已有的解释研究之间的分歧只不过是代表了一种家族内的争论。那表面上看来的根本分歧,终究只不过是把重心从个人的需要移到了**社会的**需要;或者,是给某种最高的需要赋予了超过其他一切需要(无论是个人的还是群体的)的优先性,那就是:**社会整合的需要**。任何道德体系都注定有利于社会的继续存在和一致性的维持,社会也通过社会化与惩罚性制裁来加强道德体系的约束力量。社会的绵延就是通过强加在社会成员自然的(非社会的、前社会的)取向之上的限制来获得并维持的:强迫他们的行为避免与保持社会团结的

需要相冲突。

如是,涂尔干的修正所导致的是,关于道德的社会学论述反而比过去更是循环性的。如果道德唯一的存在基础是社会的意志,而它唯一的功能就是使社会继续存在下去,那么实质性地评价具体道德体系这个问题就切实地从社会学的议程中被抹去了。实际上,因为社会整合被接受为进行评价的唯一参照系,那么对道德体系就没有一种比较和区别评价的方法。每个体系所满足的需要都在此体系栖居的社会当中产生,而且重要的是在每个社会当中肯定都有一个道德体系,而不是这个或那个社会碰巧用来维护其统一性的道德规范的实质内容。而涂尔干很有可能会说,一般来说,每个社会有它所需要的道德。且由于社会需要是道德的唯一实质,那么所有的道德体系从唯一可合理地(客观地、科学地)估量与评价的角度——它们对需要的满足程度来说——都是均等的。

但是,涂尔干的道德论述除了对久已存在的观点,即道德是社会的产物做了最有力的重申之外,也还有更多的内容。他对社会科学研究影响最大的也许是认为社会在本质上是一种积极的教化力量的观念。“人之所以是一个道德的存在是因为他生活在社会里。”“除了社会,别处遇不到道德的任何形式。”“个人屈从社会,这是他获得解放的条件。因为人的自由在于从盲目的、没有思想的物质力量中解脱出来;在他赖以藏身的社会的保 172
护下,他以此社会巨大的智识力量对那些物质力量进行对抗,他获得了解放。把自己放在社会的羽翼之下,也让自己在一定程度上依靠于它。但是这种依靠是一种解放的依靠,其中没有矛盾。”涂尔干此类及相似的令人难忘的片语仍在社会学的实践中回响。所有的道德来源于社会;社会之外没有道德生活;最好把社会理解为一个生产道德的工厂;社会鼓励道德上有约束的行为,排斥、抑制或者阻止不道德行为。与社会的道德约束相对的不是人的自主,而是被动物般的激情控制。因为在前社会当中,人的野蛮驱力就是自私、残忍和危险的,所以要维持社会生活就不得不驯服和压制它们。一旦去掉了社会强制,人类就将回复到社会力量已于其中摇摇晃晃地把人类举出来了的野蛮中去。

社会安排是使人高贵、促人向上、使人善良的因素,这样一种根深蒂固的信念和涂尔干自己所坚持的观点之实质相抵触,这个观点即行为受到社会禁止所以才是恶的,而不是因为行为恶所以才受到社会的禁止。就其作为一个头脑冷静、带着怀疑眼光的科学家这一面而言,涂尔干戳穿了所有的伪装,并揭示出,邪恶除了遭到一种强大得足以使其意志成为约束性规则的力量的拒斥之外,别无其他实质。但是,他作为热心的爱国者与文明生活的优越性、先进性之虔信者的另一面,只会认为已经被摈弃的实际上才是罪恶的,而且这样的摈弃肯定是使人解放和予人尊严的行动。

这种感情是与对一种生活方式的自我意识相契合的,这种生活方式已获得并确保了它在物质上的优越性,由此不得不使自己相信它所遵从的规则也是优越的。毕竟,作为道德化任务之模式的不是"社会本身",即一种抽象的理论范畴,而是现代西方社会。只有从特定的现代西方的"园艺"社会[①]的改造狂飙-转换信仰的实践当中,才会产生这样的自信,即首肯规则的实施应被看作人性化的进程,而不是一种形式的人性压制另外一种形式的人性。这种自信认为人性不受社会约束的(不管是轻视约束、不注意约束或者不完全服从约束)表现应当被视为无

① 参看鲍曼,《立法者与解释者》, 第3,4章。

人性的，或者退一万步说是可疑的且具有潜在危险性的特例而加以排除。因此，这种理论观点不光为社会统治其成员，也为社会统治其反对者提供了合法性。173

一旦这种自信被重新融入社会理论，就立即对道德的解释产生了重要的影响。由定义看来，前社会或者非社会的冲动不可能是道德的。根据这个道理，就不能恰当地描述，当然也就别提谨慎地思考下面这种可能性了，即至少有某些道德模式根植于不受人们共同生活状况下偶然性的社会规则的影响的实际因素。而人们更不大会去设想（这并不矛盾），由人类生存模式所产生的某些道德压力，仅仅由于“与别人共处”这一事实，就会在某些情形下被相互对立的社会力量所中和或压制。换言之，**社会——除了甚或是有悖于它的“教化功能”——至少有时可以扮作一种“使道德沉默”的力量**。

只要道德被理解为一种社会的产物，而且可以根据当功能发挥恰当就能保证道德的“持续供给”的机制来进行因果解释，则那些侵犯广泛而深沉的道德情感和蔑视善与恶（正当与不正当行为）之共同观念的事件，就倾向于被看作一种“道德工厂”的失败或者管理不善的结果。工厂体系已成为编织现代社会理论模型的一个最有说服力的比方，而**道德之社会生产**的观念给它的影响提供了一个最突出的实例。不道德行为的发生被解释为道德规范提供不当或者提供了不完善的规范（即不充分具有约束力的规范）的结果；而后者又可以追溯至“道德的社会工厂”的技术或者管理的缺点之中——退一万步也可追溯至不协调的生产行动导致的“无法预知的结果”，或者外在于生产系统的因素的妨碍（即对生产要素控制得不彻底）之中。不道德行为也由此被理论化为“偏离规范”，这种偏离来自“社会化压力”的匮乏或者软弱，还有最近的解释认为它来自专门用于施加这种压力的社会机制的缺陷或者不足。① 在社会系统的层次上，这种解释针对着未曾解决的管理问题（其中涂尔干提出的**失范**是最明显的例证）。在较低的层次上，它针对教育机构的缺陷，家庭的衰落，或者具备自己的反道德社会化力量的、未被根除的反社会领域的影响。不过，在所有的事例中，不道德行为的出现都被解释为前社会或者非社会的驱力从其社会生产的牢笼中挣脱出来的表现，或者首先是这些冲动逃脱封锁的表现。不道德行为总是一种向前社会状态的回归，或者说是
174 未能成功地脱离此种状态。它总是与一些对社会压力或者至少是“正当的”社会压力（用涂尔干的理论框架来说，这是一个只能被解释为与社会**规范**相等同，即等同于**通行的标准**，等同于**常规**的一个概念）的抵制联系在一起。既然道德是一个社会产物，抵制作为行为规范而受社会鼓励的标准必然会导致不道德行为的发生。

这种道德理论承认社会（当然，是指一切社会；或者更为开放的解释是一切社会集合，不必有“全球社会”的规模，只要能够通过有效的制裁网络支撑其共同的良知即可）有强加其具体的道德行为观的权利，也赞同社会权威要求垄断道德判断的行为。它默认了不以这种垄断的运作为其基准的一切判断在理论

① 在各种各样对涂尔干的接纳以及对其理论的研究中，“道德的社会生产”这一范式不仅仅适用于显而易见的社会，亦即充分发展的民族国家的社会，关于这一点已经得到了广泛的赞同。在这种“大社会”中，人们承认存在着多种权威道德体系；其中一些体系甚至与“大社会”制度所提倡的道德体系相抵触。而对于我们的问题，要点不在道德一元论、多元论还是“大社会”，而在于涂尔干观点中的一个事实，即无论道德上有约束力的准则在实际应用中的机会有多小，都必须有一个社会的来源并通过社会上被操纵的强制约束力得以实施。在这个观点中，根据定义，不道德往往是反社会的（或反过来说，反社会根据定义是不道德的）；事实上，涂尔干并没有顾及道德行为的社会起源之外的事物。社会约束行为的另一面是由非人类的、动物的冲动所引发的行为。

上的不合理性；以至对所有的实际意图与目的而言，道德行为与社会对大多数人遵守的规范的顺从与服从成了同义词。

大屠杀的挑战

把道德实际等同于社会纪律所造成的循环论证使社会学日常的研究几乎都不受“范式危机”的影响。即便有，也只是很少几种场合下在使用目前的范式时会感到尴尬。计划性地建构在这种道德观中的相对主义提供了最终的安全阀，以防普遍遵守的规范引起下意识的道德厌恶。因此，需要特别有戏剧性力量的事件来打碎主导范式的窠臼，并开启对道德原则的另一种基础的积极研究。即便如此，这种研究的必要性仍然遭到怀疑，戏剧性的经验也仍然用可归入旧框架之中的形式来叙述；要想实现这种研究，通常要么把事件表述得相当独一无二，并因此跟一般的道德**理论**（不同于道德的**历史**——这很像面对巨型陨石的坠落并没有必要去重新建构进化理论一样）极不相干，要么就用道德生产体系更广泛且为人熟知的一类令人不快却是定期和正常的副产品或者缺陷来消融这些事件。而如果事件意义重大，这两个权宜之计都鞭长莫及，有时则可以采取第三条解脱的 175
路线：不允许把事实放进纪律的话语范围内，就当事情没有发生过一样。

对于大屠杀这样一个可以说最富戏剧性道德意义的事件，这三种策略在社会学对它做出反应时全都已披挂上阵。我们前面已经说过，早期的时候，有很多人试图把这最恐怖的种族灭绝描述成道德上有缺陷的个体在犯罪的尤其是非理性的意识形态的作用下脱离了文明的约束而结成的特别紧密的网络的产物。可是最细致的历史研究告诉我们，刽子手神智清楚、道德“正常”,于是这种企图宣告失败。在此之后,注意力就集中于翻新经过挑选的旧式失范现象,或者建构新的社会学范畴来安插大屠杀的情节,进而将它驯化,使之缓和(比如,以偏见或者意识形态来解释大屠杀)。最终,到目前为止,研究大屠杀史实最流行的方法根本不是在研究大屠杀。而经常被讨论的倒是现代性的实质与历史趋势、文明进程的逻辑、社会生活逐渐理性化的前景与障碍,仿佛大屠杀未曾发生,仿佛它不是事实,甚至不值得去严肃地思考大屠杀“见证了文明的进展”①,或者“文明在它的物质和精神产物中包含了死亡集中营与集中营里束手待毙的人们”。②

然而,大屠杀毫不客气地拒斥这三种处理方式。出于种种原因,它对那种不能被轻易摒弃的社会理论形成挑战,而摒弃该理论的决定权不掌握在社会理论家手中,或者无论如何不是单独掌握在他们手中。对纳粹罪行在政治和法律上做出的反应,是认为有必要合情合理地断定许多人的行为是不道德的,而那些人是忠实地遵循着自己社会的道德规范。如果善与恶、对与错的区别是被那种能够将社会空间“主要协调”在它监控之下(如主导的社会学理论主张的那样)的社会集群所单独并且完全地掌握,那么对于那些未曾破坏集群所施行的规则的个体,就没有正当的理由去控诉他们是不道德的。因此可以猜想,如果德国没有战败,这类以及相关的问题也就不会出现。但是德国败了,就有了面对问题的必要。

除非能把遵守纪律的行为,也就是完全服从在那个时候那个地点有效的道德规范的行为视为一种犯罪行为,并具有某些

---

① 鲁本斯坦,《历史的狡计》, p. 91。

② 鲁本斯坦和罗斯,《通往奥斯维辛之路》(Richard L. Rubenstein & John Roth, *Approaches to Auschwitz*), San Francisco: SCM Press, 1978, p. 324。

合理的依据，否则就不会有战争罪犯，也没有权利去审判、量刑和处死艾希曼。如果被谴责的行为没有超社会或非社会的基础——那种基础使它们不仅与具有追溯效力的法律规范相冲突，而且也与社会有可能悬搁起来但并未宣布作废的道德原则相冲突——那么我们就无从设想对此类行为的惩罚除了是胜利者对失败者的报复（这种关系发生逆转并不会危及这一惩罚原则），还能是别的什么。**作为大屠杀的一个不幸后果，法律实践，由此也还有道德理论，都面临着道德可能会以不服从社会所持的原则以及公然蔑视社会团结一致的行为来标显自身。**对社会学理论而言，正是道德行为具有前社会的基础，昭示着要对道德规范及其约束效力之来源的传统解释做根本修正。这一点曾被阿伦特最为雄辩地论及： 176

在那些被告因“合法的”犯罪而遭到的审判当中，我们已做出的要求是当人们用来引导他们的一切是他们自己的判断，而该判断又恰巧完全同那些他们必须当作周围人之一致观念的想法相抵牾的时候，他们仍然能够辨别是非。并且当我们知道了少数“自大”得仅仅相信他们自己的判断的人无论如何不等同于那些坚守旧有价值或者受宗教信仰引导的人的时候，这个问题就更加严肃了。自打整个有名望的阶层都以这样或那样的方式屈从于希特勒后，指引着良心，决定社会行为和宗教戒律的道德格言——**“你不可杀戮”**——已经从事实上化为乌有了。那些极少数仍然能够辨别是非的人就真的仅仅依凭他们自己的判断行事了，而且他们是如此的自如；没有应该遵守的规则，虽然他们所遇到的特殊事件都是可以被划归这些规则之下的。他们不得不在每件事出现时做出抉择，因为没有先例的事是不存在规则的。①

在这些辛辣的字句中,阿伦特已论述到了关于**反抗社会化**
177 **所承担的道德责任**的问题。争论不休的道德的社会基础的问题已经被放在一边;而对阿伦特的问题无论做出什么样的解答,之间的区别所具有的权威与约束性力量都不能根据裁决与施行这种区别的社会力量得到合法化。比如,即使遭到群体——而事实上是所有的群体——的谴责,个体的行为却依然可能是合乎道德的;而受社会——即使是全社会一致地——推崇的行为,也依然有可能是不道德的。对一个特定社会所鼓励的行为规范进行反抗,不应该也不能够从其他社会中的另一个规范性强制中来寻找权威依据;比如,不能从一个过去的、现在遭到新社会秩序轻视与拒斥的道德训导中要求得到反抗的权利。换言之,道

① 阿伦特,《艾希曼在耶路撒冷》,pp. 294—295。德国战败;因此根据德国命令所犯的屠杀被定义为罪行,和对超越政权权威的道德规范的践踏。苏联是战胜国之一;因此由她的统治者赞同的屠杀,尽管可能比德国的屠杀毫不逊色地令人厌憎,但要得到同样的对待尚需时日——尽管在公开化时期有了那么彻底的挖掘工作。尽管只揭露出斯大林所犯下的少许几个屠杀,但我们现在知道这些屠杀在系统性和组织性上一点也不比德国人的所作所为逊色,并且由特别行动队所应用的技术首次由苏联内务人民委员部可怕的官僚机构在大规模使用。举例来说,1988 年白俄罗斯的 *Literatura i Mastactva* 周刊发表了 Z. 波兹尼亚克和 J. 什梅加利耶夫的调查(“Kuropaty——通向死亡之路”,后被《苏维埃爱沙尼亚》和《莫斯科新闻》转载),他们发现,在白俄罗斯的所有较大城镇的周围存在着大规模的坟墓,这些坟墓在 1937 年至 1940 年之间掩埋了几十万具脖子和头颅上遍布弹孔的尸体。在本地的“人民的敌人”旁边,躺着从刚刚吞并的波兰东部领土驱逐而来的波兰公民。“在第 5 号墓地发现的尸体,生前大多数都是知识分子。在这些尸体中发现了大量的化妆品、眼镜、单片眼镜和药品,同时还发现了高质量的鞋子,常常是定做的、时髦的女士鞋,精致的手套。从发现的物品和这些人精细的穿着(还有其他一些物证,比如食品或手提箱),可以推论受害者在死亡之前刚刚离开家,而没有被关进过监狱。可以推测他们没有经过审判就被‘清理’(用现在的话来说)了。”(引自一份波兰报告‘Strzelano w ty gowy’, *Konfrontacje*, November 1988, p. 19。)据我们所知,这两位大胆的记者的发现可以说是冰山的一角。

德权威之社会基础的问题与道德无关。

社会上施行的道德体系建立在共同体的基础上，并且受其推动——因此在一个多元而异质的世界中，它必不可免地是相对的。**不过，这种相对主义并不有助于人类“辨别是非的能力”**。这种能力必然被建立在一种并非是社会**集体良知**（conscience collective）的事物之上。每一个特定社会都面临着这样一种已经形成的能力，就像它面临着人的生物构成、生理需要或者心理驱力一样。而且，它还按照它所允许的对付其他那些难以驾驭的实在之物的方式来对付这种能力：它竭力压制它，或者操纵它以图实现自己的目标，或者朝它认为有用或者无害的方向对其加以引导。**社会化的进程在于操纵道德能力**——而不在于生产道德能力。受操纵的道德能力不仅需要某种后来在社会的进程中变成了消极事物的信条，而且它也包括抵抗、逃脱与在这种进程中得以幸存的能力，以使得道德选择的权威性责任取决于它们一开始就所在的地方：取决于有人性的人。

如果接受了这种道德能力的观点，表面上已经解决并不再讨论的道德的社会学问题又出现了。道德问题必须重新定位。从社会化、教育或者文明的错综复杂的问题来看——也就是从受社会实施的“人道化过程”来看——这个问题应该被转移到压制性的、维持模式以及营造张力的过程与制度的范围内，作为社会化、教育及文明被设计来处置、容纳或者改造的一个“问题”。道德能力——虽然是这种过程与制度的对象，但并非其产物——将会透露出其另一面的起源。有一种观点认为，道德倾向乃是一种有意或无意地要去解决“霍布斯式问题”的冲动，一旦这种解释遭到拒斥，那么那些导致道德能力出现的因素就 178
应该到**社交的**（social）范围内，而不是到**社会的**（societal）范围内去寻求。道德行为只有在共同存在、在“与他人相处”的背景下，也就是一种社交的背景下才可以想象，而不能把它的出现归因于训诫与强制的超个体机构，即一个社会背景的存在。

道德的前社会来源

社交的实际样式（有别于社会的结构）很少得到社会学的关注。人们乐于让它退缩到哲学人类学的领域，最多也是把它看成是社会学自身领域遥远的外部边界。因此，对于“与他人相处”这个基本状况的意义、经验内容与行为结果，社会学并没有共识。而使这个条件能够与社会学关联起来的方法也将有待于在社会学的实践当中得到彻底的探究。

最一般的社会学研究似乎没有赋予“与他人相处”（即与其他人在一起）一种特殊的地位或意义。他人被消融在更具包容性的行动情境、行动者处境或者通常的“环境”等概念当中——那些辽阔的领域，不仅包容了刺激行动者朝一个特别方向去选择或限制其进行自由选择的力量，还包括了一些诸如吸引行动者有意图地采取行动去实现的目标，并由此给行为提供动机。他人没有被赐予主体性，以使他们可区别于“行动情境”的其他构成。或者即便他们作为人的特殊地位得到了承认，也还是很少在实践中被看作一种执行性质特别的任务时所面对的条件。对所有的实践意图与目的而言，他人的“主体性”会导致其反应的可预知性下降，并因此导致产生一种施加在行动者完全控制情境并有效完成固定任务的企图之上的约束。他人漂移无定的行动，不同于行动领域无生命的因素，是颗烫手的栗子；而且我们都知道它是一个暂时性的东西。行动者控制情境的目标在于操纵其他人行动的情境以便提高沿特定路线发展行为的可能性，由此进一步在行动者的范围之内将他人的地位缩减为一种

实际上与行动的成功相关的其他事物没有区别的东西。行动领 179
域中他**人**的存在构成的是一个**技术上的**挑战。而要把控制延伸到他人,并将他人缩减到有目的的行动能够计算与操纵的因素的地位上,是比较困难的。这甚至要求行动者方面具有特别的技能(如理解力、修辞术或者心理学知识),而这些技能在涉及到行动领域中的其他对象时却是可有可无或者派不上用场的。

从这种普通的视角来看,他人的意义完全在于他对行动者实现目标的可能带来的影响。考虑到(也仅仅会这样考虑到)他人的喜乐无定和反复无常会降低特定目标被高效完成的可能性,他人就显得尤为紧要。行动者的任务就是确保一个情境,使他人在其中将停止发挥作用并可被忽略不计。因此这个任务与它的执行就将面对一个技术的而非道德的评价。在与他人的关系中,行动者面临的选择分为有效与无效、高效与低效——准确地说,是理性与非理性——而不是对与错,善与恶。“与他人相处”的基本情境并不自发产生(当然,除非有外力的强迫)任何道德问题。如果有什么会干预它的道德考虑,那肯定来自外界。无论这些道德考虑会给行动者的选择带来何种限制,那都不会是出自手段—目的盘算的内在逻辑。分析而论,道德考虑需要被直截了当地放在非理性因素的一边。在完全由行动者目标营造的“与他人相处”的情境中,道德是一种外来的侵扰。

对于这种道德起源的另一种观念或许可以在萨特对作为本质的、普遍的存在模式的自我-他人关系的著名论述中去寻找。我们并不确定就能在这儿找到它。如果萨特的分析的确能够展示某种道德的概念,那么它将是一个消极的观念:道德与其说是一种责任,毋宁说是一种限制;与其说是一种激励,毋宁说是一种约束。在这里(虽然只有在这里),萨特理论中所蕴涵的对道德之地位的评价没有在本质上区别于上面所提到的标准的社会学解释，即关于道德在基本行为的情境中所扮演的角色的解释。

当然，这其中极富新意之处在于，把他人从行动者的视域的其他组成中单列了出来，作为具有特别性质的地位和能力的单
180 位。在萨特眼中，他人成为一个他我（alter ego）、一个同伴，一个像我自己一样的主体；他所禀有的主体性，我全然可以看作是复制了我从自己内在经验中所了解到的那个人。一个深渊隔绝了他我与所有其他真实或者可能的世间事物。他我做我所做的一切；他思考，他估计，他制订计划，当他做这一切时他看着我，就像我看着他那样。仅仅通过看着我，他人变成了对我的自由的限制。他攫取了定义我和我的目的的权利，这样就破坏了我的独立和自主，危及我的自性（identity）和我在这个世界中的自在感（being-at-home）。这个世界上恰是他我的存在让我陷入耻辱，永久是我痛苦的固有之因。我不能尽成我欲所成；我不能尽做我欲所做。我的自由失去了。在场时——即在这个世界中——我的自为的存在也必不可免地是为他的存在。当行动的时候，我不得不顾及他我的在场，因此也不得不顾及它要求的那些定义、观点和视角。

这样，有人会说在萨特对自我-他人并存的描述中，道德考虑是不可避免地内在于其中的。虽然如此，但还是不能够说清楚什么样的道德义务被他描述的并存所决定。在舒茨那里，他对萨特所说的自我-他人遭遇的结果，做了如下这种合情合理的阐释：

> 我自己的或然性被转变成超出我之控制的可能性。我不再是情境的主人——或者至少情境已经有一个从我这里逃逸的向度。我已成为一个他人用来行动与施加影响于其

> 上的器物。我意识到这种经验不是通过认知的方式，而是通过一种不安或者烦躁的情感，在萨特看来，这种情感是人之处境的一个显著特征。①

萨特式的不安和烦躁与通常社会学归因于他者之在场的那种外在约束，有着无可置疑的家族相似性。更确切地说，萨特所说的不安与烦躁代表了人们对于社会在他者之在场的那种非人性的、客观的结构中所力图把握的困境而做出的主观反应。或者，往好里说，它们代表了逻辑-理性立场的一种情感的、前认知的附属物。生存处境的这两种产物被它们所包孕的怨愤之情统一起来了。从这两方面来看，他人都是一种烦恼与负担；退一万步讲也是一个挑战。有的时候，他人的存在不要求有道德规范的存在——实际上，除了理性行动的规则外，再无其他的规范。而另外的时候，他人的存在把因其存在而引致的道德铸造为一 181
套规章，而不是规范（远远不足以成为内在的推动力）；规章则**自然**遭到憎恶，它们把他人展示为人的处境的一个敌对的外在者，展示为对自由的约束。

不过，还有第三种对"与他人相处"的生存状况的描述——它可以提供一个真正不同的、原创性的社会学道德研究的起点，能够揭示并阐释用常规方法所不能触及的现代社会的一些层面。作为这种描述的代表人物的列维纳斯②引用陀思妥耶夫斯基的话来概括他的指导思想："我们为一切负一切责任，在一切

① 舒茨，"萨特的他我理论"（Alfred Schutz, 'Sartre's Theory of the Alter Ego'），见《文集》（*Collected Papers*），vol. Ⅰ, The Haag, Martinus Nijhoff, 1967, p. 189。

② 列维纳斯，《道德和无限：与菲利普·内莫的对话》（Emmanuel Levinas, *Ethics and Infinity: Conversations with Philippe Nemo*, trans. Richard A. Cohen），Pittsburgh: Duquesne University Press, 1982, pp. 95—101。

人之前为一切人负责，而我的负责超过了其他一切人。”

对列维纳斯来说，“与他人相处”这种人类存在最基本和无可撼移的特征首先意味着**责任**。“自打他人看见我甚至在他那方面还没有承担责任的时候，我就要为他负责。”我的责任是他人对我而言的一种也是唯一的一种存在形式，是他人在场、他人接近的模式：

> 他人不仅仅是在空间上与我接近，或者像双亲那样与我接近，而且他在实质上以我感觉到自己——只要我在——对他负责的形式来与我接近。它的结构是全然不同于在知识中把我们与客体（不管是什么客体，即便客体是人也罢）联系到一起的意向性关系。接近并不是回返到这种意向性；它尤其并不回返这样的事实中去，即他人是我所认识了的。

最重要的是，**我的责任是无条件的**。它并不倚赖对客体性质的预先了解；它先于这种知识。它也不倚赖延伸至客体的有所图谋的意图；它先于这种意图。知识与意图并不有助于他人的接近，也不形成特别的人类并存模式；“与他人连结的纽带只能是责任”，而且是，

> 不管被接受还是被拒绝，知道还是不知道怎样去承担，不管能不能为他人做一些具体的事情。要说：我在这儿；要为他人做一些事情；要去给予；要成为人类的精神，这就是了……我分析与他人接近当中——超出我自己对他人设
> 182 计的形象——人与人之间的关系，仿佛他的脸，他的表示（整个人的身体在此意义上或多或少也都是脸），**规定**我要

为他服务……这张脸命令与委派我。它的意义是一张签发的命令。准确一点，如果脸在我看来签发了一个命令，那也不是出于普通的能指指向其所指的方式；脸的确切意含就是指这个命令。

准确地说，列维纳斯的意思就是**责任是主体性本质的、主要的与基本的结构**。道德意味着“对他人负责”，由此也“对不是我的事，甚或与我不相关的事”负责。主体这样存在的责任，作为其主体性的唯一含义，与契约性的义务没有任何关系，与我对互惠收益的计算也没有共通之处。它无需对互惠的、“意图相互性的”、他人用他自己的责任来报答我的责任的一个良好或者虚空的预期。如果一个高级的力量是以地狱的威胁为制裁的道德规范或者以牢狱的威胁为制裁的法律规范，那么我就并没有在它的命令之下承担责任。正因为我的责任不是这样，因此我并不把它当作一个负担。我在把我自己建构成一个主体的时候开始负责。变得有责任是我作为主体的建构。因此它是我的事，而且只属于我。“主体间关系是一种不对称的关系……如果我会为了他人而死，那我不会为着互惠而对他负责。互惠是他的事。”

因为责任成了人类主体的存在模式，所以**道德的最朴素的形式就是主体间关系的基本结构**，它不受任何非道德因素影响（像利益、收益计算、理性地研究可选择的解决方式或者向强制屈服等）。因为道德的内容是对他人的一种职责（区别于义务），是一种优先于所有利益要求的职责——道德的根基跟统治结构或者文化结构一样，就顺利地延伸到社会的架构之下。当道德的结构（等同于主体间性）已完备时，社会的进程就起步了。**道德不是社会的产物。道德是受社会操纵的东西**——被它利用、更改、挤压。

因此反过来说，不道德行为，抛弃或者放弃对他人责任的行为，就并非是社会的功能出现故障的结果。因此，是不道德行为
183 而非道德行为要求对主体间性的社会管制进行研究。

社会接近与道德责任

责任，这栋所有道德行为的建筑物，拔起于他人接近（the proximity of the other）的地基之上。接近意味着责任，而责任就是接近。对个人或者他人的相对优先性进行讨论显然不妥，因为我们不能想象有任何人是遗世独立的。责任的消解，以及接踵而至的道德冲动的淡化，必然包括了（实际上，是同义于）以身体或者精神的隔绝来代替接近。接近的另一面就是社会距离。接近的道德属性是责任；社会距离的道德属性则是缺乏道德联系，或者是异类恐惧症。**一旦接近被腐蚀掉，则责任将归于沉寂；一旦同伴的人类主体被转变成一个他人，责任则最终将被怨恨所替代。**这种转变的过程就是一种社会隔绝。而正是这样一种隔绝使得成千上万的人可能被杀害，而同时千百万的人却毫无异议地坐视暴行。也正是现代理性社会在技术上和官僚体系上的成就使这样一种隔绝成为可能。

莫姆森，研究纳粹时代的最杰出的德国历史学家，最近总结了大屠杀的历史意义与大屠杀给现代社会的自我意识所提出的问题：

> 当西方文明已繁育出超乎想象的大规模破坏的工具时，由现代技术与理性化的技能提供的训练已经制造出一种纯粹的技术统治与官僚统治的心智，大屠杀的那些刽子

> 手群体即为例证，无论是他们自己直接实施的杀害，还是在国家安全总局的办公桌上、在外交部的办公室里，或者作为第三帝国在被占领区或卫星国的全权代表策划实施驱逐的与清除。到了这种地步，大屠杀的历史仿佛是现代国家行将就木的预言。①

不管纳粹国家有什么别的成就，它确实成功地攻克了系统地、有目的地、麻木不仁地、冷血无情地施行屠杀——老人与青年，男人与女人——的最大障碍：那种“因身体折磨的存在而会使所有正常人都受到感染的动物性的怜悯”。② 我们对**动物性的**怜悯知之甚少，但我们确实知道有一种看待基本的人类状况 184
的方法，它使得我们看到，人对屠杀的厌憎、禁止在别人身上施加折磨、对那些受苦的人进行帮助的欲望，显然是普遍存在着的；实际上，这也正彰显出了人们对他人福利所负责任的普遍性。如果这种看法正确，或者至少有一些合理性，那么纳粹统治的成就首要地就在于冲淡了人类所独具的生存模式的道德力量。因此，知道这种成就是否与纳粹运动和统治的独特品性相关，或者它是否能够根据我们这个社会更为普遍的属性——它不过是被纳粹分子巧妙地用来为希特勒的目的效劳罢了——来解释，就是很重要的一件事。

直到十年或二十年以前，人们普遍地——不仅在普通公众中间，而且在历史学家中间——都在欧洲反犹主义的漫长历史中寻求集体屠杀欧洲犹太人的解释。这样的解释必然要求把德国的反犹主义单列出来，作为最强烈、最残忍和最置人于死地的

① 莫姆森，“反犹太政策和大屠杀的意义”，p. 117。
② 阿伦特，《艾希曼在耶路撒冷》，p. 106。

一种反犹主义；毕竟是在德国，彻底灭绝整个种族的罪恶计划已经被孕育出来，并付诸行动。不过，我们记得在第二章与第三章当中，这种解释和它的推论都遭到了历史研究的怀疑。在传统的、前现代的对犹太人的仇恨与施行大屠杀必不可少的当代灭绝计划之间存在着一个明显的断裂。如果考虑到公众情感的功能，则卷册渐增的历史证据铁定无疑地证明了，在通常的、传统的、“友善的”、奠基于竞争之上的反犹情感，与愿意支持纳粹的彻底消灭并愿意参与其实施之间，几乎是一种相互否定的关系。

对纳粹时期的研究，在历史学家中间有一个增长的共识，那就是**实施大屠杀需要的是使普通德国人对待犹太人的态度中性化，而不是去动员它们**；传统上对犹太人的憎恨的“自然”延续，更多的是一种反感纳粹暴徒“过激行动”的情感，而不是在集体屠杀中参与合作的意愿；纳粹党卫军中的种族灭绝的策划者不得不使这项工作不受一般大众情绪的影响，并由此使它不受传统的、自发形成的、共同维系的对待其受害者的态度的影响，以
185 便他们把朝向最终解决之行程的航舵控制在手。

近来布罗斯查特扼要地重述了历史研究中相关的、有说服力的发现：“在那些犹太人成为人口一大组成部分的城市与乡镇中，德国人与犹太人之间的关系，即使在纳粹时期的最初几年大致上也是相对和睦，很少敌对的。”[①]纳粹试图激起反犹情感，并将静态的怨恨重铸成一种动态的怨恨［由缪勒-克劳迪斯(Müller-Claudius)敏锐地指出的区别］，即煽动无党派的、在意识形态上无所约束的群众以暴力行动反对犹太人，或者至少要积极地支持冲锋队实施他们的武力——对身体强制措施的普遍

① 布罗斯查特，“第三帝国和德国人民”（Martin Broszat, ‘The Third Reich and the German People’），见《第三帝国的挑战》，p. 90。

厌恶，对制造痛苦与身体折磨的深深摈弃，以及人类对他们的邻里、对那些他们认识并将之作为人而不是作为一类匿名的样本列入他们的世界地图的人的不屈不挠的忠诚，这一切都轰然坍塌了。在希特勒统治的最初几个月里，狂欢作乐的冲锋队分子的流氓行径不得不被取消，并遭到强行压制以防止公众的疏离与抗议所形成的威胁。虽然在他手下的反犹太人的花招面前欣喜不已，希特勒仍然感到不得不亲自来干涉，暂停全部民间的反犹主义的积极性。原本计划无限期地延续下去的反犹太的联合抵制，也在最后一刻被减缩成只搞一天的“警告示范”，其原因部分是害怕来自国外的反应，但更主要的是公众对这项冒险明显缺乏热情。在联合抵制的那天（1933 年 4 月 1 日）之后，纳粹头子在他们的汇报与短函中抱怨，除了冲锋队与纳粹党员，人们普遍存在着反感，而且对整个事的评价是失败；最后得出的结论是还需要持续不断地宣传，以使大众醒悟和警觉，能够在反犹手段的实施过程当中进入**他们的**角色中去。① 尽管还有后续的努力，但只持续了一天的联合抵制的夭折，为所有随后的、要有所成就就必须要求群众大规模地积极参与的反犹政策确立了模式。只要犹太人的商店与诊所还仍然开门，它们就继续吸引着顾客与病人。法兰克福与巴伐利亚的农民不得不被迫停止了他们与犹太牛贩的生意往来。我们前面看到，碎玻璃之夜，这个唯一由官方策划并组织的集体暴力，被期望可以引发一般德国人投身反犹暴力，但其结果也是适得其反。相反，在目睹了溅满碎玻璃的人行道和他们年长的邻居被年轻的暴徒捆绑上囚车后，很多人的反应是很沮丧。特别需要强调的就是，所有这些对反犹暴力的公开展现的消极反应，对应的是对反犹立法的成群结 186

① 参看斯莱纳尔，《通往奥斯维辛的曲折道路》，pp. 80—88。

队的热情拥护,而这中间并没有什么明显的矛盾之处。那些法案重新定义了犹太人,要将犹太人从日耳曼民族中清除,给犹太人在法律上设置了一重又一重的限制和禁令。①

纳粹反犹宣传的倡导者,施特莱彻(Julius Streicher)发现他的文章《莽撞的人》要想完成的任务中,最令人沮丧的就是使"犹太人本身"的典型贴近读者对认识的犹太人,犹太邻居、朋友或者生意伙伴的亲身印象。对这篇文章的简短激昂的历史做过深刻专论的作者,索瓦特尔就认为施特莱彻的发现并非他一人所独有:"政治反犹主义面临的主要挑战包括压制住'隔壁的犹太人'的形象——那种活生生的、呼吸与共的熟人与伙伴,这些人仅仅因其简单的存在就能否定掉那种负面的典型,那种'神话中的犹太人'的说服力。"②似乎在亲身的印象与抽象的形象之间令人惊讶地缺乏联系;仿佛在人的习惯当中并不是把这两者的逻辑矛盾当作一种认知失调来经历,或者——更一般地说——当作一种心理问题来经历;仿佛亲身的印象与抽象的形象除了所指称的对象表面上相同之外,它们通常不被认为是属于相同类型的概念,不被当作相互可以比较、检验并最终相互契合或者排斥的表述。在集体消灭的机器已经羽翼丰满很久之后——准确地说,是在 1943 年 10 月——希姆莱在其党羽面前埋怨道,即使那些最投入的、在把犹太人种族作为一个整体消灭这一点上已经没有特别的悔恨表示的党员们,也有他们希望赦免并保护的,他们自己的,私人的、特殊的犹太人:

> 每个党员都在说"犹太人应该被杀绝,很明显,这是我

① 参看克尔萧,《德意志第三帝国的公众舆论和政治不满》。

② 索瓦特尔,《小人物,现在怎么啦?》(Dennis E. Showalter, *Little Man, What Now?*), New York: Archon Books, 1982, p. 85。

> 们计划的一部分，消灭犹太人，彻底灭绝，是的，我们就这样做”。然后这八千万优秀的德国人都出现了，每个人都有自己体面的犹太人。其他的人当然都是猪猡，不过这一位确实是顶尖顶尖的犹太人。[1]

看起来，使亲身的印象与抽象的原型相分离，而又使每一位逻辑学家相信无可避免的冲突得到防止的，是前者受到了道德的浸润，而后者却保持着道德中立、纯粹理智的特征。亲身印象赖以在其中形成的那种接近与责任的背景，被一堵厚厚的道德 187
的墙垒围在中间，那是“纯然抽象”的论证所无法穿透的。理智上的原型或许是很有说服力的，或许是阴险的，然而它应用的脚步在个人交往开始的领域面前戛然而止。作为**抽象范畴**的“他人”就并不与**我认识的**“他人”进行交往。第二类人属于道德的范围，而第一类人则被严格地排斥在外。第二类人位居善恶的语义范围，它坚决不向效率话语与理性选择做一点屈服。

道德责任的社会压制

我们已经知道在弥漫开来的异类恐惧症与纳粹设计并执行的集体屠杀之间没有什么直接的联系。另外，不断积累的历史资料也有力地表明，规模空前的大屠杀不是(或者说，完全有可能不是)蛰伏的个人倾向的醒悟、释放、提升、变得强烈或者突然爆发的结果。从任何其他意义上讲，不管个人的面对面的关系可能会偶尔变得多么酸楚与痛苦，大屠杀也不会是由此产生的敌意的延续。这样一种以个人为基础的仇恨的延伸有一条明

---

① 引自费斯特，《德意志第三帝国的面孔》，p. 177。

确的界线。在更多的情形中,它拒绝被推到超出由对他人的基本责任所划定的界线之外,这些责任必定就内在于人的接近、“与他人相处”之中。**大屠杀得以完成的条件也许仅仅是使基本的道德驱力的影响弱化,使屠杀机器与这种驱力产生并起作用的领域相隔离,使这种驱力边际化或者对于任务而言彻底无关。**

这种弱化、隔离与边际化是纳粹统治动用了现代工业、运输、科学、官僚机制以及技术等强悍的工具所取得的成就。没有这一切,大屠杀将变得无从想象;没有这一切,那种没有犹太人的欧洲、彻底灭绝犹太种族的夸张的想法,将在众多大大小小的由精神病患者、虐待狂、狂热分子或者其他痴迷于无缘无故的暴力的瘾君子们所制造的屠杀里渐渐逝去;不管有多么残暴与血腥,这些行为都很难与这一目的相匹配。而以一项理性的、官
188 僚-技术的任务,以及需由一群特殊的专家与专业化组织操作的针对一群特殊类型的对象的事务——也就是说,以一项不依赖感情和个人效忠的非人化的任务——来当作“解决犹太问题”的设计,最后证明投合于希特勒的想法。然而就是到了官僚行动将来的对象——犹太人——已经被从德国人的日常生活世界中抹去,从人际交往的圈子中隔绝,在实践中被转化为一种范畴、一种典型——成为**形而上学的犹太人**的抽象概念——的那个时候,也就是说,直到他们已经不再成为正常情况下道德责任延伸可至的那些“他者”,并失去了这种自然的道德提供的保护的时候,解决的方式仍然可能不如此设计,也当然可以不被执行。

克尔萧在透彻地分析了纳粹企图唤起集体的反犹仇恨与为“解决犹太问题”而操纵这种仇恨遭到连续失败后,得出这样的结论:

> 纳粹最成功之处在于对犹太人的非人化(depersonalization)。犹太人越是被强制地赶出社会生活，看上去越是与宣传(这种宣传颇为悖谬地强化了它反对“犹太人”的运动)中的原型相吻合，在德国自身内部真正的犹太人就越少。非人化增加了德国大众舆论中已经存在的广泛的冷漠，并迈出了在无政府的暴力和死亡集中营理性化的、“生产线式”灭绝之间的决定性的一步。
>
> 没有这些进展顺利的将犹太人从德国社会中驱逐出来的步骤，“最终解决”就没有可能。这些步骤在公众的眼皮子底下，以其合法的形式得到了广泛的赞成，并最后使犹太人的形象非人化，并遭到贬损。①

如我们已在第三章当中提到的那样，那些当“隔壁邻舍的犹太人”就是他们的受害人时确实反对冲锋队的无赖们进行掠杀的德国人(甚至那些找到勇气表现出他们的反感的人)，却带着冷漠与常有的满足接受了强加在“犹太人本身”之上的法律限制。当关注的是他们所认识的人时，他们的道德良知会被激发出来，而当目标是抽象的、归为原型的范畴时，就无从在他们的身上唤起任何情感。他们在静默中注意到，或者没有能够注意到犹太人从他们的日常生活中的逐渐消失。这个时候，因为年轻的德国士兵与宪兵队队员肩负了“清洗”这么多人的任务，犹太人就“只是一批‘博物馆展品’，是以猎奇的目光看待的东 189
西，爬行动物的化石，在它的胸膛上有黄色之星，是过去的时间的见证人，但不属于现在，是必须跋涉远行才可见到的东西”②。

① 克尔萧，《德意志第三帝国的公众舆论和政治不满》，pp. 275, 371—372。
② 克尔萧，《德意志第三帝国的公众舆论和政治不满》，p. 370。

道德走不了那么远，它偏好于留守在家，留在现在。

用莫姆森的话来说：

> 海德里希在社会与道德上隔离犹太少数民族与大多数人的政策，之所以没有受到大众的广泛抗议而得以实施，是因为一些与其德国邻居已经关系极其密切的犹太人既没有被包括在渐次严峻的歧视之内，也没有被逐步地与他们相分离。只有当渐增的歧视性法案已经使德国犹太人被逐步地压制为社会贱民之后，完全剥夺了他们与大多数人的一切常规的社会沟通之后，驱逐与灭绝才能够在不动摇社会统治结构的基础上付诸实行。①

希尔博格，研究大屠杀历史的头号权威，对于导致道德自抑逐渐寂静无声与启动集体消灭的机器的步骤做了如下说明：

> 在现代社会中消灭过程的全部形式将按此表所示那样建构：
>
> 定义
>
> ↓
>
> 开除雇员和没收商业公司
>
> ↓
>
> 集中
>
> ↓
>
> 剥削劳动与饥饿措施
>
> ↓

① 莫姆森，“反犹太政策和对大屠杀的理解”，p. 128。

灭绝

↓

抹杀个人的影响

> 消灭过程的各步顺序就是这样决定的。如果试图把最大的伤害施加在一群人身上，那么就不可避免地有一个官僚体制——不管它的机构怎么没有中心或者它的行动多么没有计划——来推着它的受害者们经过这些阶段。[1] 190

希尔博格指出，这些阶段的决定是合乎逻辑的；它们构成了一种理性的序列，一种符合现代标准的序列。这种标准鼓励我们寻求用最短的路径与最高效的方法来实现目标。如果我们现在力图揭示集体消灭的理性解决方式所包含的指导性原则，我们就会发现**前后相续的各个阶段是按照从道德职责的范围**（或者用费恩[2]提出的概念，从**义务的领域**）**驱逐出来的逻辑来安排的**。

定义就是把受害的群体作为一个**不同的**类别区分开来（所有的定义都等于是把总体分成两部分——做上记号的与没有做上记号的），因此施加在这个群体之上的一切都**不会**落在所有其他人的头上。恰恰是这个被定义的行为，使得这个群体已经被当作了**特殊**对待的目标；对“普通”人适合的所有方式对这个群体而言必然就不再适合。另外，群体的个体成员现在成了一个类型的范例；这种类型的某些性质会渗进他们个别化的形象当中，而危及原本单纯的接近，使其作为自我维系的道德领域的自主性受到限制。

---

① 希尔博格，《欧洲犹太人的毁灭》，p. 999。

② 参看费恩，《解释大屠杀》。

开除与没收则撕毁了绝大多数常规的契约，以身体和精神上的距离取代过去的接近。这下受害群体被有效地从视野当中抹去；他们最多是被别人听说的一类，因此别人听说的有关他们的一切都没有可能转变为有关个体命运的知识，也就没有可能与亲身经历对照检验。

集中所完成的是拉开距离的过程。受害群体不再与其他人相遇，他们的生命历程不再交汇，沟通也慢慢减少并突然停止，现在发生在一个被区隔的群体中的一切都不为其他人所关心，进而在人际交往当中把那一切转化为谈资也就没多少意义了。

剥削与饥饿上演的一幕是更进一步而且真正惊心动魄的场面：它们将野性乔装打扮成人性。大量的事实说明，地方的纳粹头目请示过他们的上司，要把在他们权限之下（就是在集体屠杀开始的信号给出之前）的一些犹太人处死，使他们免受饥饿的痛苦；对大量早就被掠攫了财产与收入并被圈进犹太社区的人来说，食物的供给不能维持他们的需要，因此杀戮似乎是仁慈的行动——确切地说，是人性的昭示。“法西斯的政策险毒
191 地在循环”，允许“故意创造出无法忍受的紧急局势和状况，然后用它们来使更为极端的步骤变得合理”。[①]

这样，最后的行动——灭绝——无论如何都不是一个突兀的变故。就是说，先前采取的多个步骤合乎逻辑（即使我们记得，一开始并没有被料及）的结果就是灭绝。虽然已经铸就的事态并没有使其后的每一步变得不可避免，但是在毁灭之路上，每一步行动都使得下一步的选择变得合理。**在行动序列上，离最初的下定义的行动越远，则行动就越是纯粹地被理性-技术的考虑所引导，它也越少地必须考虑到道德自抑问题。**确切地说，

① 莫姆森，“反犹太政策和大屠杀的意义”，p. 136。

它使得道德选择不再成为必须。

在各个阶段之间的过渡当中有一个显著的共同特征。它们都加大了被指定的受害者与其他人之间在身体上和精神上的距离——与刽子手是这样,与种族灭绝的目击者也是这样。站在终点看,它们的内在理性,以及它们在完成消灭任务时所具有的效力都在于上面所提及的这种性质。很显然,道德自抑并不是远不可及地存在着。它们不可分离地跟人与人的接近连在一起。相反,随着社会距离寸寸增加,干不道德的事变得更加容易。如果莫姆森把“内在于当今工业社会中的那种变得习惯于对与自身经验范围无直接关联的行动持道德冷漠态度的过程中的危险”,作为大屠杀经验的“人类学层面”[1]单列出来是正确的话——那么他所警示的危险就必须在今天的工业社会将人际距离拓展到道德责任与道德自抑之声变得无法听见之处的那种能力中去寻踪觅迹。

距离的社会生产

由于不可解脱地同人与人的接近拴在一起,道德看起来符合视觉法则。靠近眼睛,它就庞大而厚实;随着距离增大,对他人的责任就开始萎缩,对象的道德层面就显得模糊不清,直到两者达到消失点(vanishing point),并逸出视野之外。

道德驱力的这种性质似乎不依赖提供互动框架的社会秩序。真正有赖于这种秩序的是道德取向的实用效力,即道德取向控制人们行为、限制给他人施加的伤害以及确立将囊括所有交往的参数变量的能力。道德冷漠的意义——与危险——在我 192

① 莫姆森,“反犹太政策和大屠杀的意义”,p. 140。

们这个现代的、理性化的、工业技术熟稔的社会中变得尤其尖锐，因为在这样一个社会当中，人的行为能够在有距离的情况下生效，而且这个距离随着科学、技术和官僚体系的发展而不断扩大。在这样一个社会当中，**人们行为的后果远远地超越了道德视野的“消失点”**。道德驱力的视觉性的能力，受到接近原则的限制而持久不变，但是人的行为生效并制造出结果的距离，以及由此造成的可能会受到这些行为影响的人的数目，却在急剧地增大。受道德驱力影响的互动范围和摆脱道德驱力的妨碍而膨胀起来的行动量比起来，真是相形见绌。

现代文明中，用行动的理性标准取代其他的一切标准，以及对“非理性”标准给予现代定义（在后者中道德评价占有突出地位），这一切所带来的名声不佳的成功，在决定性的意义上是以“遥控”的进步为先决条件的，而遥控也就是延伸人们行动能够发挥效用的距离。正是那种远得几乎都无法看见的行动的标靶免于道德的评价；而且正因为这样，对标靶产生影响的行为的选择也不受道德动力所强加的约束。

就像米格拉姆的实验戏剧性地展示的那样，道德冲动的沉寂和道德自抑的悬置是精确地通过将行动的真正（尽管行动者经常一无所知）目标推向“远方且目不能及”来实现的，而不是通过公然反道德的改造，也不是通过用另外一套规则取代旧的道德体系的灌输运动来实现的。在技术上，将受害者置于不可见之地并因此使他们远离道德评价的最明显例子就是现代武器。它的进步主要在于越来越多地消除面对面交战的机会，消除以人的规模、按照常识意义实施杀戮行为的机会。当武器被用来隔绝和分离，而不让交战的军队面对面地遭遇并厮杀在一块时，训练武器使用者压制他们的道德驱力，或者直接攻击“旧式的”道德，就大大地失去它们原有的重要性，因为武器的使用似乎只与使用者的道德健全有一种抽象的理智联系。用卡普托的话来说，战争的特质“好像就是关于距离与技术的问题。如果你用高度精密的武器远远地把人杀死，你就能永远不会出毛病”[①]。只要看不到行动的实际结果，或者只要不能把所见到的一切清楚地与自己清白无辜和芝麻点大小的动作，如扣动扳机和拉开引线等联系起来，道德的冲突就不可能出现，或者只会哑然地出现。也可以把操作者可以击中他们根本看不见的目标的炮的发明看作现代战争以及随之而来的道德要素之不涉入的象征性起点：当瞄准的方向完全不同的时候，炮依然有可能导致目标的毁灭。 193

现代武器的成就可以被比喻成距离的一种更为多样化和更为错综复杂的社会生产过程。约翰·拉赫斯已经把这个生产过程之多种表现的统一特征放在了大规模地引入**行动中介**和**中介人**——那些“站在我和我的行动之间，使我不能直接经历行动”的人——当中。

> 我们从自己的行为中感觉到的距离跟我们对行为的无知成正比；反过来，我们的无知在很大程度上对应我们自身与我们的行为之间的中介链条的长度……当对情境的认识消隐时，行动就变成没有结果的动作。随着结果从视野中消失，人们就能够参与到最恐怖的行动中去，而从不提出有关他们自己的角色和责任的问题……
>
> 要通过我们自身行动遥远的结果来看它们是怎样在制造痛苦，这是极为困难的。而认为自己无咎可责并谴责社会，也不是一种逃避。这是注定会导致可怕无知的大规模

① 卡普托，《战争的谣言》，p. 229。

中介自然而然的结果。①

一旦行动已有了中介，那么行动的最终结果就被置于道德驱力仍然维系着其约束性力量的、相对狭窄的交往区域之外。与此相应，对于大多数参与者和目击者来说，包含在那一具有道德意蕴的范围内的行动都是无伤大雅的，不值得从道德上来进行追究。劳动的精细分工，跟介于行动的发起者与其可触及的结果之间的行动之链的绝对长度一样——不管有多大的决定性——都把大多数集体冒险的参与者从道德意义和道德检审当
194 中解脱出来。分工与链条长度仍然是分析和评价的主题——但标准是技术性的，而不是道德的。“问题”所要求的是更好的、更为理性的设计，而不是灵魂的探索。行动者忙于从事给特定的——也是片面的——结果找到更好的解决方式的理性任务，而不是从事对最终目标进行评价的道德任务（他们对最终目标只有一个模糊的认识，或者他们并没有感到对之应肩负责任）。

布朗宁在对纳粹起初为迅速、简洁和代价低廉地解决集体屠杀这个技术性的任务所制定的办法，即声名狼藉的毒气室的发明并付诸使用的历史的详细描述中，对牵涉在内的人们的心理世界富于洞察：

那些其专长通常并不与处理集体屠杀相关的专家们，突然发现他们是毁灭机器中的一枚小齿轮。他们曾忙于采办、分发、维护和修理机动车，而当他们负责制造毒气室的时候，他们这些专长与技巧突然被征用于集体屠杀之

① 拉赫斯，《当代社会中的责任和个体》，pp. 12, 13, 57—58。

> 中……而烦扰他们的只是对他们产品的毛病的批评与抱怨。毒气室的缺陷不过是对他们的工艺的负面反应，需要加以补救。为了充分应对出现的问题，他们力争做出有创意的技术调整，以使他们的产品效率更高，并更能为其操作者所接受……他们最关心的事似乎是他们会被认为不胜任指定的工作。①

在官僚体制上做了劳动分工的条件下，在道德责任具有至高无上约束力的接近的范围内，“他人”可以是一个同事，他能够成功地完成自己的任务，有赖于行动者采纳他那部分工作；也可以是一个直接的上司，他的职业声望有赖于下属的合作；并且还可以是一个居于等级体系下方的人，期望他的任务能被清楚地界定，并切实可行。在与这样一种他人的交往中，从接近中产生的道德责任所表现的形式就是对组织的忠诚——这是面对面互动网络的一种抽象表述。这种对组织的忠诚，没有将被道德驱力覆盖的接近的领域当中交往的道德特性完全抹杀，使得行动者的道德驱力可以被道德卑鄙的意图所利用。行动者会始终不渝地相信他们自身的团结；更确切地说，他们的行为确实符合这个唯一区域所坚持的道德标准，而其他的标准在此区域当中也仍然有效。布朗宁研究了隶属于德国外交部的臭名昭著的犹 195
太事务处中四名官员的经历。他发现有两人对他们的工作满意，而另外的两个却想调换别的工作。

> 这两人最后都成功地离开了犹太事务处，不过当他们在位时，却一丝不苟地尽他们的职责。他们不公开地反对

① 布朗宁，《决定命运的几个月》，pp. 66—67。

> 工作，只是秘密而不为人知地谋求调离；让他们的履历清白是他们最高的所求。不管热情主动也好，不太情愿也罢，事实证明这四个人都很有效率地工作……他们维护着机器的运转，他们当中最具野心和最肆无忌惮的人又把它额外推进了一步。[①]

任务的分化和因此而产生的道德小共同体与行动最终结果的分离，导致了残酷的施行者和受害者之间的距离。这个距离减少或者消除了道德自抑的反面压力。然而，全部依照官僚体系的命令等级，是不能得到身体和功能上的合适距离的。一些执行者必然要和受害者面对面地相遇，或者至少和他们足够接近以至于不可避免地也无法抑制地会看到他们的行动到时候所带来的结果。这样，就需要有另外的方法来确保即使在**身体**或者**功能**的距离缺乏的情况下也要产生合适的**心理**距离。权威在现代所具有的一种独特形式——专家——提供了这种方法。

专家的实质就是假定如果要把事情做好就需要有一定的知识，而这种知识是分配不均的，有些人比其他人拥有得更多，那些人就应该管理这些事情，那些正在管理的人就要肩负起事情如何进行下去的责任。实际上，这种责任被认为不是赋予了专家们，而是赋予了他们所代表的技术。专家制度以及相应的对待社会行为的立场几近于圣西门著名的"管理事物，而不是管理人"的理念（这得到了马克思的热烈赞同）；行动者只是作为知识的代理，作为"知道如何"的载体，他们的个人责任完全在于准确地表述他们的知识，这样在做事的时候就可以根据"技

① 布朗宁，"政府的专家们"（Christopher R. Browing、'The Government Experts'），见《大屠杀》，p. 190。

术状况”，根据现有的知识可以提供的最好的一切来进行。对那些不拥有知识的人来说，对行为负责意味着听从专家的意见。在此过程当中，个人的责任于是就消融在技术知识的抽象权威 196 之中。

布朗宁详尽地引用了技术专家贾斯特所准备的关于毒气室技术改进的备忘录。贾斯特建议装配毒气车的公司应当缩减装载的空间：现有的毒气车如果满载的话就难以在崎岖的俄国领土上通行，那就需要太多的一氧化碳来填充空着的地方，并且整个行动费时太长，一定程度上失去它潜在的效力：

> 一辆短点的、满载的卡车可以运行得更加迅速。尾部的缩短不会使前轴超压而对重量平衡带来不利的影响，因为“实际上，重量分布的修正是这样自动产生的，即在运行中经过挤压倾向于朝后门移动的货物主要都是放在那儿的”。因为连接管在“液体”中容易很快地生锈，因此气体应当从上面导入，而不是从下面。为了便于清理，在地板上应该打一个八到十二寸的洞，并在外边安上一个可以打开的盖子。地板应该轻度地倾斜，盖子上应该有些小的漏孔。这样所有的“液体”会流向中间，而“轻薄的液体”将在运行当中保留下来，而“厚重的液体”就会随后被冲走。[①]

话里面的全部引号都是布朗宁自己加上的；贾斯特不会特意追求和使用比喻或者这种婉转的说法，他的语言是直截了当的、踏踏实实的技术语言。作为一个建造卡车的专家，事实上他在处理的是货物的运动问题，而不是人争取能够呼吸的问题；是

① 布朗宁，《决定命运的几个月》，pp. 64—65。

厚重与轻薄的液体的问题，而不是人的排泄物与呕吐的问题。装载物本身包括了行将被杀害且丧失了控制身体能力的人，而这个事实并没有贬低这个问题的技术挑战性。在它能够转换成一个将被“解决”的“问题”之前，该事实无论如何将首先要被转译为中性的车辆生产的技术语言。人们会怀疑那些读过贾斯特的备忘录并实施其中所包含的技术建议的人是否曾有过将之再次转译的意图。

对米格拉姆的豚鼠而言，“问题”就是由科学专家们设定和掌控的实验。米格拉姆实验的专家们注意到，受专家领导的行动者不像贾斯特的备忘录所针对的那些索多玛(Sodomka)工厂的工人那样，对他们的行为所制造的痛苦不置疑问，在实验中应
197 该不可能有借口说“我不知道”。米格拉姆的实验最后所证明的就是专业知识的权力和它压倒道德驱力的能力。道德的人即使知道(或者相信)行动是不道德的时候，仍然能被驱动着去干不道德的事——条件是他们确信专家(这些人，根据定义，是知道一些他们所不知道的事情的人)已经把他们的行动界定为必不可少的。毕竟，在我们的社会中，大多数行为不是依据关于它们的目标的讨论，而是依据一些知名人士的意见或者指示来确立其合法性的。

结束语

诚然，本章到此还远不足以阐述有关道德行为的又一社会学理论。此章的目标要低得多：讨论一些道德驱力来源，而不是致使不道德行为成为可能的社会条件及社会地产生的条件。甚至这样一个有限的讨论，似乎也表明了关于道德的正统社会学需要某些实质性的修正。其中一个似乎特别经不起验证的正

统假设就是：道德行为孕育于社会运作，并受到社会制度之运作的维系；社会在本质上是一个人性化的、道德化的机制；因此，在较小范围内发生的任何一件不道德行为都仅仅被解释为“正常的”社会构架功能失常的结果。这种假设的必然结果就是，不道德总的来说不可能是社会的产物，其真正的起源必须从别处寻得。

本章的观点是：强劲的道德驱力有一个前社会的起源，而现代社会组织的某些方面在一定程度上削弱了道德驱力的约束力；也就是说，社会可以使不道德行为变得更合理，而不是相反。西方所鼓噪的没有现代官僚体系和专家的、以“丛林法则”或“拳头法则”统治的虚构世界形象[①]，在某种程度上暗示了现代官僚体系自我合法化的需要[②]，它将摧毁从不受现代官僚体系控制的动力和偏好中产生的竞争法则；这种虚构世界形象在某种程度上也暗示了人类朴实的、建立在道德责任基础之上的约束相互关系的能力现在已经被遗弃或被忘记。因此，如果仔细审视的话，那同样的道德驱力会被认为是野蛮的，应当被驯化和压制；文明的进程弱化了这种道德驱力，而后由源于新统治结构的控制性压力取而代之。一旦人与人之间接近所自发产生的道 198

① 在与查博尼尔(Charbonnier)的对话中，列维-斯特劳斯把我们现代文明定义为 anthropoemic(以区别于 anthropophagic“原始”文化)；他们“吞噬”他们的敌手，而我们则“吐出”他们(分离，种族隔离，驱逐，排斥在我们人类义务的世界之外)。(译者按：anthropophagic 为“食人族的”之意，anthropoemic 除 anthropo 之前缀外，emic 依上下文之意，应由 emiction 一词而来，即指排溺而言，意为“排溺族的”，二词之对应与“吞噬”和“吐出”之对应相当。)

② 西方文明的合法化神话把一切自然的(也即前社会的)冲动(并且因此还有在接近条件下的“对他人的责任”)都归入了“动物本能”的范畴，而官僚制精神又把它们归入了非理性力量的范畴，并非出于偶然，这让我们想起了文化进军时期对一切地方性和社区性传统的毁谤，而与文化进军相伴随的，则是现代国家壁垒的竖立和它那普遍主义和绝对主义姿态的弘扬性回忆：参看鲍曼，《立法者与解释者》，第 4 章。

德驱力丧失合法性并瘫痪，那么取代它的新力量就有一种前所未有的随心所欲的自由。它们可以在很大的范围内制造某种行为：只有掌权的犯罪者才能界定该行为在道德上属于正当。

在道德管制的领域内所取得的种种社会成就当中，需要提到的是：距离的社会生产，它废止或者削弱了道德责任的压力；技术责任代替了道德责任，这有效地掩盖了行动的道德意义；以及区隔和割离的技术，这增加了对那些应该是道德评价对象以及道德刺激反应对象的他人所遭受的命运的淡漠。还要考虑到，以其所统治的社会的名义僭取了最高伦理权威的国家权力以主权原则进一步强化了所有那些侵蚀道德的机制。除了处处皆然而往往丝毫不起作用的"世界舆论"之外，国家的统治者在他们的统治疆域内，总体上在行使对规范的管理时不会受到任何约束。当然，有充分证据表明，他们在那一领域内的行动越是肆无忌惮，要求他们"缓和"的呼声也就越强烈，而这足以再度确认和强化他们对于道德判断领域的垄断和独裁。

随之而来的是在现代秩序下，道德法则与社会法律之间的那种古老的索福克勒斯式的冲突就没有了缓和的迹象。它只会变得越来越频繁和深刻——抵牾之处则随着压制道德的社会压力而变动。在很多场合下，道德行为意味着采取一种立场，那种立场被本身就是公共舆论和由公共舆论而来的权力指认为是反社会的和颠覆性的（它或者是公然说了出来的，或者不过是由多数人的行动或不行动所表露出来的）；在这些情况下，道德行为的激励就意味着反抗社会权威和行动起来以削弱其力量。道德责任不得不依赖其最原始的起源：在本质上对他人的责任。

这些问题，除了它们的学术意义之外，还有一种紧迫性，希尔博格以这样的语言向我们提示了这种紧迫性：

再次记住,基本的问题是一个西方的民族,一个文明的 199
民族,能做出这种事情。然后,在1945年之后不久,我们看见有人开始问:“有任何一个西方民族不能那么做吗?”此刻问题已经彻底地颠倒了……在1941年,大屠杀还未曾被预料到:而这就是我们随后产生的焦虑的原因。我们不敢
再排除那种无法想象到的事情。① 200

① 希尔博格,“大屠杀的意义”,pp. 98, 99。

八

事后的思考：理性与羞耻

索比波尔发生过一个故事：十四个同牢的人想逃出去。大概几小时后他们被全部抓获，并被带回集中营的集合场地上面对着其他犯人。然后，他们被命令道："等一会儿你们肯定得死。不过在死之前，你们每个人要去选一个人陪你们一起死。"他们说："这办不到！"指挥官不动声色地说："如果你们不肯，那我替你们选。不过我选的话，将是五十人，而不是十四人。"他没有必要去兑现他的威胁。

朗兹曼（Lanzmann）的《大屠杀》中，有一个成功地从特雷布林卡集中营逃出来的幸存者回忆到，当毒气室的"饲料"（即供屠杀的犹太人）的流入量降下来的时候，特别指挥部的成员们被撤销了他们的食物配额，因为他们不再有用了，而面临着被灭绝的威胁。照亮他们生存希望的是新的犹太人被圈集起来，用火车运往特雷布林卡。

又是在朗兹曼的电影里，一名曾在特别指挥部待过的成员，现在是特拉维夫的一名理发师，回忆到，当他在为德国人制造床垫而剪下受害者的头发时，他是怎样对此目的保持沉默，并催促他的客人快点去他们已被告知并相信是公共浴池的地方。

布朗斯基（Jan Błtoński）教授那篇深刻而感人的文章“可怜的波兰人看犹太人区”所引发的、在1987年由波兰有名的天主教周刊《环球周刊》以大篇幅展开的讨论中，雅斯彻鲍斯基（Jerzy Jastrzebowski）回忆了家中一位长者讲过的故事。他们家想要藏匿一个老朋友，一个看上去是波兰人并且操一口高雅的 201
波兰贵族腔的犹太人，却不愿藏他的三个看上去是犹太人并且带有明显犹太口音的姐妹。但这个朋友不肯自己偷生。雅斯彻鲍斯基评论说：

> 如果我们家做了别的选择，那我们十之八九会被全部枪毙（在被纳粹占领的波兰，私藏或者帮助犹太人的惩罚是处死）。在那种情况下，我们的朋友和他的姐妹活下来的可能性也许就更小。然而给我讲这个家庭的故事的人不断重复“我们能做什么，我们什么也没做”，他没有目视我的眼睛，他感觉我会把这当作一个谎言，尽管所有的事实确是如此。

另一个投稿参加讨论的人，德茨宛罗夫斯基（Kazimierz Dziewanowski）写道：

> 如果在我们这个国家，在我们这个时代，在我们的眼前，几百万无辜的人遭到杀戮，那是多么令人震惊的事件，是多么难以承受的一个悲剧——所以那些幸存下来的人为之所纠缠，不能恢复平静是合情合理、合乎人性，并可以理

> 解的……无法证明人们能够做得更多，然而也无法证明不能做得更多。

巴托彻夫斯基（Wtadystaw Bartoszewski）在占领期间负责波兰人对犹太人的帮助，他评论道：“只有那些付出了死亡代价的人可以说他已尽力。”

显然，朗兹曼想要传递的信息中最令人震撼的是**恶的理性**（或者是理性的恶？）。看《大屠杀》后几小时几小时不能终止的痛苦，可怕的、让人蒙羞的真相被一丝不挂地剥露出来并公之于众：屠杀上百万的人竟只需要寥寥无几的一些持枪分子。

令人惊奇的是，那些为数不多的持枪者会如此害怕；他们清楚地了解他们对人类牧群的操控其实脆弱之至。他们的权力植根于那些注定将遭受厄运的人，他们生活在被诱导着相信是如此这般的那个世界中，这个世界是他们，这些拿着枪的人，为他们的受害者界定和描述的世界。在此世界里面，服从就是理性；理性就是服从。理性是合算的——至少在一段时间内——但是在那个世界里没有别的、更长的时间。朝向死亡之路上的每一步都经过了细心的打磨，以便能够用所得与所失、奖励与惩罚来计算。在运这些牧群的车中，新鲜空气和音乐补偿了长长的、不可缓解的窒息。配置有衣帽间和理发师、毛巾和香皂的浴室，可
202 以让人痛快地从虱子、污垢和人的汗臭和粪臭当中解脱出来。只要让他们相信这是间浴室，理性的人们就会安静地、谦和地、高兴地走进毒气室。

特别指挥部的成员都知道，如果告诉浴者浴室是毒气室，可以立即被处以死罪。如果受害者只是在恐惧或者自杀式的顺从的引导之下走向他们的死亡，那么这项罪似乎也不算令人憎恶，这种惩罚似乎也不算严厉。但是要把秩序仅仅建立在恐惧的基

础上，党卫军需要更多的军队、武装和金钱。而理性却更有效，更容易到手和更廉价。因此要毁灭他们，党卫军的人只需谨慎地培育受害者的理性即可。

最近，在接受英国电视台的采访时，一位南非安全部门的高级长官说漏了嘴：他说，非洲民族会议（ANC）的危险不在于破坏活动和恐怖主义——无论多么凶狠或者损失巨大——而在于它诱导了黑人或者他们中的绝大部分人无视“法律与秩序”；这种情况如果发生了，那么最聪明的人和最强大的安全力量都将对此束手无策［这个预测已被最近在银迪法达（Intifada）发生的一切所证明］。只要理性的气球还没有被戳破，恐怖就会继续有效。最邪恶、最残忍、最嗜血的统治者必须保持他作为理性之坚定传播者和守护者的形象——否则，就只有灭亡。对臣民致辞，他必须是在“与理性对话”。他一定要护卫理性，称颂计算成本与结果的价值，用逻辑来抵制非理性的、不计成本和拒绝遵从逻辑的情感和价值。

总的来说，所有的统治者都能依靠理性为他们服务。但纳粹的统治者又扭曲了游戏的赌注，使得幸存下来的理性会让所有其他人类行动的动机都变成非理性的。在纳粹营造的世界里，理性是道德的敌人。逻辑则要求站在犯罪一边。理性地保护自己的生存要求对他人的毁灭无动于衷。这种理性让受害者相互敌对，湮灭了他们共同的人性。这也使他们成为所有其他人的威胁和敌人，还没有被打上死亡的标志，暂时充当着旁观者的角色。理性高尚的信念轻巧飘逸地将受害者和旁观者从不道德的折磨和罪恶感当中解脱出来。把人的生活降到自我保全的盘算，这种理性就将人道从人的生活当中剥夺了。

纳粹的统治早已寿终正寝，而它的遗毒却阴魂犹在。我们 203
一直无力承认大屠杀的意义，我们不能接受大屠杀之恶作剧的挑战，我们还愿意用灌满理性——它摒弃了道德的呐喊，将之视为是不相关和疯狂的——的骰子继续历史的游戏；我们赞同以成本—收益的计算之权威来反驳道德的训令——所有这一切都给大屠杀所暴露的且看起来几乎没有引起人们怀疑的堕落以一个雄辩的证明。

在我童年的早期，有两年我的祖父曾力图把我引向圣经故事之宝藏，但事实证明其努力虽然高尚，却徒劳无益。也许他不是一个非常会启发人的老师；而我也只是一个驽钝而缺乏领悟力的学生。最后的结果是，我几乎不能回忆起他教诲的任何内容。但是，有一个故事深深地刻在我的脑海中，并在这么多年里一直萦绕着我。这是一个圣人的故事，他带着一头驮着几袋食物的驴赶路，遇到了一个乞丐。乞丐向他要些吃的。圣人说："等一下，我必须先解开袋子。"但是，在他解开袋子之前，累积已久的饥饿袭来，乞丐倒毙了。于是这个圣人开始祈祷："哦，主啊，惩罚我吧，我没能挽救我同类的生命！"这个故事给我的震撼差不多是我从我祖父那无休无止的冗长说教中唯一记得起的东西。它与我的授业老师在那时以及随后让我经历的全部心智训练相冲突。这个故事震撼我是因为它不合逻辑（它确实是的），因此它是错误的（这一点它却不是）。正是大屠杀让我相信，不合逻辑的不见得就一定是错的。

即使认为实际上为拯救大屠杀的受害者已竭尽了全力（至少并不是没有付出额外的、可能是惨痛的代价），也并不意味着道德谴责能够得以平息。它也并不说明一个道德之人的羞耻感是空穴来风（尽管在事实上，从自我保全的角度很容易证明这种羞耻感的非理性）。对这种羞耻感——战胜大屠杀的遗毒、战胜那种慢性的毒药所必不可少的一个条件——而言，对那些"能够"与那些"不能够"帮助的人，还有那些"能够"与那些"不能够"被帮助的人所进行的最精细且放在历史当中也是最为精确的计算，是毫无意义的。

即使是研究"各项事实"的最为成熟的定量分析方法，也不会太有助于我们就道德责任问题获得一个客观的（也即普遍有效）的答案。犹太人是那么的消极与顺从，因此没有科学的方法可以判断他们那些异族的邻居是不是无法阻止犹太人被押送 204
进集中营；也无从断定犹太人之所以很少能从看守中逃走，是因为他们无处可逃——他们感觉到了环境的敌意或冷漠。同样，也没有科学的方法来判断，华沙犹太人区中富有的居民是不是能够为减轻大量因饥饿与体温过低而在大街上奄奄一息的穷人的痛苦多做些什么，或者来判断德国的犹太人是不是能够揭竿而起，抵抗对东部犹太人的驱逐，或者有法国公民权的犹太人是不是能够为阻止囚禁"非法国的"犹太人做些什么。不过，更糟糕的是，**对客观可能性与成本的计算只能使问题的道德意义变得模糊不清**。

问题不在于那些集体活下来的人——那些有时只能作为旁观者的战士，那些有时害怕变成受害者的旁观者——是**应该**感到耻辱，还是**应该**为自己感到自豪。问题仅仅在于**羞耻感的释放**有助于恢复令人畏惧的历史经验的道德意义，并因此有助于驱除时至今日仍困扰着人们的良知、使得我们为了与过去和平共处而在当下对保持警惕掉以轻心的大屠杀之幽灵。不是在荣辱之间做出选择，而是在以在道德上纯洁的羞耻感为荣同以在道德上败坏的荣耀感为耻之间做出选择。如果一个陌生人敲我的门，并要我牺牲我和我的全家来保护他的生命，我不能肯定我会做出什么样的反应。我已经不用面对这样的选择。但是，我可以肯定，如果我拒绝庇护，那么我完全能够向别人和我自己交代，数数所救与所失的人，赶走陌生人是一个绝对理性的决定。

我也可以肯定,我会感受到那种不合理的,莫名的,却是再人性不过的羞耻。不过我也可以肯定,如果不是这种羞耻感,那么赶走陌生人的决定到死都将会使我心地败坏。

杀人不眨眼的暴政所缔造的非人的世界,逼迫其受害者和那些冷冰冰地看着迫害进行的人把自我保全的逻辑当作丧失道德感和在道德上无所作为的借口,而使他们丧失了人性。在不堪重负这个绝对事实面前,没有一个人可以被宣布有罪。然而也没有一个人可以从这种道德屈服的自我贬损中得到原谅。只有为个人的软弱感到羞耻时,才能砸破比其建造者与看守者更为长命的心智的牢笼。今天的任务就是要在牢笼已经被拆除很
205 久之后,去摧毁暴政使其受害者与观望者仍然沦为囚徒的潜力。

年复一年,大屠杀萎缩成正迅速消隐在过去之中的历史插曲。其记忆在惩罚罪犯或者清算仍然有效的账户方面的意义也越来越小。那些逃过了审判的罪犯现已是快进入耄耋之年的老人;从他们的罪行中幸存下来的大多数人也是或者很快也将跟他们一样。即使又发现了一个刽子手,并把他从藏身之地拽出来,进行迟来的审判,但要把他的罪恶深重与法律过程的尊严的神圣性相匹配,是越来越难了。[且看迪缅纽克(Demianiuk)和巴比(Barbie)那令人烦心的庭审经过。]在毒气室时代年纪大得足以决定对寻求安全的陌生人是开门还是关门的人,也越来越少。如果偿罪和清账就穷尽了大屠杀的历史意义,那么最好就让这令人恐怖的插曲停留在它名义上所属的地方——过去——把它扔给那些专业的历史学家们去照看。但是事实是,账户的清理只不过是永远记住大屠杀的一个理由。而且它是一个次要的理由——当这个理由迅速失去其保留的**现实**意义时,这已经比任何时候都更加明显了。

比起其他任何时候来,大屠杀现在不再归私人所有(如果

它曾经是的话)；它不是那些要受惩罚的刽子手的大屠杀；它不是那些为过去的痛苦而要求特别的同情、关怀抑或纵容的直接受害者的大屠杀；它也不是想赎罪或者证明自己清白的旁观者的大屠杀。**今日，大屠杀的意义是它带给整个人类的教训。**

大屠杀的教训是，大多数人在陷入一个没有好的选择，或者好的选择代价过于高昂的处境中时，很容易说服他们自己置道德责任问题于不顾(或者，无法说服他们自己面对道德责任)，而另行选取了合理利益和自我保全的准则。**在一个理性与道德背道而驰的系统之内，人性就是最主要的失败者。**邪恶巴望着大多数人在大多数时候不会轻率、鲁莽地行事——反抗邪恶是轻率而鲁莽的——它就可以开展它肮脏的工作。它既不需要热情的跟随者，也不需要大声叫好的听众，在受到一种安慰性的想法——还没轮到我——激励后，自我保全的本能确确实实将感谢上天：藏起来，我还是能够逃过的。

大屠杀还有另外一个教训，其重要性不亚于第一个。如果 206
说第一个教训包含的是一个警告，第二个教训则呈现出了希望；也正是后者使得前者有不断被提及的价值。

第二个教训告诉我们，将自我保全凌驾于道德义务之上，无论如何不是预先就被注定的，不是铁板钉钉、必定如此的。有人被迫这样干，也有人不屈于压力，因此不能把这样做的责任一股脑儿推到那些施加压力的人身上。**有多少人选择道德义务高于自我保全的理性并不重要——重要的是确实有人这样做了。**邪恶不是全能的。它能够被拒于千里之外。少数抵抗的人的事例粉碎了自我保全的逻辑的权威，它表明了它归根结底只是——**一个选择**。有人问，为了使邪恶被囚禁，应该有多少人反抗那种逻辑？有没有一道神奇的反抗之门槛，能让邪恶的技术在跨越
时戛然而止？ 207

附录一

道德的社会操纵：行动者的道德化，行动的善恶中性化

阿马尔菲欧洲奖讲座

我相信阿马尔菲（Amalfi）欧洲奖这项极高的荣誉是颁给《现代性与大屠杀》这本书，而不是颁给其作者的。正是以这本书的名义，而且更是以此书的中心思想的名义，我满怀感激与欣喜接受你们这些专业人士的赞誉。我对这本书所赢得的荣誉表示高兴，原因有几个：

首先，这本书是从跨越迄今为止仍然横亘在我们习惯于称为“东欧”和“西欧”之间的、深刻而似乎不可逾越的断裂的经历中产生的。书中的某些观点及其中心思想，既是在我家乡华沙的大学里酝酿的，也是在英国的同事们中间酝酿的；在我流亡的那些年里，英国是我的第二故乡。这些观点不认为有断裂，它们只看到我们共有的欧洲的经历，我们共有的，虽可能遭误解甚至暂时被埋没，但终不能被碾碎的历史。这就是我在书中提出的我们共同面对的属于所有欧洲人的命运。

其二，如果没有我一生的朋友和伴侣，珍尼娅，这本书也没

有写成的可能。她的那本《晨冬》回忆了多年来人类的邪恶，为我开启了我们通常拒绝注视的视野。自从我读了珍尼娅总结的她在人间地狱内部之轮回中所得到的那令人悲哀的智慧之后，《现代性与大屠杀》的写作就变成了一种智力的逼迫和道德的责任。她写道："残酷的极致是在毁灭受害者之前剥夺他们的人性。抗争的极致是在非人的条件下坚守住人性。"而我书中力图揭示的主旨正是珍尼娅这种痛苦的智慧。 208

其三，书的主旨本身——即讲述我们这个自信的、富裕的、美妙的世界，以及这个世界与人类的道德动力之间危险的游戏，所具有的深藏不露且不光彩的一面——似乎与更为广泛的关注产生了共鸣。我想，这就是受人推崇的阿马尔菲奖授予蕴含此主旨的本书的意义所在。当然，深乎众望的阿马尔菲奖评委会全心全意地致力于道德与实用问题的研究，其意义也在于此。如本书的主旨所示，道德与实用相分离是我们的文明进程取得的最蔚为大观的成就和最令人胆寒的罪行的基础，而它们的重新结合则意味着我们这个世界同自己令人生畏的力量做出妥协的可能。因此，我后面的发言就不仅仅是重复本书的主旨，而是人们希望能留在我们共同事业之核心的话语所发出的一个声音。

Virtutem doctrina paret naturane donet.（德性是来自教化，还是来自自然？）这种困境对古罗马和对今天的我们来说一样尖锐。道德是教化来的吗，还是就居于人类存在的道德性当中？它是缘起于社会化的进程，还是在所有的教化开始之前就已经"到位"了？它是社会的产物，还是如马克斯·舍勒坚持用另外一种迂回的方式解释的那样：同情心——所有道德行为的实质——是一切社会生活的一个前提条件？

这个问题常常因其纯粹的学术趣味而被置于考虑之外。有的时候,它也会被摆置在不屈不挠但又众所周知的是值得怀疑的、形而上学的好奇心所引发的毫无意义和多余的问题当中。而当社会学家明确地问及它的时候,它又被假定已经在很久以前就被霍布斯与涂尔干以一种毋庸置疑的方式给出了结论,并从那时起,已经通过常规的社会学实践转变成一个非问题了。至少对社会学家来说,社会应是一切人为事物的根据,一切人为事物都是通过社会学习才出现的。而对这个问题,我们几乎没有机会进行切实的讨论。我们所关注的一切,在开始被讨论之前就已经解决了:它的解决也塑造了构成我们独特的社会学话语的语言。在这种语言中,只能以社会化、教化与学习、系统的前提条件和社会的功能来谈论道德。而且,维特根斯坦提醒我们,除了能被言说的我们什么都不能说。由这种社会学语言维持的生活形式不包括不被社会批准的道德。在这种语言中,不被社会认可的就不能说成是道德的。而对不能谈论的则注定要
209 保持沉默。

所有的话语都界定了它们的主题,都要守护其界定的独特性以保证话语的完整,并通过对自己的反复重申再生产它们自身。倘若不是继续沉默下去的风险太大的话,我们可能就会止步于这种毫无价值的观察之中,并让社会学在它习惯于选择的语言与僵化当中继续走下去。这种风险实在已经被奥斯维辛、广岛和古拉格逐渐并且无情地提升得太高了。或者,还不如说,是当奥斯维辛那些失败的迫害者被审讯、惩罚和判刑的时候,古拉格和广岛事件的那些胜利的加害者所面对的问题把这个风险加大了。阿伦特,以她最佳的洞察力和敢于挑战的精神,对这些问题的蕴涵进行了阐述:

> 在那些被告因“合法的”犯罪而遭到的审判当中，我们的要求是，当人们用来引导他们的一切是他们自己的判断，而该判断又恰巧完全同那些他们必须当作周围人之一致观念的想法相抵牾的时候，他们仍然能够辨别是非。并且当我们知道了少数“自大”得仅仅相信他们自己的判断的人，无论如何不同于那些坚守旧有价值或者受宗教信仰引导的人的时候，这个问题就更加严肃了……那些极少数仍然能够辨别是非的人就真的仅仅依凭他们自己的判断行事了，而且他们是如此的自如；没有应该遵守的可以把他们面临的特殊事件纳入其中的规则。

因此，必须提出这样的问题：如果那些现在被押上法庭的人打赢了战争，他们中有人会因为良心的负罪而感到痛苦吗？最恐怖的发现就是答案一定会是断然的“不会”，而且我们找不到证据说明为什么不会是这样的答案。既然那种没有被社会所认可的所谓善与恶的区别已被勒令消失或者不予理睬，那么我们也不能严厉地要求个人采取道德的主动。我们也不能让他们肩负其道德选择的责任，除非这个责任事实上已经在社会规定的选择中预先就确立了。而我们一般不希望这样做（就是说，要求个人把他们的道德决定建立在自己的责任之上）。毕竟，如果这样做的话，就意味着容许有削弱社会立法权力的道德责任的存在；而且，除非被过于强大的军事力量给罢黜，否则什么样的社会愿意放弃自己意志的权力？那么，对于那些保守着古 210
拉格秘密的人和那些秘密地准备轰炸广岛的人来说，如果他们去旁听审判奥斯维辛的刽子手的话，也不是一项轻松的任务。

哈里·雷德纳（Harry Redner）留意到，也许正是因为有了这种困难，“很多现在仍然还在延续的生命和思考立足于这样一种假设，即奥斯维辛和广岛事件从来没有发生过，或者就算发生了，那也是在很久以前、遥不可及的地方发生的一个疏漏，今天已无需我们多虑了”。纽伦堡审判所陷入的法律困境在彼时彼地得到了解决：它被看作局部出现的问题，为某种特殊的和病态的事件所独有，这些问题不会越出它们那画地为牢的边界，并且一旦想要逃出控制，马上就会得到疗治。对我们自我意识的根本反省没有出现过，也没有被人郑重考虑过。这么多年以来——或者可以说一直到今天——阿伦特的呼声一直响彻于荒野。在那个时候，她的分析所遇到的愤怒来自欲使自我意识无可指责的意图。只有那种认为纳粹罪行与我们、我们的世界和我们的生活样式全无干系的解释，才为人们所接受。这种解释可谓有一箭双雕的作用：既谴责了被告，同时又赦免了胜利者世界的罪过。

于是要争论那些“既不是变态也不是虐待狂”的人、那些“过去和现在都令人惊讶地正常”的人（阿伦特语）所犯罪行——在社会欢呼的众目睽睽之下，或被人们所默认——随之而来的边缘化是故意的还是无意的、是计划中的事还是疏忽使然，是徒劳的。现在的事实是半个世纪前的隔离从未终结；而一排排带刺钩的铁丝在多年之后反而变得更粗了。奥斯维辛作为一个“犹太人的”或者“德国的”问题，作为犹太人或者德国人的私人财产，已经沉入历史。它尽管成了“犹太人研究”中的显学，但已被欧洲历史学的主流限制为注脚或者粗略阅读的篇章。有关大屠杀的书则也要在“犹太人主题”的大标题下进行评论。这种习惯的影响在犹太组织对任何（哪怕是尝试性的）“将犹太人遭遇的，并且是犹太人独自遭遇的不公正挪为己用”的企图的强烈抵制中得到了强化。犹太国家急切地希望成为这种不公正的唯一监护者，而说白了，也就是唯一合法的受益者。这种并不光彩的结盟有效地阻止了将它所描述的“犹太人的独特”经历转变为一个关于现代人类处境的普遍问题，进而转变为公共财产。另一方面，奥斯维辛被当作了只能以德国历史特殊的回旋、德国文化的内在矛盾、德国哲学的谬误或者令人费解的德国人的专 211
制民族性格来解释的事件——带有同样浓厚的狭隘化、边际化的色彩。最后，也可能最不可思议的是，最终既将罪行边际化，又免除了现代性之罪咎的策略，是使大屠杀成为一类不可比较的现象，并把它解释为很久以前在“正常的”文明社会中遭到压制，但是德国软弱的或者不完善的现代化进程没有能够充分驯服或者没有能够有效控制的一种前社会力量（野蛮的、非理性的）的爆发。有人希望这种策略是最好的自我保护方式：毕竟，它间接地把理性压倒情感这样的现代文明的病因学神话，以及认为理性压倒情感是道德在历史进程中获得的明显进步的附属信念进行了重新肯定和巩固。

所有这三种策略的组合结果——不管是有意的还是下意识的——就是众所周知的历史学家的困惑，他们一再抱怨无论他们怎么努力，也无法理解这个 20 世纪最惊人的事件；他们已经非常高明地记述这个事件中的一些故事，并将更为详尽地继续写下去。福里德兰德（Saul Friedländer）对“历史学家的瘫痪”感到遗憾，在他的（也是广为接受的）观点中，这“源于性质完全相异的现象的同时发生与互动：救世主般的狂热与官僚结构，病态的突发奇想与行政的清规戒律，发达工业社会中的无政府态度”。由于被我们自己参与编织的边际化描述之网纠缠着，我们看不见我们注视的一切；我们唯一能记录下来的就是图画中令人目眩的异质性，我们的语言不允许并存的事件的并存，以及如我们的描述告诉我们的，属于不同时代或者属于不同年头的因素的交糅混杂。它们相互的异质性也不是一个得来的结论，而只是一个假设。而正是这种假设在可能会出现理解或者寻求获得理解的地方产生了惊惧。

1940 年,在黑暗的中心地带,本雅明写下了一个观点,看到历史学家持续的麻木和社会学家超脱安闲的平静,我们就不得不对这个观点洗耳恭听:“这种惊惧不可能是真正的历史理解的起点——**除非是这样一种理解,即它所产生的历史观念是站不住脚的**。”站不住脚的是我们的——欧洲人的——历史观念,比如人性的提升压制了内在于人的兽性,又比如理性的组织压倒了令人厌恶的、如野兽般的、转瞬即逝的生活的残酷。站不住脚的还有现代社会是一种明确的道德化力量的观念,把现代社
212 会的制度当作教化力量的观念,以及现代社会的强行控制是可以为脆弱的人性挡住动物性的情感激流的大坝的观念。我的这篇文章,连同它所评论的这本书所做的贡献就是,揭示后一种观念站不住脚。

但是,让我们先来重复一下:证明从各种标准来衡量都属于社会学话语的常识性假设全都站不住脚时所遇到的困难,大都来自这种社会学论述语言的内在性质。因为所有的这些语言在佯作要描述它的对象之时就对之做了界定。由于不遵从社会认可的规则的行为从定义来说就属于不道德的,社会的道德权威就是能自我证明的同义反复。只要受社会谴责的一切行为都被界定为恶,那么受社会认可的行为就永远是善。要从这种恶性循环中退出来并不容易,因为一些假设道德冲动有前社会起源的观点已经由于违背了语言理性规则——语言允许的唯一的理性——而成为首要的谴责对象。要运用社会学语言就必须接受其所生成的世界图景,并暗含了这样一种默认,即随后的话语都要按照这种方式——所有对现实的提及都是指向这样生成的世界——来编排。社会学生成的世界图景复制了社会立法权力

的成就。但是它还不局限于此：它湮没了阐述另外一种观点的可能性，这种立法权力的成就就在于使这种观点无声无息。因此，这种语言的限定性力量为居于社会统治结构中的分化、隔离与压制的力量做了帮手。当然，它也从这种结构当中衍生出了合法性与说服力。

从本体论角度看，结构意味着相对重复，事件的千篇一律；从认识论角度看，它也因此意味着可预测性。无论何时我们遇到一个空间，其中的可能性不是随机分布：一些事件比另外一些事件更有发生的可能，那我们就谈到了结构。在此意义上，人类的栖居地是“结构的”：随机性的大海中一座规律性的岛屿。这种岌岌可危的规律性是社会组织的成就，也是它关键的标志性特征。所有的社会组织，**不管是有目的性的还是集权化的**（就是说，通过压制或者贬低——使它们不相关或者根本无关宏旨——所有其他分化的并因此具有潜在决定性的特征而划出的具有相对同质性的领域），都会将其各单位的行为交给**工具的或者程序的**评价标准。而更重要的是，它会使其他所有的标准失去合法性，并且首当其冲的就是使其各单位的行为对企图实施统一的压力有所反弹，并由此针对组织的集体目标而拥有 213
自主性目标（从组织的观点来看，这种反抗使它们变得不可预测，并可能失去稳定性）。

在以压抑为特征的标准当中，保持职责的荣誉这一点得到了道德动力——是最明显不过的自主（并且从组织的优势地位来看是**不可预测的**）行为之源——的维护。道德行为的自主性是终极的，不可减缩的。它避开一切将它编纂成规章法典的行为，如同它不服务于任何外在于它的目的一样，它也不和任何外在于它的事物建立联系；也就是说，没有一种可被监控、被标准化、上升为规章的关系存在。20 世纪最伟大的道德哲学家列维纳斯告诉我们,道德行为仅仅就是由作为一张**脸**的他者,也就是作为一种没有力量的权威的他者的存在而驱动的。他者以不威胁将有惩罚或者不许诺将有奖励而提出要求;他的要求不带约束力。他者不能做任何事情;准确地说是他的无力将我的力量、我的行动能力展现为责任。为这种责任所做的一切就是道德行为。不像害怕被惩罚或者为获得许诺的奖赏所驱动的行为,它并不带来成就或者有助于生存。因为它的无目的性,它排除了他律性法律或者理性论调的所有可能性,它对"生存的努力"(conatus escendi)保持着静默,并因此避免了对"理性利益"做判断,躲过了工于算计的自我保全的忠告,也即忽略了这两座并立的桥梁:通向"有"(there is)的世界和通向依附与他律的世界。因此,列维纳斯坚持认为,他者的脸是对存在下去的努力施加的限制。它因此也提供了终极的自由:针对所有他律之源、针对所有的依附、针对对于存在的天然执着的自由。道德是"恢宏大度的时刻"。"有些人玩赢不了的游戏……有些事情有人做得毫无理由,那样就好……脸的观念是没有理由的爱的观念,是没有理由的行动的实施。"正是因为它的这种亘古不变的没有理由,使得道德行为不能被迷惑、引诱、取缔和常规化。从社会结构的观点来看,康德的**实践**理性因此也无可挽回地成为**非实践性的**……从组织的观点看来,道德激发的行为终究是无用的,不仅如此,它还具有颠覆性:它不能被驾驭着朝向任何目的,同时也为一统的愿望加上了限制。既然它不能被理性化,那么它必须被压制,或者被操纵,使它与一切无涉。

组织对道德行为者的自主性的回应是工具理性和程序理性的他律性。法律和利益挪走并取代了道德动力之无理由和无制裁的性质。行动者面对着这样的挑战,即以行动的目标或者规则所定义的理由来使他们的行为合理化。只有这样思考与讨论

的行动，或者适合于这样描述的行动，才被允许归入真正的**社会** 214
行动，也就是**理性**行动，是当行动者作为**社会行动者**时成为其根本特征的那种行动。同理，不符合追求目标或者程序原则之标准的行动就被宣布为非社会的、非理性的——并且是**个人私有的**。社会化行动的组织方式的必然结果，包括了道德的私有化。

因此，所有的社会组织会削弱制造断裂与消除约束的影响或者道德行为。这种结果是通过一系列互为补充的安排得到的：(1) 延伸行动与它的结果之间的距离，直至超过道德冲动能够触及的范围；(2) 从道德行为的一类潜在的对象，即潜在的"脸"中，将某些"他者"排除；(3) 将行动的其他人类目标分解为具有功能上特殊品质的聚合体，并保持割离的状态以致没有机会再组合那张脸，并使为每个行动安排的任务都不受道德的评价。在这些安排之下，组织不鼓励非道德的行动；但不像一些诋毁者急于控诉的那样，它也不倡导恶；不过它也不鼓励善，除了它的自我激励以外。它仅仅使得社会行动**无善无恶**（最初，**无善无恶**是指教会宣布为中性的事物）——从技术的（目标指向或者程序的）而不是道德的价值来评价，既不善也不恶。同样道理，它使得对他者的道德责任的最初角色——强加在"生存的努力"之上的限制——失去了效力。（人们不禁会猜测，那些在现代社会的初期就把社会组织理解为计划和理性的进步的社会哲学家们，正是将组织的这种性质在理论上提升为人类之不朽性，它超越了个体男男女女的终有一死，并使之成为私人的、不具有社会意义的东西。）让我们一个个地检视这些既构成了社会组织，同时又使社会行为中性化了的安排。

首先是把行动的结果移出道德限制所能及的范围，这乃是将行动连接到命令与执行的等级中所取得的主要成就：行动者一旦因一连串的中介者传递而被放在"代理的地位"，并与意图明了的源泉和行动的最终结果相割离,他们就很少能有做出选择的那一刻,难得关注他们行动的结果;更为重要的是,他们几乎从不把他们所注视的一切理解为他们行动的结果。因为每个行为既是**中介化的**,也是“恰恰”**正在中介化的**,对于其间存在
215 着因果联系的疑窦也被通过把事实解释为道德中立行为“始料不及的结果”,或者至少是“无意的结果”而令人信服地免于考虑了——当作理性的一次错误,而不是道德的失败。因此社会组织也可以被描述为一台使得道德责任飘忽不定的机器;责任不专门属于任何一个人,因为每个人对于最后结果的贡献实在是太微不足道或者太片面了,以至于不能被刻意地归入一个因果功能的解释。责任的分解与在结构层次上剩余物消散产生的结果,就是阿伦特所辛辣地描述的“无人的统治”;而在个体的层次上,这使得行动者,这个道德的主体,在面对任务和程序规则的双重力量时无话可讲,无可置辩。

第二种安排最好的描述就是“将脸抹去”。它将行动对象置于一个他们不能把自己当作道德要求之源而对行动者形成挑战的位置;就是说,将他们从这样一类存在中驱逐出去:作为一张“脸”而可能与行动者相遇的一种存在。制造出这种效果的手段范围极广。从明确无误地将公认的敌人从道德保护中驱赶出去,到在只能以技术的、工具的价值对之进行评价的行动资源中把目标群体分类;最后达到的一步都是将陌生人从惯常的人与人的遭遇中赶走,而在这种遭遇中陌生人的脸作为一个道德要求而可能变得为人所见,并且熠熠生辉。在每一种手段中,对他者的道德责任的影响被悬置起来,并失效了。

第三种安排摧毁了作为一个完整自我的行动目标。这个目标已经被拆分为各种特征:道德主体的整体性已经被削减为部分或者特质之和,而在这些部分与特质中没有一个可以令人信

服地归于道德的主体性。因此行动就把目标放在结构特殊的单元上，忽视或者避免与富有道德意义的结果相遇的时刻（如果这就是社会组织的现实，那么可以猜测，这是站在逻辑实证主义所引发的哲学还原论的假设立场上来进行阐述的：要证明实体P能够被还原为实体x，y和z，就需要推论出X“不是别的，只是”x，y和z的结合。难怪道德是逻辑实证主义还原论者热忱的第一批受害者）。可以说，目标范围较小的行动对人性对象之总体性所造成的影响被抛于视线之外，并且因为这种影响不是意图的一部分而不受道德的评价。

我们已经在自觉的非历史的及外在的方面对社会组织在道德上中性化的影响做了探究。事实上，人类行动中性化似乎是任何超个体的社会整体所必需的基本行为；就是说，是所有社会组织所必需的基本行为。不过，如果真是这样的话，那么我们对道德的社会根源的正统观念进行挑战与反驳的企图本身，也并不为最初激发了这一番探究的道德关怀提供答案。将社会视为使行为之善恶中性化的机制，的的确确为深入人类历史的肌表且无处不在的残酷提供了一个更好的答案，胜于有关道德的社会起源的正统理论所提供的答案；尤其是它解释了为什么在战争，或者十字军东征，或者殖民运动，或者群体纷争的时期内，正常人的集合能够做出那种如果单个人干的话，将可能会被归因于肇事者的变态人格的事情来。而且它也弥补了对我们这个时代令人震惊的新奇现象——比如古拉格、奥斯维辛或者广岛事件等——缺乏解释的空白。有人认为我们这个世纪的这些焦点事件确切地说是新奇的；有人还倾向于（有理由地）怀疑，这些事件表征了完全不是人类社会普遍特征且不属于过去社会的、相当新颖的、典型地具有现代色彩的特征的面相。这是为什么？ 216

其一：最明显也最寻常不过的新奇性在于，今天可以被用来为已彻头彻尾中性化了的行动服务的技术所具有的破坏性潜能的规模。并且在今天，这些令人生畏的新力量，伴随着管理过程不断加强以科学为基础所取得的成效而得到援助和怂恿。表面上，现代社会研制的技术只是把已经明显地完全受社会约束、管理的行动趋向朝前推进；它目前的规模所表现的只是一个量变。虽然有一个观点说，量的积累到一定程度会产生新的质——不过这样的观点似乎已经在我们称之为现代性的某个时代中成为过去。当然，归功于中性化的对策，在**技术**的领域，处理非人的世界的领域，或者是处理被当作一个非人世界的人的世界的领域，一直以来都被认为是道德中性的。然而如琼纳斯所说，在被现代技术去除了防备的社会中，“行动所必定要去关切的善与恶与行动相距甚近，在实践过程本身中是如此，在实践直接可及的范围当中也是如此……行动的有效范围是很小的”，因此不管是深思熟虑还是未经思考，行动的可能结果的范围也是很小的。但是，在今天“人类的城市，原本是非人类世界的一种飞地，却扩展到了整个自然界，并掠夺了它们的地盘”。行动的结果在空间和时间上同样伸展得如此又宽又远。琼纳斯认为，它们已经变成**积累性的**，也就是说，它们超越了所有的空间或者时间的定位，并如很多人担心的那样，会最终超越自然的
217 自我恢复的能力，并在利科所谓的**灭绝**当中结束。这种灭绝不像是创造性的变化过程中那种寻常的破坏，那不过是一场清理场面的工作而已；它没有给新的开端留下一点余地。我们如果留心的话，是长存的善恶中性化的社会技术使这种新的发展成为可能，它从中产生了出来，并使它的范围和效力增长到能够使行为在很广的地域和很长的时间内被用来为道德可憎的目标服务。行动的结果因此也可以被推到它们变得确确实实地无可挽回或者不可修复的地步，而在此过程中没有引起人们的道德疑

虑或者起码的警觉。

其二：随同新的、前所未闻的人造技术的力量一起出现的是自我限制的萎缩，几千年以来人类一直把这种限制强加于他们对自然以及他们互相的控制之上：众所周知的**世界的除魅**，或者用尼采的话来说就是"**上帝死了**"。上帝，首先意味的是对人类潜能的一种限制：一种约束，它通过人**可以做的**（may do）施加在人**能够做的**（could do）和**敢做的**（dare do）之上。被假设为万能的上帝对什么被允许做和敢做划出了界线。戒律限制了作为个体的人的自由；它们也给作为一个社会的全部人类可以立的法施加了限制；它们把人类为世界准则立法和把它操纵在手的能力表明为有着固有的局限性。而排除并代替上帝的现代科学则完全摧毁了这个障碍。但是，它也造成一个空白：至高无上的立法者和管理者的职位，世界秩序的设计者和管理者的职位，现在令人不安地处于空缺。这个职位必须得到填补，否则……上帝被废黜了，但王位还在。王位的空缺在整个现代时期对所有的空想家和冒险家而言都是恒久的诱惑。能够包容一切的秩序和和谐的梦想一如既往非常鲜明，并且现在似乎比以往任何时期都要更接近这个梦想，比以往任何时期都似乎更唾手可得。现在，实现和捍卫这个梦想已经完全取决于世人。世界变成了人类的花园，但只有园丁的警惕才能防止它堕落成杂芜的荒野。现在是由人，而且是单独由他们来确保河流朝向正确的方向，雨林不侵占花生应该生长的地方。现在也是由他们去保证法律秩序的透明性不应当被陌生人所模糊，社会和谐不应当被任性而不服约束的阶级所破坏，民族的共处不应当被外来种族所玷污。因此现在，无阶级社会、种族单一社会、伟大的社会就成了人类的使命——一个紧迫的任务、一个生死攸关的问题、一种义务。一度为上帝所保障而后又丧失了的世界和人

218 类使命的明晰性，必须尽快恢复，现在要以人类的才智来恢复它，使之仅仅建立在人类的责任(抑或是不负责任)之上。

正是人类手段不断增长的力量，以及人们不受限制地决定把这种力量应用于人为设计的秩序这两者之间的结合，才使得人类的残酷打上了独特的**现代**印记，而使得古拉格、奥斯维辛和广岛事件成为可能，甚或不可避免地会发生。大量的迹象表明这种结合现在已经结束了。这种结合的消逝被一些人理论化成现代性的成熟；有时候，它被说成是现代性一个始料未及的后果；有时候，被说成是后现代社会的到来；无论持何种说法，分析者都同意彼得·德拉克(Peter Drucker)的简明观点："社会不再有拯救了。"人类的统治者有诸多可以并应当执行的任务，但设计完美社会秩序不在其中。世界大花园是由数不清的小块土地组成的，每块小土地都有着自身的小秩序。在一个满是博学的和易流动的园丁的世界里，也没有多余的空间留给最高级的园丁——园丁的园丁。

此时，我们还无法探究那些引致大花园坍塌的事件的清单。但无论原因是什么，我认为大花园的坍塌从多种角度来说都是个好消息。然而，这意味着人类共处的道德的一个新开端吗？它又以何种方式影响着我们先前有关社会行动的中性化的探讨——尤其有关现代技术的兴起所带来的潜在灾难性层面的探讨——成其为一个话题的性质？

有所得必有所失。因为拯救所引发和追求拯救所导致的种族灭绝的威胁渐渐淡化，伟大园丁的离去和伟大园艺观的消散使这个世界变得**更安全**。然而，这本身还不足以使世界变成一个**安全的**地方。新恐怖取代了旧恐怖；或者，应当说是随着旧恐怖中的一些被驱逐或消退，另一些则走出了它们的阴影而盛行起来。因而，人们倾向于同意琼纳斯的预言：我们主要的恐惧始料未及地来自越来越技术性的文明之动力所具有的性质会导致大灾变的威胁，而不是来自于已经建成的集中营和原子弹爆炸——这两者都需要众所周知的宏大计划以及尤其是有目的、有意识的决策。而我们现在的世界之所以摆脱了白人、无产阶级和雅利安民族的使命，只是因为这个世界已经不再受任何其他结局和意义的影响，并因此已经变为只服务于其自身的再生产和拓展之目标的世界。正如埃鲁尔看到的，现今技术之所以 219
有发展**因为它在发展**；技术手段被应用是因为它们的存在，并且在不同价值混杂的另一个世界里，不去使用技术已经创造或将要创造的手段，仍被认为是不可饶恕的罪行。如果我们能这样做，那究竟为什么我们又不做呢？现在，技术并不被用于问题的解决；而某种特定技术之可以利用，则将人类现实的前后相继的部分重新定义为亟待**解决**的**问题**。正如维纳（Wiener）和卡恩（Kahn）所描绘的，技术发展制造出超出了需求的手段，而寻求需求则是为了满足技术的能力……

技术手段不受约束的统治意味着因果决定取代了目标和选择。实际上，除了对技术自己所创造的可能性进行适度的评价外，没有构想任何可以对其选择的方向进行评价、衡量和批评的智识或者道德的基准点。当问题解决陷入危机，目标逐渐消失，手段的理性就大获全胜。随着最后一丝意义被抹去，技术万能的道路变得畅通无阻。也许有人愿意重复瓦莱里在世纪之初所写的预言性警示：“人们可以说，我们所能知道的就是，所有我们能够做到的，最后就是反对我们自己。”我们已经被告知并且相信，解放和自由意味着将他者，连同世界上其他的一切，简化为某种目标：其有用性在于其提供满足的能力。比其他任何已知的社会组织形式组织得更加彻底的社会，已经向技术的不受挑战或不受约束的规则屈服，埋没了他者那张人性的脸，并因此把人类社会性的善恶中性化推到了一个史无前例的深度。

但是,这只是显现出来的现实的一面,是“生活世界”的那面,它超越了个人的日常生活。正如我们以前曾简短地提及的,还有另一面,即技术潜能及其应用的变幻不定、无规则和反复无常的发展;这种发展,在工具力量不断上升的情况下将很容易地、无声无息地引致“临界质量”的状态——在这种状态下,技术创造的世界却无法被技术控制。正如现代技术之前的现代绘画或者音乐或者哲学,它必然会达到其逻辑的最终目标,而确立其自己的不可能性。为了防止出现这样的结果,怀贞鲍姆坚持认为,至少要出现一种新的道德规范,这是一种关于距离和远距离结果的道德规范,是一种可以在时间和空间之不可思议的广
220 阔范围内来衡量技术行动的结果的道德规范。这种道德规范不同于我们已知的其他任何一种道德规范:它可以越过中介行动以及人的自我在功能上的简化等社会造成的障碍。

这样一种道德规范极有可能是我们这个时代的逻辑必然性;也就是说,如果已经将手段转化为目的的世界,想要避免它自己的成就所可能导致的后果,那么就会出现这种道德规范。这种道德规范是不是实际可行的前景,那完全是另一回事。谁还会比我们这些社会学家和社会与政治现实的研究者,更加怀疑那些哲学家正确地证明了的在逻辑上无懈可击、不容置疑的真理,是否在现实世界中真的可行。又有谁会比我们这些社会学家更适合于提醒我们的同胞们,在必然与现实之间,以及在道德限制对于人们生存的意义与打定主意不要有道德限制而生活下去——在此之后幸福地生活下去——的世界之间,存在着的那道鸿沟。

221 1990 年 5 月 24 日

附录二

回忆的责任，但又是什么？

2000 年版后记

曹金羽　译

> 谁控制了过去就控制了未来，谁控制了现在就控制了过去。
>
> ——乔治·奥威尔

十年前，当开始撰写大屠杀与现代性之间亲和性（*Wahlverwandschaft*）的研究时，我并不希望去解释大屠杀，而是想更好地理解现代性。当时我认为，就通常所说的解释而言（将一个事件描述为一连串的因果），将大屠杀解释为一个历史事件所要做的一切均已完成。由于诸多令人敬畏、一丝不苟且富有献身精神的历史学家的巨大努力，这一系列事件、决定和行为已经记录在案，每个想知道的人都可以知道谁是作恶者，谁是受害者和受难者，谁是庆幸者或只是漠不关心的旁观者。当然，我们可以继续挖掘某些迄今未动的档案和日记，在这儿或那儿增加几个作恶者的名字，或者扩大对这些事件专题研究的庞大文献库，这些事件组成了人类历史上最具目的性、系统性、针对性和全面性的大屠杀。但这种进一步的研究多是“大同小异”。事实的数量会增加，但对事件过程的认知或理解则未必。

另一方面，由于历史学家的努力，多年来我们对大屠杀“真实情况”的认知一直在快速增长，但在思考这种知识对传统的
222 且仍然流行的现代社会意象的意义时，社会学家和社会思想家的理解却远远落后；更确切地说，仅有西奥多·阿多诺或汉娜·阿伦特要求进行这项思考，但自此之后，这种尝试从未真正开始过。我的意图始于阿多诺或阿伦特明显未完成的任务。我希望告诫其他社会思想家，要考虑大屠杀事件与现代生活的结构、逻辑之间的关系，不要再将大屠杀视为现代历史**中**一个离奇、异常的事件，而是要将其视为**属于**那段历史的一个高度相关、内在固有的部分；“内在固有”是指，对于理解那段历史的真实内容，理解那段历史何为与为何，以及理解从中产生的、我们都置身其中的那种社会来说，它是不可或缺的。

现在，我意识到自己犯了一个错误。不是因为我的呼吁表达有误或注定会被置若罔闻；不是因为当代社会思想家及其工作在本质上存在某种东西，使得人们难以接受和理解大屠杀对于现代性本质的意义。我误解的原因完全不同。与我的观点相反，在当代社会思想中，每当提及大屠杀，除了我认为被忽视的那个意义之外，并没有涉及其他重要问题。事实上，大多数谈论和写作大屠杀的学者——不管是公开的还是秘密的，有意的还是无意的——都只关心它的意义：大屠杀和现代性的内在本质之间是否存在联系，以及现代性是否有权利挽救或有义务修改一些最令人觊觎的假设，后者正是现代性针对其自身事业所做

出的，如果它想要以其历史性塑造和盛行的形式继续下去，它就必须坚持这些假设。

换句话说，十几年前我没有完全意识到，但现在似乎很清楚的是，沉默与发声是一致的。每当大屠杀的话题出现在社会科学话语中时，真正的辩论主题——当然也是最有可能激起最强烈情感和斗志的主题——与其说是历史上发生了什么，不如说是我们今天所生活的世界的本质是什么。当前，所有关于大屠杀的讨论都隐藏着这样一个问题：如果有的话，大屠杀的事实能够告诉我们当今生活中隐藏的能力是什么？一旦大屠杀作恶者的罪行问题基本上得到解决，并随时间推移失去其紧迫性和实际影响，剩下的一个大问题就是其余所有人的无辜——尤其是我们自己的无辜。 223

罪行与无辜的社会生产

> 在人类的幼稚时代，有些暴君为了其赫赫声威而把城市夷为平地，奴隶被绑在征服者的战车上，在欢庆的城市中游街示众，敌人当着聚集的群众扔给野兽。那时，面对这些单纯的罪行，良心是坚定的，评价是明确的。然而，高张自由大旗的奴隶集中营，以对人类的爱作为理由进行的屠杀，或者对超人的追求，在某种意义上使人无法对之做出评价。罪恶以清白无辜乔装打扮，颠倒是非很适合我们时代的性质，此时，清白无辜却不得不为自己辩护。①

① 加缪，《反抗者》(Albert Camus, *The Rebel*, trans. Anthony Bower), London: Penguin Books, 1971, pp. 11—12(1951 年初版书名为 *L'Homme révolté*)。

这就是阿尔贝·加缪 1951 年的作品，写于《艾希曼在耶路撒冷》在纽约出版之前，写于它的主人公艾希曼出现在耶路撒冷之前。加缪坚持认为，犯罪具有逻辑性，“谋杀有理性的基础”，这种可能性是“我们这个世纪的流血冲突向我们提出的问题”。“我们正在被审问。”我们可以拒绝听取这个问题，用罪恶与谋杀的永恒性来安慰自己，但这只会给我们带来危险；首当其冲的是我们的人性，从最内在的本质上来说，就是我们的非动物性，我们存在的**伦理性**。

加缪回忆说，《呼啸山庄》中的希刺克厉夫会为了赢得凯茜而杀死所有人，“但他从来没有想过说谋杀是合理的，或者在理论上可以辩护”。希刺克厉夫没有当理论家的素质：他没有去建立理论，也不需要理论。他爱凯茜、想要凯茜，这是他杀人所需的唯一理由——如果需要的话。如果希刺克厉夫真的杀了人，那将是一种**激情犯罪**，而出于激情的行动意味着让理性沉睡；顾名思义，激情是非理性的。当我们谈到激情时，也会谈到理性的不存在。激情和理性难以相容：一方在另一方面前枯萎褪色。

现代性向激情宣战，并用最醒目的字体，在它的旗帜上铭刻
224 下理性：在此记号下，你必获胜（in hoc signo vinces）。现代人的头脑回避激情，贬低、蔑视激情，在激情的每一种表现中，都嗅到自己失败的证据。通过这样做，它拒绝为激情犯罪承担责任，这并非不公正。无论是谁，为爱或恨而杀人，都超出了现代的界限。激情犯罪确实没什么特别现代的地方。一些男女拒绝或不听理性的声音，继续做激情的奴隶，这很难说是现代目标出了错。对于激情犯罪，现代性没有道歉的必要。如果真要道歉，那也只能是因为懈怠、疏忽、没有彻底地完成现代化工作。

只要我们能把罪行归咎于犯罪者的激情，犯罪就可以被谴责，而不会有人提出关于现代生活本质的尴尬问题。毕竟，理性

会倾尽全力,把盲目的仇恨和盲目的爱一起驳倒。大多数人——像你我一样——听从理性,不会让厌恶和强烈的感情来指导行动,也不会选择以邻为壑的方式化解他们的仇恨。然而,并不是所有人都以这种方式被赋予了高贵和“文明”。有些人继续作恶。当解释他们的恶行时,现代人奇怪地忘记了自己的全能宣言。为什么有些人会作恶?因为他们是邪恶之人。他们为什么残忍?因为他们是残忍之人。他们为什么犯下滔天罪行?因为他们是恶魔。为什么他们中一些人杀害犹太人?因为他们喜欢杀人,或者讨厌犹太人,或者兼而有之,所以杀害碰巧是犹太人的人给了他们特别的快感。

这些显然是陈词滥调,同义反复是一种野蛮的逻辑错误,与理性自我标榜的自律不相符。希特勒的刽子手为什么要杀犹太人?因为他们是反犹分子。你怎么知道他们是反犹分子?因为他们杀害犹太人(忽略掉占总数三分之一以上的二十五万吉卜赛人,以及跟随或先于犹太人进入毒气室和焚尸炉的三十六万心智残疾和性倒错的德国人)。如果像这样的句子继续被当作解释,那么动机一定是比科学探究的逻辑更重要的其他东西。这个“其他东西”是罪行和无辜的分配或再分配。问题是如何谴责罪犯,同时确保现代男女以及造就他们的社会的无辜,令其在审判中毫发无损。免责是硬币的另一面,正是通过这一面,硬 225
币得以增值,硬币变得有吸引力、令人向往。在随后的混乱中,加缪关于自由旗帜下的奴隶集中营和慈善名义下的大屠杀的尖锐问题,轻易地被遗忘了。

在希特勒和斯大林都还没有出生,“劳动带来自由”尚未写在奥斯威辛的大门上,大量人口还没有因为对人类的爱而被屠杀时;当尼采记下我们文明中令人困惑、也令人恐惧的悖论时,现代生活已经全面展开:

> 同样是这些人,他们被习俗、敬重、惯例、感激,甚至相互猜疑、嫉妒严格地控制着,而另一方面,他们在彼此的关系中表现出自己在考虑、自控、审慎、忠诚、骄傲和友谊方面如此足智多谋——一旦他们走出去,在陌生的地方,就会发现**陌生人**……从一个令人厌恶的谋杀、纵火、强奸和酷刑的行列中出现,精神振奋,灵魂不受干扰,就好像这只是一个学生的恶作剧,确信他们为诗人提供了更多歌曲和赞美的材料。①

这个悖论无法简单解释,不仅如此,让我重复一遍,它是可怕的。这是什么情况?是不是似乎像尼采暗示的那样,这些猛兽非常享受从文明的闷热牢笼中逃脱,并随着震耳欲聋的叹息声,退回到它们真正的本性上?或者,更确切地说,他们是否是曾经足智多谋但现在不幸的人类,从适宜的环境、知识和智慧中被抛出,扔进一个怪异的世界,在那里他们的习惯不再能指导他们,他们所遵循的游戏规则被正式宣布为无效或不再适用?这两个答案都似是而非,因为它们无法证明,争论它们的实质性(不同于工具性)优点没有什么意义。不过,有一个结论似乎不容置疑。罗伯托·托斯卡诺最近非常清楚地阐明了这一点:②

> 这里的关键不是试图解释个人暴力,它的根源是个人的激情、欲望、仇恨和贪婪。相反,重要的是,这两种暴力行为(个人和群体)的机制是不同的,并以不同的方式表现在

---

① 尼采,《基本著作》(Friedrich Nietzsche, *Basic Writings*, ed. Walter Kaufmann), New York: Modern Library, 1968, p. 476。

② 参看托斯卡诺,"他者的面孔:伦理学和群体间冲突"(Roberto Toscano, 'The Face of the Other: Ethics and Intergroup Conflict'),见韦纳编著,《跨族裔共存手册》(Eugene Weiner ed., *The Handbook of Interethnic Coexistence*), New York: Continuum, 1998, pp. 63—81。

> 相同的个人身上，他们诉诸群体暴力和个人暴力的倾向可能截然不同。 226

托斯卡诺阐述了是什么使得这两种情况，以及在这两种情况下发生的看似相似的暴力行为，变得截然不同，它们需要完全不同的解释理由。与个人暴力不同，“群体暴力的定义是抽象的”；“真实的个体邻人不一定受人喜爱，但他们因具体而非抽象的原因受人喜爱或讨厌……相反，为了将群体暴力作为一种分类方式用于邻人，必须抹去具体个人的面孔：个人必须成为一个抽象物”。

分类的谋杀

确实，抽象是现代心智的主要能力之一。当用在人身上时，这种能力意味着抹去面孔：面孔上任何的残留痕迹，都是成员资格的标志，是属于某一类别的符号，而面孔的主人所面临的命运，无非是对该**类别**的特殊对待，他只是其中一个**样本**。抽象的总体效果是，在人际交往中经常遵循的规则（其中最突出的是伦理规则），不会干扰对类别的处理，包括每一个实体，因为他们已经被分到那个类别里了。

纳粹的立法、宣传以及对社会环境的管理，都小心翼翼地将唯一的“抽象犹太人”与“具体犹太人”区分开来，后者被许多德国人视为邻居或同事；通过排斥、驱逐和监禁，所有“具体犹太人”被置于抽象位置。种族灭绝不同于其他谋杀，因为它的对象有一个**类别**特征。只有抽象犹太人有可能遭受种族灭绝——那种无视年龄、性别、个人品质或性格差异的谋杀。要使种族灭绝成为可能，必须首先消除个人差异，面孔必须融入抽象范畴的统一整体。尤利乌斯·施特莱彻(Julius Streicher)——臭名昭著的《冲锋报》(*Der Stürmer*)的总编辑——曾费了很大的劲,让他的报纸伪造和传播“这样的犹太人”(Jew as such)这一极其流行的刻板印象,让它与读者从日常交往中了解的具体犹太人黏在一起;希姆莱则发现,即使是经过挑选和考验的党卫军精英也有必要加以谴责:“每个党员都在说‘犹太人应该被杀绝’,‘很明显,这是我们计划的一部分,消灭犹太人,彻底灭绝,是
227 的,我们就这样做’。然后这八千万优秀的德国人都出现了,每个人都有自己体面的犹太人。其他的人当然都是猪猡,不过这一位确实是顶尖顶尖的犹太人。”[①]体面的德国人被禁止拥有属于他们自己的体面的犹太人——体面是**因为**(这些犹太人)“属于他们自己”:是隔壁的邻居、体贴的医生或友好的店主。六百多万犹太人被大规模杀害,不是因为他们中的任何人做了什么,而是因为他们被分类的方式——就像最近,在另一个全面定义、全面分类的现代官僚机构取得最终胜利的时刻,卢旺达的胡图人和图西人武装团伙,把他们的受害者与其他具有相同外貌、语言和宗教的人区别开来,仅仅**根据他们护照上的记录**,来决定他们是杀人还是被杀。

乔克·扬创造了**本质化**(essentialization)这个名称,用来描述“分类”他人的趋势,就人类而言,这种趋势可能是短暂的,但正如格奥尔格·齐美尔所指出的那样,现代大国的抽象技术,正在以特别的热情付诸实践,从而助涨、怂恿了这种趋势。[②] 乔

---

① 参看本书,p. 187。

② 参看“本质化他者:魔鬼化和创造怪物”(‘Essentialising the Other: Demonisation and the Creation of Monstrosity’)一章,见扬,《排外的社会:晚期现代性中的社会排斥、犯罪和差异》(Jock Young, *The Exclusive Society: Social Exclusion, Crime and Difference in Late Modernity*), London: Sage, 1999。此处引自手稿。

克·扬写道："本质主义是排外主义的一种最重要的策略：它根据人类群体的文化或本性来区分他们。这些特点在整个人类历史中一直存在，但当我们进入现代晚期时，有明显的理由说明为什么上述策略会有吸引力。"在扬列出的理由中，本质化成为一种最受欢迎的现代策略的原因包括：提供了一种严重缺失的本体论安全；提供了特权和顺从的合法化，否则就会与普遍性和平等的现代承诺相冲突；提供了将责任转移到他人身上的工具，并向他人投射内在的恐惧和怀疑，后者涉及自己是否有能力达到自己所宣称的适当和体面的标准。如果将他人视为被赋予了个人美德或恶习的独立个体，就无法达到这样的目的：本质化不可或缺，而现代的抽象能力则派上了用场。抽象的力量同时支撑和充实着现代性的装备，如果没有这些，大屠杀这种精致的、现代形式的种族灭绝是不可想象的。

此外，还有一些只有在现代境况下才具备的必要条件，这是众所周知的，并且被反复讨论过。技术工具也许最常被提及，因为它们对大规模工业生产来说必不可少，对大规模谋杀来说同样如此。体现在官僚组织中的科学管理——协调大量人的行动，并 228
使总体结果不受执行者个人特质、信念、信仰和情绪的影响——紧随其后。现代性这两大特征使得种族灭绝**成为可能**，当它发生时，能够以冷酷和伦理上漠不关心的效率进行，其规模之大，足以使过去所有的屠杀——无论多么残忍、血腥——相形见绌。

然而，正是现代人对秩序构造（order-making）特有的热情，让这种（大屠杀）可能性提升到了现实层面；这种姿态将现存的人类现实塑造成一个永远未完成的计划，需要批判性的审视、不断的修正和改进。当面对这种立场时，任何事物都没有权利仅仅因为它碰巧存在而存在。为了获得生存的权利，现实的每一个元素都必须证明自己对计划所设想秩序的效用。正如我在别处提到的，[1]借助于“造园”隐喻（根除杂草，让有用的植物生长，并保持整体设计的优雅），可以更好地理解这一雄心。医学（切除患病部分，以确保机体健康）和建筑（从设计中消除所有不合适和多余的元素）提供了同样有用的隐喻。

作为秩序构建的种族灭绝

当思考现代生活和大屠杀式杀戮之间的亲和性时，最后一点需要特别强调。事实上，这一点至关重要，如果我们希望将现代性的真正本质理解为**存在样态**（modality of being），而不是任何已经构建、计划或预示的特定的、具体的事态（state of affairs）。现代的存在样态，首要特征是其特有的未完成性；它朝向一种尚未存在的状态。现代性是一项未完成的计划，这种说法是一种同义反复。从定义上来说，现代性永远在运行，永远（并且不可避免地）尚未完成。任何计划的现代之处恰恰在于它比现实超前；现代性的现代之处在于它内在的自我超越能力，在奔跑的过程中把终点线推得更远，从而阻止自己到达终点。

现代性是一种内在超越性的在世生存模式。秩序的愿景诞生于对事物现状的不满，而将它们具体化的尝试会产生新的不
229 满和新的、修正的——因此，被认为是改进的——愿景。现代性将划定边界的行为和超越边界的决心融为一体。因此，在现代性的庇护下构建的所有秩序，即使只是无意的、局部的、暂时的，除非另有通知，否则在实现之前必定会被重塑。“现代化”并不是通往“现代性”的道路。现代化——持续的、不可阻挡的、强迫性的、在许多方面自我推进的现代化——正是“现代性”概念

① 鲍曼，《立法者与解释者》。

所代表的人类境况；痴迷现代化**就是**现代性。如果现代化的进程停止了，这并不意味着现代性的结束，而是意味着它的消亡或破产。乌尔里希·贝克出色地捕捉到了这种状况，他把我们的时代描绘成一个永久的“现代性的现代化”（modernization of modernity）或“理性的合理化”（rationalization of rationality）的过程。①

在提到所有部分的、局部的和暂时的秩序构造的努力时，都存在地方性早熟和不稳定特性，由此，乌尔里希·贝克引入了另一个现在家喻户晓的术语——风险社会（*Risikogesellschaft*）：我们置身这样一种社会，在其中秩序构造的冲动导致了一系列新的混乱，使所有的努力充满了风险，这些风险也许可以用概率来粗略计算，但永远无法避免。与我们的主题特别相关的是，生活在风险社会中，注定意味着继续承受风险。一个充满风险的人生，一个无可救药的风险人生，没有任何未来能够带来可信的知识，没有任何可能控制自己行动的结果（这是所有理性选择的必要条件），这是一种令人不安的、烦恼焦虑的状态。也许，正如西格蒙德·弗洛伊德所言，现代生活始于放弃大部分个人自由，以换取集体认可的安全。然而，在当今阶段，为个人安全提供的社会保障已被撤回或不再可信。这种事态会让生活充满不安和痛苦；同时，它也不顾一切地寻找一种——真实的或假定的，但看起来可信的——承诺，把这个复杂得无法安全穿行的世界大大简化。

我们可以说，现代秩序构造的冲动是自我延续、自我推动的：需要整理的事态都是过去秩序混乱中遗留下来的（废物、意

① 例如，参看“后现代性之后是什么？两种现代性之间的冲突”（‘What Comes after Postmodernity？The Conflict of Two Modernities’），见贝克，《没有敌人的民主》（Ulrich Beck，*Democracy without Enemies*），Cambridge：Polity，1998，pp. 19—31。

外与不想要的后果)。现代性可以被定义为**强制性的现代化**。这就意味着,这个充满了张力的社会是没有尽头的,它绝望地寻
230 求解脱,或者一个可以解脱的出口。就目前的情况而言,在我们的后现代或晚期现代时代,政治力量仍然像在盛期现代性时代一样局限于地方,对于根本上造成不确定性和不安全感上升的全球性原因几乎无能为力。不安全感有三个维度,困扰着我们这个时代个体化的个人,但现在变得只有一个维度,即安全(身体及其延伸部分的安全——个人财产、家庭、街道、邻里和环境),在这个维度中,政治国家可以表现自己的坚定、机智、积极和有用,以便寻求并获得选民的支持。因此,不断补充的焦虑及其产生的被压抑的攻击性,被导向对"法律和秩序"的关注:打击犯罪,围捕罪犯,或控制可疑、不可靠并因此令人恐惧的因素——主要是外国人,或拥有不同或难懂习俗和生活方式的人,他们目前填补了过去"危险阶级"或"污染性种族"留下的空缺。在这个时代,流动性正迅速成为分层、特权和歧视的主要因素,越来越多的法律和秩序问题集中在小偷、跟踪者、旅行者和移民身上——对越来越陌生、任性和不稳定的周围世界(Umwelt)的广泛恐惧集中在他们身上;强硬的警察力量、长期监禁、戒备森严的监狱和死刑,以及对"不受欢迎之人"的隔离和驱逐——这些被视为补救措施,以应对空间流动性带来的新奇、厌恶和不安的体验。

当今对安全的迷恋蕴含了大量的政治资本。在权力游戏中,并不缺少渴望利用这些资本的政治玩家。可以肯定的是,由于晚期现代过多的相互抵消的权力,以及伴随政治民主和国家权力的削弱不可避免而来的多元声音,那些玩家想通过占上风并动用国家的绝对权力来启动大屠杀式"解决方案"的机会微乎其微。但我还是不能自信地说,渴望采取一种最终解决式行

动的力量,以及以这种方式行动的必要或充分条件,今天不再存在,这样讲同样是不成熟和轻率的。

生活在大屠杀的记忆中

半个多世纪以前,大屠杀是不可想象的;在半个世纪前,对大多数人来说,它仍然令人难以置信。今天,人们无法想象一个"大屠杀"是不可能发生的世界。如果这样一个万无一失、无比 231
安全的世界被描绘出来,人们也不会完全——并非毫无保留地——相信这幅图画。毕竟,现在每个人都知道,棘手的问题可能会有"最终解决方案",当纷繁混乱的现实与有序世界的形象(即世界"应有的样子")发生冲突时,其中一种选择是将人们隔离开来,然后集中起来,驱逐或从肉体上毁灭他们,在整个领土上"清洗"大量人口;而且——如果一个人能打好自己的牌(更好的是,如果他能设法拿到比下一个玩家更强的牌)——这是个相当有吸引力的选择,考虑到他可以在任务完成之前不受惩罚,甚至永远不受惩罚,只要他保持强大,避免失败,从而逃脱胜利者的审判。在这样一个世界里,我们现在都可以猜测,此时此刻,在某个地方,可能有人正在考虑另一场种族灭绝——这样的世界不可能是一个安全的地方。简而言之,这一显著转变体现了大屠杀在社会、政治、文化和心理方面深远而持久的意义。

乔治·斯坦纳(George Steiner)曾说过,伏尔泰或马修·阿诺德(Matthew Arnold)的幸运在于,他们对我们所知道而且难以忘记的东西——现代伟大冒险的隐藏潜力和后果——一无所知。在大屠杀和古拉格之后,我们不能再声称无知。我们不能躲在天真的背后,这曾经是无辜时代的救赎之恩。但在失去了无辜之后,我们不再能确定所获知识的内容。这一内容仍是激烈争论的问题。但就像大屠杀本身一样，如何纪念它是一个生死攸关的问题。

与其**事后**的状态相比，大屠杀的**现实**在回想起时似乎简单明了：一些人有条不紊地、系统地屠杀了另一些人，还有一些人却眼睁睁地看着——无论是绝望、冷漠，还是几乎无法掩饰的喜悦——而很少或根本没有采取任何行动，来阻止它。有邪恶的凶手，无辜的受害者，以及处于二者之间的旁观者。除了“修正主义历史学家”和纳粹哀悼者等极端分子，关于谁是谁，谁在奥斯威辛做了什么，已经达成了广泛共识。然而今天，事情看起来更加混乱。其中最令人困惑的问题是：从大屠杀中应该吸取什么教训，谁应该吸取教训，其效果如何？今天，在邪恶与无辜、有
232 罪与正当合理、肮脏与清白的良心之间，界限已经变得模糊不清。

尽管大屠杀令人难以置信、不寒而栗，我们仍然可以通过数尸体、称骨灰的方式，来衡量其残忍程度。但是，我们如何衡量毒气室和焚尸炉的**记忆**所造成的伤害呢？半个世纪后，那段记忆玷污了生者的世界，而那些隐藏的伤害清单似乎一点也不完整。在某种程度上，我们都被那段记忆占据，尽管我们当中的犹太人——大屠杀的主要目标——更是如此，这是可以理解的。首先，对于生活在可能发生大屠杀的世界中的犹太人来说，他们的害怕和恐惧一次又一次地反复。对许多人来说，这个世界似乎从根本上是可疑的；没有一个世俗的事件是真正中立的——每个事件都带有险恶的暗语，每个事件都包含了针对犹太人的不祥信息，只有在犹太人自担风险时，这种信息才能被忽视或淡化。正如已故的E. M .齐奥朗所说：

> 害怕，就是不断地想到自己，无法想象客观的事件过程。恐怖的感觉，那种一切都**冲**你而来的感觉，假定了一个没有

> **无关紧要**的危险的世界。胆怯之人——过度主观性的受害者——认为自己比其他同类更容易成为敌对的目标……[他已经达到]自我迷恋意识的极端；万物都与他为敌。[1]

自卫的本能促使受害者吸取历史的教训，尽管为了吸取教训，受害者首先需要断定教训是什么。活着是唯一重要的事情，是超越其他所有价值的最高价值，这是对这一教训最有吸引力，也是最常见的诠释。随着受害者直接经历的消退，对大屠杀的记忆逐渐淡薄，浓缩成一个简单的生存法则：生命就是生存，在生命中取得成功就是比其他人活得长。谁活下来，谁就赢了。

这种对大屠杀教训的解读，最近在斯皮尔伯格的大屠杀电影中得到展示——获得了全世界的赞誉和巨大的票房成功，现在几乎成了典范。根据《辛德勒的名单》版本的大屠杀经历，悲剧的唯一关键是活下去——而生命的质量，特别是它的**尊严和伦理价值**，充其量是次要的，最好是不要有任何影响；决不允许它干扰主要目标。活下去的目标接管了道德问题，使那些不能 233
被利用的道德问题变得微不足道，被推到视线之外。在最后关头，最重要的是**比其他人活得更久**——即使逃离死亡需要被列入一个单独而特殊的特权者名单。（比克瑙集中营的指挥官提供一个名单来替换"**他的**犹太女人"，辛德勒拒绝了；重要的不是拯救生命，而是拯救特定的、被选择的生命。）活下去的价值并没有因为其他不那么走运的人去了灭绝营而减少；《辛德勒的名单》的观众们被邀请为辛德勒的杰作在关键时刻——他一个人——被从开往特雷布林卡的火车上拉出来而感到高兴。通

① 齐奥朗，《解体概要》（E. M. Cioran, *A Short History of Decay*, trans. Richard Howard）, London：Quartet Books, 1990, p. 71。

过对《塔木德》戒律的故意嘲弄，斯皮尔伯格的电影将人类的救赎问题转化为决定谁生谁死。[①]

将生存提升到最高级，以及也许是唯一的价值，并非斯皮尔伯格的发明；这种现象也不仅限于对大屠杀经历的艺术表现。战争结束后不久，精神病学家提出了“幸存者内疚”(survivor's guilt)的概念——这是一种复杂的心理疾病，他们将其归结为，幸存者问自己，为什么在这么多亲近之人丧生的情况下，自己还活着。根据这一解释，在幸存者中，逃脱死亡的喜悦永久、不可治愈地被破坏了，因为他们不确定安全驶离死亡之海是否合适——这对获救后幸存者生存和继续生活的意愿造成了灾难性的影响。许多执业精神病医生因治疗“幸存者综合征”而名利双收。这种综合征是否被正确地发现，以及精神治疗的目的是否明确，也许是值得商榷的；不过，相当明显的是，随着时间推移，在最初的诊断中如此突出的“内疚”面向，已经逐渐从“生存情结”的模型中被驱除，留下的是纯粹的、毫不含糊的、不再有争议的、对为自我保护而自我保护的认可。现在被指责为“综合征”持续存在的，正是保全生命所需的痛苦留下的困扰。

这样的转变，让我们危险地接近了埃利亚斯·卡内蒂所描绘的令人毛骨悚然的幸存者形象——对他们来说，“最基本、最明显的成功形式就是活下去”。对于卡内蒂描绘的幸存者来
234 说，生存——与单纯的自我保护不同——是针对他人的，而不是

① 已故的吉莉安·罗斯(Gillian Rose)，崇高的哲学家和犹太学者，在她最后一次公开演讲中指出，“《塔木德》是讽刺的——世界文学中最讽刺的神圣评论：因为没有人能拯救世界”。罗斯谈到了“救一人，或救苍生的无情”，并评论说，虽然肯尼利(Keneally)的原著《辛德勒的方舟》(*Schindler's Ark*)“在这种情况下，清楚地表明了这种无情的不道德”，但斯皮尔伯格的电影《辛德勒的名单》“仍以它来表示庆祝”，见夏伊特和马库斯编著，《现代性、文化和犹太人》(Brian Cheyette and Laura Marcus eds., *Modernity*, *Culture and the Jew*), Cambridge: Polity Press, 1998。

针对自己的："他们想在同时代人中生存下来。他们知道很多人都死得很早，他们希望自己有不同的命运。"在这种困扰的尽头，卡内蒂的幸存者：

> 想要杀人，这样他就能在其他人面前活下来；他想活下来，这样就不会让其他人活下来……幸存者最诡谲的胜利发生在我们这个时代，发生在那些非常重视人性的人中间。幸存者是人类最大的邪恶，是人类的诅咒，也许是人类的厄运。①

生存的狂热崇拜产生了广泛影响，其中潜藏着巨大的危险。一次次地，大屠杀的教训到处被简化为一个简单的公式，以供大众消费，"谁先动手，谁就能生存"；或者更简单，"强者生存"。大屠杀留下了令人畏惧的双重遗产：一方面，生存被当作唯一的，或至少是最重要的生活价值和目的的趋势；另一方面，生存问题被视为争夺稀缺资源的问题，因此，生存本身是不相容利益之间冲突的场所——在这种冲突中，一些人的成功取决于其他人在生存竞赛中的失败。

无意间，但同样不祥的是，对大屠杀教训的这种解释与当今全球最普遍、最不公正的论点不谋而合，并为新的种族灭绝事件的反复发生提供了支持：需要新一轮的受害者，以报复过去的残酷，并保护过去的受害者不再重复其痛苦。吕克·博尔坦斯基最近以如下方式阐述了"面向过去的政治力量"，后者往往被急切地用于为新的种族灭绝提供辩护理由："依靠对**过去受害**

① 卡内蒂，《群体和权力》(Elias Canetti, *Crowds and Power*, trans. Carol Stewart), Harmondsworth: Penguin, 1973, pp. 290—293, 544。

者的痛苦、不幸和牺牲的记忆,[他们]使对民族、阶级和国家身份的呼吁合法化。"[①]用博尔坦斯基的话说,这种"历史教训"往往是"当权者利用过去的受害者为武器,以控制未来,同时忽视当前的苦难"。

不过,"代理受害者"(victim by proxy)还声称另有一种特性——属于自成一类的"受害者贵族制"(aristocracy of victimhood,即对那些受苦之人有**承袭的**同情和道德上的宽恕)。这种地位能够,而且常常被当作中世纪的"赦免书"或当代的"空白支票"
235 来炫耀:一张预先签署的道德正义证书。受害者的承继者所做的一切在道德上有了保证(或者至少**伦理上是正确的**),只要能证明这样做是为了避免重复他们前辈的遭遇,或者考虑到承袭性的创伤,只要能证明这样做在心理上是可以理解的,甚至是"正常"的;承袭的受害者对新的加害行为的威胁具有超强的敏感性。

前辈们被同情,但也受到谴责,因为他们让自己像待宰的羔羊一样。因此,人们怎么能责怪他们的后代在每一看起来令人厌恶的街道或建筑中嗅出未来的屠宰场呢?更重要的是,怎么能责怪他们还采取了预防措施,削弱潜在屠杀者的力量?需要被剥夺权力的人,可能与大屠杀的作恶者毫无关系,无论从司法或伦理上来说,他们都不能被指控对自己前辈的灭亡负责(毕竟是"承袭的受害者"的承袭性,而不是他们假定的加害者的连续性,形成了联系并维持了因果链)。然而,在一个被大屠杀记忆所困扰的世界里,这些人事先就有罪,因为只要有机会,他们就会**被视为**有可能或能够成为另一场种族灭绝的作恶者。正如

① 博尔坦斯基,《遥远的苦难》(Luc Boltanski, *Distant Suffering*), Cambridge: Cambridge University Press, 1999, p. 192。

卡夫卡的《审判》所传达的险恶信息一样,被指控或只是**被怀疑**,已经是他们的罪行,而这也是将他们归类为罪犯,并为严厉惩罚提供理由的唯一罪行。承袭的受害者的伦理颠倒了法律的逻辑:被告仍然是罪犯,直到被证明是无辜的。由于是原告和检察官自己进行听证,并决定论点的有效性,被告人的论点被法官接受的机会很小,无论他们做什么,都有可能在很长一段时间内保持有罪。

受害者身份的自我复制

因此,承袭的受害者身份可能消除对新的加害行为的道德谴责——这次是以消除承袭的脆弱性的名义实施的。暴力滋生更多的暴力,这是一个老生常谈的真理;而受害也孕育着更多的受害,则并非是常见的真理,因为它并未被重复。受害者不能保证在道德上优于加害者,也很少从加害行为中获得道德提升。

殉道——无论是在现实中,还是在虚拟中——都不是圣洁的保证。对苦难的记忆,并不能确保终生致力于反对非人道、残
酷和痛苦的斗争,无论它们发生在哪里,无论受苦的是谁。关于 236
殉道的至少一个同样可能的结果是,人们倾向于得出相反的教训:人类被分为受害者和加害者,因此,如果你是(或预期是)一个受害者,你的责任是扭转局面。我们一次又一次地遇到这种反常的逻辑:我们在卢旺达的暴力跷跷板上看到它(几乎没有努力切断恶性循环);在欧洲直到最近还以南斯拉夫为名的地方,还有苏丹、刚果、索马里、安哥拉、斯里兰卡、阿富汗等无数地方看到它。大屠杀的幽灵在许多人耳边低语的正是这一教训;一些以色列政治领导人,将此教训提升为国家官方政策和外交的最高论点。由于这个原因,我们不能确定大屠杀的持久遗产

是否与许多人所希望的和期待的背道而驰：整个世界或其中任何部分的道德觉醒或道德净化。

大屠杀的恶性遗产是，今天的迫害者可能会造成新的痛苦，并造就新一代的受害者，他们急切地等待同样的机会，同时坚信是在为昨天的痛苦复仇，避免明天的痛苦；换句话说，他们相信伦理是站在他们一边的。这或许是大屠杀的诅咒，也是希特勒在死后仍取得的最大胜利之一。在被占领的希布伦，那些为戈尔茨坦屠杀穆斯林礼拜者而喝彩的人，聚集在他的葬礼上，并继续在他们的政治和宗教旗帜上写下他的名字，他们是受此诅咒最严重的人，但不是唯一的人。他们可能会指望执政的政治力量给予默许，有时甚至是相当大的同情心。这些势力想要让现实符合承袭的受害者的愿景，并尽最大努力迫使它保持一致。另一次爆炸、另一次起义的爆发正好达到这个目的。在某种程度上，这种诅咒已经被稀释，但仍然是恶性的，它影响了相当一部分以色列人，他们从小就相信自己生活在一个被围困的堡垒中。

克里斯托弗·R.布朗宁开创性地研究了第101警察预备队(101st Police Reserve Batallion)中普通民众履行杀戮命令时的热情。在研究结束时，布朗宁沉思道：如果第101警察预备队的人可以成为杀人犯，那么什么人类群体不能呢？与他后来的博士生丹尼尔·约拿·戈尔德哈根不同，布朗宁对那些和我们一样的普通人在适当的条件下会变成杀人犯这一事实感到困惑
237 和恐惧。布朗宁并没有在这样的想法中寻求安慰，即只有反犹主义者才是这项不可思议行动的化身，因此不受反犹主义影响是防止参与此类罪行的特效药。

两位以色列学者阿利拉·阿祖莱和阿迪·奥菲尔思考着大屠杀的恶性后历史，他们想知道如今以色列政治语言中的“我

们”是什么意思:

> 我们是欧洲最后一个纳粹历史仍然有利可图的地方——因为这个国家已经将对欧洲犹太人的毁灭转化为国家财产、象征性资本……我们是测试罪恶普遍性的实验场所——普遍性的原则是欧洲的遗产,而制造罪恶的做法则是从欧洲引进的,那里如今已不存在这种做法。要证实的假设(尚未被反驳)是:“它可能发生在每个人身上。”昨天的受害者,可能总会成为今天的加害者。每个人都可能发现自己参与了对“他人”的仇恨、羞辱和压迫,参与了种族歧视,参与了邻里和城市的种族清洗;每个人最终都可能与一个系统化生产和传播罪恶的政权合作。①

“承袭的受害者”是为罪恶的系统化生产和传播服务的主要社会心理工具。人们应该注意,不要把承袭的受害者现象与遗传性亲属关系,或者与通过父母言传身教而保留下来的家庭传统相混淆。在前一种情况中,承继主要是想象性的,通过集体记忆的产生,通过自我征召、自我认同的个人行为发挥作用。因此,“大屠杀的孩子”的身份,即承袭的受害者的身份,对每个犹太人都是开放的,无论他或她的父母可能“在战争中做了什么”,或在战争中遭受了什么。

精神病学家已经对集中营囚犯和贫民区居民的生物后代(和/或教育对象)进行了充分的研究;但是数量不断增加的“大屠杀的儿女”,他们**不是其中任何一方**,仍在等待全面研究。不

---

① 阿祖莱和奥菲尔,“犹太复国主义的一百年;犹太国家的五十年”(Ariella Azoulay & Adi Ofir, ‘100 Years of Zionism; 50 Years of Jewish State’),《修复》(*Tikkun*), no. 2, 1998, pp. 68—71。

过，这样的研究可能揭示出许多线索。人们很可能会发现，这种“想象中的儿童”、通过自我赋值的儿童[以及出于同样原因的“缺陷儿童”(children manqués)]的情结，其严重性和恶性程度
238 并不亚于精神病学家迄今为止所描述的那些情结，或许还背负着更邪恶的后果。人们可能会说：这是合乎理性的(无论“理性”在我们这个被大屠杀记忆笼罩的世界中意味着什么)。对这些缺陷儿童来说，他们在这个世界上所占据的位置——他们从这里观察这个世界，同时被这个世界观察——正是殉道者的位置；但就个人而言，恰好他们不是、也没有成为任何人愤怒和错误行为的对象。世界似乎不愿意伤害他们，让他们受苦，在这种情况下，这样的世界好得不能再好了，以至于显得不真实——因为一个无害世界的真实，恰恰意味着生命的不真实，生命的意义来自对它的伤害和尚未发生的伤害。

甚至不用说生活在一个好客、舒适的世界，只是在一个没有敌意、没有伤害的世界里，这就意味着对给予意义的血统的背叛。为了达到完整性，为了完成他们的宿命，为了摆脱他们现在的不足，为了从后代和继承人身上抹去“缺陷”的资格，他们需要重塑自己想象的受害者形象，在“外面的世界”中建立真正的受害连续性。要做到这一点，只有通过行动，**好像**他们目前在这个世界上的位置是真正的受害者位置；通过遵守一个只有在受害者的世界上才是合理的策略。除非他们生活的世界表现出敌意，密谋反对他们，甚至有可能发生另一场大屠杀，否则缺陷儿童就不可能得到满足。

可怕的事实是，与他们所说、所希望想象的相反，这些“缺陷儿童”不适合生活在一个没有这种可能性的世界里，他们感到格格不入。他们会觉得生活在另一个世界里更舒服，那里充满了仇恨犹太人的杀人犯，如果后者沾满鲜血的双手被解开，一

定会毫不犹豫地把他们列入受害者之列。他们从每一个敌视自己的迹象中，获得一种感觉上的安慰；他们渴望把周围人的一举一动解释为这种敌意公开或潜在的表达（最近的一项研究报告称，美国的反犹主义正在消失，美国犹太双月刊杂志《修复》以一个深思熟虑的标题对其进行了评论——“犹太人能接受吗？”）。作为一个承袭的受害者，可怕的悖论是，在世界的敌意中找寻既得利益，在煽动和保持世界的敌意中获取利益。每当受害者被推到忍无可忍的地步，埋下新的恐怖主义炸弹时，人们几乎可以听到这个国家的一些政治领导人，以及投票给他们的 239
成千上万的男男女女，发出一声如释重负的叹息。

殉道者的缺陷儿童不住在家里，而是住在堡垒里。为了使他们的家成为堡垒，他们需要这些堡垒被围困并处于炮火之下。还有什么地方能比在饥肠辘辘、穷困潦倒、绝望、咒骂和投掷石块的巴勒斯坦人中间更接近自己的梦想呢……在这里，舒适、宽敞、全现代风格的房子与缺陷儿童抛弃的房子不同——那些舒适、宽敞、全现代风格的房子，在陈腐、沉闷、过于安全而不舒适的美国城市里，而在那里，孩子们则必将保持缺陷。在这里，人们可以用铁丝网紧紧包住房屋，可以在每个角落建起瞭望塔，可以傲慢地抚摸着挂在肩上的枪，然后在不同房子之间游走。充满敌意、反犹的世界曾经迫使犹太人进入隔都。通过按照隔都的样子建造一个家（不过，这次是一个全副武装的隔都），人们可以让这个世界看起来再一次充满敌意和迫害。在那个全然真正有缺陷的世界里，孩子们终于不再有缺陷了。这一代人错过的殉道机会，将被其选定的代表重新占有，他们也想被视为其代言人。

无论从哪个角度看，大屠杀的幽灵似乎都在自我延续、自我繁衍。对于太多的人来说，它已经变得不可或缺，难以驱除。幽灵萦绕之处获得了额外的价值，对许多人来说，被附身变成了一种有价值的、赋予意义的生活方式。在这里，人们可以窥见“最终解决方案”设计师死后最伟大的胜利。希特勒及其追随者在世时未能实现的目标，死后他们可能还有希望完成。他们没有设法让世界与犹太人为敌，但在他们的坟墓里，他们仍然可以梦想让犹太人与世界为敌，从而——无论如何——使犹太人与世界的和解、与世界的和平共处，变得更加困难，如果不是完全不可能的话。大屠杀的预言并不完全是自我实现的，但它们确实实现了——合理化了——一个这样的世界图景，即大屠杀可能永远不会停止被预言，以及这种预言必然会带来和传播所有恶
240 性的、灾难性的心理、文化和政治后果。

生活在单向度的世界中

让-保罗·萨特提出，犹太人是一个被别人定义的人。萨特的意思一定是，这种定义的行为也是简化的选择性行为：一个不可避免的多面人，他的多种特征之一在此被突出，其他特征成为次要的、衍生的或不相关的。在被占有者的实践中，萨特式的程序再一次进行，虽然方向相反。就像犹太人在他们的仇恨者的视野中那样，其他人（即非犹太人）也都是单向度的。其他人不是善良的或残忍的一家之父，不是体贴的或自私的丈夫，不是仁慈的或恶意的老板，不是好的或坏的公民，不是和善的或好斗的邻居，不是压迫者或被压迫者，不是不公正的对象或罪犯，不是承受痛苦或造成痛苦的人，不是享有特权或被剥夺权利的人，不是威胁或被威胁的人；更确切地说，他们可以是所有的，但他们是所有的或更多，这个事实是次要的，并不意味着什么。真正重要的——也许是唯一重要的——是他们对犹太人的态度。对

每一个**恰好**是犹太人的人采取的立场，被解读为是对犹太人本身的态度的表现和衍生。就像承袭的受害者一样，单向度的世界观有一种自我延续的倾向。

在希特勒对犹太人的战争中，许多公开声明的反犹分子坚决拒绝与大屠杀的作恶者合作，这一事实很难与单向度的世界观相一致；另一方面，刽子手的队伍里全是遵纪守法的公民和纪律严明的官员，他们恰巧对犹太人本身没有任何特殊的怨恨，尤其是对被他们枪杀或用毒气杀害的具体犹太人没有任何怨恨（尼查马·特克，一个不知疲倦的、非常敏锐的学者，研究被扔在非人条件下的"普通人"，她提到，根据一次大规模处决的目击者说，在十三名警察中，有一名警察因其残忍行为而突出，三名警察没有参与针对犹太人的行动，其余的警察认为这次行动是"不洁的"，拒绝谈论此事）。同样难以接受的是，"驱逐犹太人"（作为消灭欧洲犹太人的官方定义）在纳粹思想中的意义来自全面、大胆的大迁居计划（Umsiedlung）——在欧洲大陆上，几乎所有人都将从他们现在偶然的地点，被运送到理性命令他们去的地方[①]（而这可能意味着虚无；随着大屠杀的进行，甚至犹太人的墓地也被宣布为不正常，取而代之的则是烟囱喷吐出的浓烟）。同样难以接受的还有这样的观点，即灭绝犹太人是国家在一个全面的"清洗行动"的框架内构思的（其中也包括清除被认为有精神缺陷、身体残疾、意识形态不正常和性行为不正常的人），这个国家足够强大，受到充分的保护，不受任何反对意见的影响，有能力执行这样的全面计划，而不用担心实际上的异议。最后，要理解大屠杀背后的纳粹分子，无论他们是什么生物，**也**都是"市民"，和我们此时此地一样的市民，都有他们迫切 241

① 特克，《当光亮刺透黑暗》。

希望“解决”的“问题”。[①]

迄今为止所说的一切，并不意味着对另一次大屠杀可能性的警告完全没有根据，也不意味着我们现在生活的世界与大屠杀的世界有很大不同，以至于当今世界完全免受其影响。但这确实意味着，可能会到来的这种大屠杀的威胁经常被发现，并在错误的地方被寻找；这种审视偏离了**真正威胁**的根源。单向度世界观的一个险恶特征是，当注意力集中在一个方向上时，我们对真正危险的多面性视而不见。

丹尼尔·戈尔德哈根所描述的大屠杀，主要是希特勒的自愿帮凶和仇视犹太人的人的故事，这就增加了这种风险。戈尔德哈根的论点，以及它在许多圈子里所受到的难以掩饰的认可，只有在上面概述的情况下才能得到充分的理解；其背景包括，作为其主要成分，承袭（但缺陷）的受害者心理现象与单向度世界观交织在一起。

事实上，戈尔德哈根本人和他的最热心的赞美者、辩护者似乎都同意我的观点。当露丝·贝蒂娜·伯恩和诺曼·芬克尔斯坦发表了一篇对戈尔德哈根片面使用档案的严厉批评时，[②]被批评者没有承认自己的错误，也没有为自己对事实的看法辩护，而是指责批评者有背信弃义的政治意图，并诉诸人身攻击，将批评者斥为“反犹太复国主义的十字军”；同样，他间接地承认，这场争论——表面上是关于他对大屠杀的描述的——最终至少是为了捍卫某些当代政治事业的问题。其他批评戈尔德哈根的人

---

① 乔克和乔纳松，《大屠杀的历史和社会学：分析和案例研究》（Frank Chalk & Kurt Jonassohn, *The History and Sociology of Genocide: Analyses and Case Studies*）, New Haven: Yale University Press, 1990, p. 23。

② 芬克尔斯坦和伯恩，《受审的国家：戈尔德哈根命题和历史真实》（Norman Finkelstein & Ruth Bertina Birn, *A Nation on Trial: The Goldhagen Thesis and Historical Truth*）, New York: Henry Holt, 1998。

则更加直言不讳。因此,亚伯拉罕·福克斯(Abraham Fox)代表反诽谤联盟(Anti-Defamation League)的加拿大分支发言时宣称,问题不在于找出戈尔德哈根的论点是否合理,而是在于对它的批判是否"合法",是否越过了允许的边界。① 242

对戈尔德哈根宣言的这种看法是非常合理的。毕竟,这本书的信息(引用1996年《希特勒志愿的刽子手》中戈尔德哈根自己的话)是相当直接的:"关于大屠杀的动机,对于绝大多数的作恶者来说,一个单一原因的解释就足够了"——也就是说,"一种恶魔般的反犹主义"。在戈尔德哈根看来,那些希望承认大屠杀机制更复杂的历史学家是错误的;他们应该摒弃德国人(至少是希特勒统治下的德国)"或多或少和我们相似"的想法,以及"他们的感觉和我们的很接近"的想法。② 读者很容易得出结论,正是因为德国人**并非**"或多或少和我们相似",才发生了大屠杀。由于"不像"是一种对称关系,下一个结论也同样简单:因为我们其余的人并非"或多或少和德国人相似",所以任何人、任何地方都不可能犯下"稍微接近"大屠杀式的种族灭绝。大屠杀过去、现在和将来都是**德国问题**,因此世界上其他国家没有什么可担心的,可以让良心休息,停止令人烦恼的灵魂拷问。换句话说,除了德国人的负罪感,我们从"大屠杀"事件中学不到任何东西能让我们了解我们自己、我们生活的世界等。证明完毕。

以色列《国土报》的汤姆·塞格夫(Tom Segev)说得很对,他用以下的话总结了这场持续辩论的意义:"犹太人的权势集团赞同戈尔德哈根,仿佛他本人就代表了大屠杀。这太荒谬了,

① 引自《纽约时报》,1998年1月10日。

② 戈尔德哈根,《希特勒志愿的刽子手》(Daniel Goldhagen, *Hitler's Willing Executioners*), New York: Knopf, 1996, pp. 416, 279, 269。

因为对戈尔德哈根的批评是有理有据的……”[1]塞格夫解释说，尽管如此，这是可以理解的，因为这关系到戈尔德哈根论点中“犹太复国主义的特征”。真正重要的是，最终：

> 不仅仅是德国人，所有异教徒都讨厌犹太人。因此，犹太人需要团结一致。因此，我们还需要更多关于反犹太人的仇恨的书籍，而且越简单越肤浅越好。

克里斯托弗·R.布朗宁的发现令人大开眼界，戈尔德哈根
243 借用了他的发现，却将其扭曲夸大，使其超出它的能力之外，不再能够支撑他的论断，他指控戈尔德哈根：

> 发明了一种人为的二分法，将由所谓的道德判断的“内部”因素（即信仰和价值观，戈尔德哈根实际上限定为反犹或种族主义的信念）驱动的行动与由他所谓的“外部”因素“强迫”的行动区分开来，由于强迫，这些行动缺乏涉及选择的道德维度。当然，在现实中，除了种族主义，还有许多“价值观和信仰”激励着人们，比如对权威、责任、合法性的认知，以及战时对集体和国家的忠诚。此外，还有一些性格特征，如野心、贪婪和缺乏同理心，它们塑造了人们的行为，却没有免除他们的个人责任。[2]

① 《国土报》（*Haaretz*），1998年5月15日。参看维达尔，“围绕一本关于大屠杀的书的新争议”（Dominique Vidal, ‘Nouvelles polémiques autour d'un livre sur la Shoah’），《外交世界》（*Le Monde Diplomatique*），Aug. 1998，p. 58。

② 布朗宁，“受害者证词”（Christopher R. Browning, ‘Victims' Testimony’），《修复》，Jan.—Feb. 1999。

这正是问题的关键：需要相当多令人生畏的现代发明（其中“理性的官僚主义”最突出），才能使某些谋杀和其他残忍行为免受道德判断，因此在犯罪者眼中是“道德中立的”，才能部署广泛的人类“价值观和信仰”为谋杀服务。但是，如果研究戈尔德哈根的书，就会发现作者并没有意识到这一点，也不准备在最粗糙的二分法之外看到道德人现代困境的复杂性。

大屠杀的一些参与者，确实因为他们的虐待倾向或对犹太人的仇恨，或同时出于这两个原因，而享受他们的罪行——当然，这不是戈尔德哈根的幻想；尽管这也不是他的发现。然而，将这一事实作为对大屠杀的解释，作为其中心点或最深刻的意义，在很大程度上说明了当代政治对大屠杀记忆的使用，同时将人们的注意力从那场种族灭绝最邪恶的真相上转移开来，也从我们这个饱受折磨的世界可以由以大屠杀为主要事件的近代史中吸取的（应该学习，也有道德义务去学的）最有益的教训上转移开来。

杀手的社会生产

要记住的是，对于戈尔德哈根书中的每一个恶棍，对于每一个德国人和非德国人，对于这些以杀死受害者为享乐和激情的人来说，都有成百上千的德国人和非德国人有效地促成了这场 244
大屠杀，而他们对受害者和所涉及的行动的性质没有任何感觉。关键是，虽然我们非常清楚偏见会威胁人类，我们甚至知道如何对抗和约束受偏见影响的人们的恶意，但我们几乎不知道如何避免一场杀戮威胁，它伪装成有序社会的例行公事和不带感情的功能。与此同时，由于心理学家、技术专家和科学管理专家的共同努力，另一种知识——如何使人们摆脱杀人本能，为“合法杀戮”服务，以及将这种知识应用于实践所需的技能和技术——到目前为止，已经相当可观，并不断增长。

罗伯特·约翰逊对美国刑罚体系中死囚牢房枯燥的日常生活，以及暂停生命和行刑日如节日般的惯例程序进行了细致、严谨和富有想象力的深入研究，该刑罚体系以偏爱死刑而闻名；同时也研究了其中主要行动者的想法和感受。约翰逊探得和收集的大量数据可能会为伟大的挪威犯罪学家尼尔斯·克里斯蒂的见解提供丰富的经验证据，后者开创性地完成了《作为工业的犯罪控制》的研究。[1] 克里斯蒂的主要见解在约翰逊的报告中找到了充分的经验佐证：杀戮程序的常规化，参与集体成就的所有个人的科层分工和“代理状态”，整个过程彻底的“情感祛魅”，伦理关注和道德顾虑的中和，受害者的非人性化……正如诺贝特·埃利亚斯的名言所说，“文明化进程”让我们所有人（或者至少是大多数人）厌恶和回避暴力。但是，现代文明也发明了一种手段，使这种对暴力的厌恶和憎恨，在涉及共谋实施暴力行为时变得无关紧要——特别是当这些行为是以文明价值观的名义实施时。

“共谋是显而易见的，因为死囚区的官员明确关押囚犯是为了执行死刑”，约翰逊指出。接受约翰逊采访的警官们都知道这一点，并不禁为此感到难过。“最后一次探亲的现实真的让我感觉很糟糕，”其中一人承认，“待在那里令人沮丧。”（请注意：死囚牢房的警卫没有大屠杀刽子手所享受的奢侈——他们有充足的时间与罪犯发展私人关系：那些被处决的人**拥有面
245 孔**。）但他随后又补充道：“这应该是工作的一部分，就像当医生之类的。你失去了一个病人，就是这样，但这并不容易。你永远

---

[1] 约翰逊，《死亡工作：现代行刑过程研究》（Robert Johnson, *Death Work: A Study of the Modern Execution Process*），Belmont: Wadsworth, 1998；克里斯蒂，《作为工业的犯罪控制》（Nils Christie, *Crime Control as Industry*），London: Routledge, 1993。

不会忘记这类事情,但你可以把它抛在脑后。”大多数时候,他和伙伴们把它放在“脑后”。这一壮举是如何完成的?

首先,抛开道德上的考虑,用技术手段代替道德手段,这种手段不会引起情绪,也不涉及道德人士的信仰,重复负责人不断反复告诉他们和周围人的话:“这不是我喜欢或不喜欢的工作。我努力以最专业的方式去做每一项工作。如果他们停止死刑,我也不会介意。如果我们明天有十个人要处决,也不会困扰我。”一位狱警说。“它以专业的方式进行;它不是在玩耍。一切都是靠文档来完成的。准时。照章办事。”另一位补充说。

第二,所有人都参与了杀戮行为,但没有人是(或者说,需要感觉到)杀手。从来不是只有一根手指扣动一个扳机。正如约翰逊所说:“死亡观察小组的成员简单地称他们自己……为‘小组’。”在“小组”中工作是有益的;杀人不眨眼的是那个小组,而没有一个成员是杀手。约翰逊引用了一名监狱长的话:“我们可以诚实地说,我们没有这样做。”正如汉娜·阿伦特所说,责任是浮动的。浮动的责任是没有人负责的责任。

第三,死亡观察小组的成员,没有一个是出于对杀戮的热爱,甚至是出于对死刑的热衷而执行工作的。动机或其缺失与正在发生的事情无关。约翰逊说:“行刑队中只有少数成员毫无保留地支持死刑。”在填补空缺时,监狱长不会招聘虐待狂、“规则与秩序”上瘾者、激进分子和义务警员。任何一种强烈的情绪都会干扰官僚程序的顺利运行。把情绪放在一边更安全,最重要的是,更有效。如果情绪没有得到化解,那么太多事情将依赖于不稳定的、官僚主义无法控制的情绪变化。当一切都“照章办事”时,效率会高得多。在杀戮工业的官僚组织中,就像在其他任何官僚组织中一样,个人的同情和厌恶最好在打卡之前留在衣帽间。

一些在管理岗位上有想法的人会更进一步:他们坚决**反对** 246

雇用那些流露出特殊倾向的人，这些人不**单单**是为了业绩好，而是因为工作的性质而从事这项**特殊**的工作。“我不想要任何愿意做这件事的人。如果我怀疑或认为团队里的任何人会从中得到乐趣，我会把他踢出。我希望团队的每一个人只是在履行职责。”这位专门的主管想法忠实于现代精神。当为特遣部队招募士兵，奉命围捕并当场击毙在被征服的苏联领土上发现的布尔什维克和犹太人时，据说他们采取了预防措施，以排除狂热的反犹分子和有虐待倾向的人。现代方法和手段的力量恰恰在于使事业的成功与有无奉献精神**无关**。

如果现代性依赖人类的激情那样飘忽不定、异想天开和完全不现代的东西，它就不会有今天的成就。相反，它依赖于劳动分工，依赖于科学、技术、科学管理以及合理计算成本和效果的能力——所有这些完全不带感情色彩。斯蒂芬·特朗布利[①]的杰出研究对“处决产业”的贡献，就像格茨·阿利和苏珊·海姆对纳粹的杀戮事业所做的一样：它毫无疑问地表明，现代社会中使大规模或常规杀戮成为可能的环境，与使大规模生产和不可阻挡的技术合理化成为可能的环境是无法区分的。阿利和海姆记录了成千上万的高级专家——工程师、建筑师、建筑家、医生、心理学家等——在使前所未有的大规模灭绝成为可能方面发挥的关键作用。[②] 我们从特朗布利所写的电椅的详细记录中了解到，第一次电刑（1890 年 8 月 6 日在纽约奥本州立监狱对威廉·凯姆勒进行）“激起了医学界的极大兴趣，在凯姆勒被电死时

---

① 特朗布利，《行刑方案：美国死刑产业内部》（Stephen Trombley, *The Execution Protocol: Inside America's Capital Punishment Industry*), New York: Anchor, 1993。

② 阿利和海姆，《灭绝的策划者：奥斯威辛和德国的新欧洲秩序计划》（Götz Aly & Susanne Heim, *Vordenker der Vernichtung: Auschwitz und die deutsche Pläne für eine neue europaischer Ordnung*), Hamburg: Hoffmann & Campe, 1991。

的二十五名目击者中,有十四名是医生”。我们还了解到,电椅的发明引发了关于交流电和直流电各自优点的科学辩论,并在托马斯·爱迪生和乔治·威斯汀豪斯(George Westinghouse)等现代科技翘楚之间引发了激烈的公开辩论。此外,我们还了解到,希尔州长委员会中负责寻找正确行刑方法的杰出成员们,都支持科学和进步的权威论点:他们信服的是,“电这种看不见的、人 247
们还不完全了解的能源形式,是典型的现代能源”;它还很干净,而且便宜——委员会的成员对此印象深刻。

约翰逊和特朗布利的研究都是无价的;它们的价值在于所提供的信息,也许更在于对现代人类行为和现代社会运作方式的理解。在很大程度上,这种方式使得伦理考虑和道德冲动变得多余,而经过审查的研究记录了这种冗余,并显示了这种冗余是如何实现的,以及如何日复一日地重复。它们还列出了冗余带来的利益;收益是指直接意义上的利润和对资源的有益使用,但也包括那种不立即明显的意义,即使得那些若依赖于人的动机和冲动则不可想象的努力具有合理性和可行性。杀戮行动的参与者以及为其提供杀戮武器、制定有效行动程序的大批科学家和工程师并非邪恶之人。邪恶之人总是做邪恶的事,但他们数量少,而且不稳定,用现代的理性标准来衡量是“疯狂的”。这也许是现代文明的独特成就,使普通百姓,“真正的好工人”,为杀戮做出贡献,并使杀戮比以往任何时候都更全面、更彻底、更干净、在道德上更无菌、更有效。

现代性对抗神圣人

正如恩佐·特拉韦尔索最近在谈到法国时所说,一般来说,大屠杀的原因,以及围绕着法国犹太人的大规模屠杀的“冷漠之墙”的原因，不需要像让-保罗·萨特所看到的那样，在“犹太人问题”中寻找，甚至不需要在种族屠杀的环境中寻找，而要在维希时代之前的法国社会中寻找。[①] 任何社会都有不受欢迎的陌生人，而在任何社会中都有一些人，不希望这样的陌生人出现；但是，对不受欢迎的陌生人的种族灭绝不会发生在所有社会中。存在大量仇视犹太人的人，并不是让种族灭绝成为可能的唯一条件，甚至不是必要条件，当然也不是充分条件。

汉娜·阿伦特很久以前就指出，在大屠杀现象中，反犹主义最多只能解释受害者的选择，而不能解释罪行的性质。从那以后，没有任何事情能推翻阿伦特的判决，而普里莫·莱维不朽的
248 回忆录、劳尔·希尔博格不朽的历史研究和克劳德·兰兹曼（Claude Lanzmann）不朽的纪录片——这里只提几个标杆——大大地证实和强化了这一论断。

不久前，另一个重要的声音——意大利哲学家乔治·阿甘本[②]——加入了我们试图揭开种族灭绝之谜的努力。阿甘本回顾了古罗马法中“神圣人”（homo sacer）的法律概念：这个概念指的是，一个人可以被杀死而不受惩罚，但同时——他是绝对的他者、外来的、事实上非人的——是一种不能用于宗教祭祀仪式的存在：他被杀死没有宗教意义。神圣人是完全“无用的”，完全置身于人类社会之外，并因其他人类的人性而免于承担所有义务和其他考虑。神圣人的生活是“赤裸的”——也就是说，剥夺了所有的社会特质和政治权利，因此不受保护，成为每一个压抑的虐待狂或杀人犯的目标，但也成为每个遵守和履行公民义

---

① 特拉韦尔索，《历史撕裂》（Enzo Traverso，*L'Histoire déchirée*），Paris：Cerf，1996。

② 阿甘本，《至高权力与赤裸生命》（Giorgio Agamben，*Le Pouvoir souverain et la vie nue*），Paris：Seuil，1997。

务的人的推荐目标。

神圣人是一种**法律**建构。作为一种法律建构，它针对的是守法臣民的忠诚和**纪律**，而不是他们的信仰和情感。就像所有的法律结构一样，它绕过或搁置了感情、个人信仰以及道德情感，就需要采取的行动而言，将它们抛诸脑后。法律的意义在于，**不管**守法的人喜欢它，不喜欢它，或者对它没有感觉，它都应该被遵守。在罗马法律实践中，神圣人这个特殊的法律建构是一个例外的、边缘的、几乎是空的范畴。正如阿甘本指出的那样，在现代国家，情况有所不同。

诚然，现代法律中没有神圣人的概念，而且它基本上被遗忘了。但是，国家垄断了执法和暴力的手段，垄断了提供或拒绝生命权的手段和特权，垄断了控制臣民身体的权利，包括施加痛苦的权利。因此，国家已经从过去的一个特殊类别扩展为其臣民生存状态潜在的普遍方面：因此，它没有必要诉诸特殊的、例外的类别来维持现已常规化的特权。集中营，也是现代世界一个可怕的发明，是一个空间，在那里，在国家领域的其他地方只是一种潜能的东西，被变成了规范和实际的规则。

神圣人作为现代国家潜能的无形存在——一旦“条件合 249
适”，就可以变成现实——再次使“大屠杀经验”最可怕也最具话题性的方面得到了缓解：在我们的现代社会中，既没有道德腐败，也没有偏见的人，也可能充满活力和奉献精神地参与对目标人群的毁灭；他们的参与，不但不需要动员道德信念或其他任何信念，相反，需要的是它们的悬置、闭塞与无关。

迄今为止，这是大屠杀最重要的教训，需要我们学习和铭记。如果奥威尔是对的，对过去的控制可以控制未来，那么，为了这个未来，当务之急是不允许那些控制现在的人，以可能使未
来不适合人类和不适合居住的方式操纵过去。 250

译后记

翻译这本书是一个偶然的机会,但现在说来是非常感谢这个偶然的。跟所有的翻译一样,这本书是自我封闭,熬夜,不顾疲倦的结果。但对读者来说会有一个什么样的结果,实在是一件译者既关心而又无法知晓的事。但从知识生产的角度来说,我和我的合译者是抱着一种谨慎的态度来对待我们的工作的。中间也有很好的朋友告诉我们,翻译不可能十全十美,或许这句话是经验所得,或许这也就是翻译者所面对的理想与能力,或者说期望与现实的差距吧。

本书由我和史建华合译,他译前言,一至四章,我负责五至八章和附录。最后由我统稿。自己读稿子的时候,也很忐忑,很多问题希望在日后的学习工作当中得到进一步的深入理解,当然更希望读者能不吝指正。

杨渝东

于北京大学